高等数学初步

主　编　吴正飞　唐红霞　许克佶

副主编　（按姓氏拼音排序）

牛利利　覃荣存　石　露

陶艳蓉　韦丽梅　余　超

前　言

高等数学是中职升本、专升本类大学生必修的一门重要基础课.一直以来,许多高校普遍对中职升本、专升本类大学生选用与普通本科类大学生相同的教材,忽视了这类学生的数学基础和能力与普通本科类学生的差别.普通本科类学生的教材的知识结构对这类学生来说缺乏衔接性、针对性,同时又重理论、轻实践,这既不能满足这类大学生的需要,又不能满足当今社会对应用型人才的需求.因此,很有必要编写一本针对中职升本、专升本类大学生且注重知识衔接和应用能力培养的高等数学教材.参照教育部最新制定的“十四五”应用型人才培养目标,我们召集了在教学第一线有丰富经验的骨干教师,根据中职升本、专升本类大学生数学基础和能力的特点及培养高技能应用型人才的目标,共同编写了这本适合中职升本、专升本类大学生的高等数学教材.

本书在内容安排和编写等方面有以下特点.

1. 注重衔接性.增加了衔接初高中数学和大学数学的必要的数学知识,如第一章的一元一次函数和一元二次函数,六类基本初等函数的定义、性质和运算,第二章的数列及其性质,第三章的平面直线方程等,这样让只有中职基础的学生也能轻松遨游在高等数学的知识海洋之中.

2. 注重基础性.不追求大而全,以必需够用为原则,以方便学生学习掌握为根本,以实际问题引入相关概念,简明地阐述定理及结论,力求易懂会用.例如,第三章中删掉了在今后学习中很少用到的反函数求导法则、隐函数求导法则、微分中值定理,通过对现实生活中铺设电缆的最低成本的思考分析引入极值和最值内容等.

3. 注重应用性.每章都有其相应知识在社会生活中的应用案例,编写的案例便于理解、难易适中,注意培养学生学以致用、学而能用的能力,同时通过应用又加深了学生对相应知识的理解和掌握.例如,第一章的应用案例有奖励方案的设计、人口增长模型等,第二章的应用案例有连续复利问题、二氧化碳的吸收、科赫雪花的周长和面积,等等,都与现实生活息息相关.

4. 注重实验性.每章的最后一节都有 MATLAB 软件在相应知识点的应用,利用 MATLAB 软件对数学问题进行数值计算,画出精确的函数图形,可以使知识更加具体化、形象化,促使学生发现问题并能解决问题,激发学生的学习兴趣.

5. 注重课程思政.每章中都自然嵌入课程思政,在潜移默化中提高学生的思想觉悟,帮助学生树立正确的人生观、世界观和价值观.例如,在课外拓展中介绍我国著名数学家李善兰、华罗庚、吴新谋三人的卓越贡献,增强民族自豪感,厚植爱国情怀;在介绍连续函数部分时,融入党的二十大报告,强调推动绿色发展,促进人与自然和谐共生;在垃圾填埋场废弃物的管理例子中融入了"绿水青山就是金山银山"的理念,鼓励读者要有更大的责任和担当,从自身做起,从小事做起,为保护生态环境贡献一份力量;在介绍定积分的概念时,融入我国许多经典的人生哲理:"化整为零,积零为整""千里之行,始于足下""勿以恶小而为之,勿以善小而不为"等,提醒读者在学习时需要持之以恒,坚持下去总有开花结果的一天.

本书共有五章,编写分工如下:许克佶编写第一章,唐红霞编写第二章,陶艳蓉编写第三章的第1～3节,吴正飞编写第三章的第4～7节,牛利利编写第四章的第1,5,6(部分)节,石露编写第四章的第2,3,4,6(部分)节,韦丽梅、覃荣存编写第五章,余超参与各章MATLAB应用部分的编写.吴正飞、唐红霞、许克佶负责全书的修订和统稿工作.

在本书的编写过程中,编者参考了众多的著作和教材,在此谨向有关作者和老师表示诚挚的谢意!北京大学出版社的编辑也为本书的出版付出了辛勤的劳动,贾华、汤烽、沈小亮、姚仁、邹杰构思并设计了全书的数字资源,在此一并感谢!由于编者水平有限,再加之编写时间比较仓促,书中难免有疏漏与错误之处,希望广大师生和其他读者批评指正!

编　者

2023年2月

目录

第二章 极限及其应用

第一章 函数及其应用

我们欣赏数学，我们需要数学.

——陈省身

现实世界中的许多运动变化现象都表现为变量之间的相互依赖关系.例如，气温会随着时间的变化而变化，人口总数也会随着年份的变化而变化.数学上，我们用函数模型描述这种相互依赖关系，并通过研究函数的性质了解它们的变化规律.

函数一词是我国清代数学家李善兰1859年在翻译《代数学》时，把“function”译成的转译词，他给出的定义是“凡式中含天，为天之函数”.而中国古代时期的“含”字与“函”字都有“包含”的意思，且可用天、地、人、物等来表示不同的未知数或变量.因此，这个定义可以理解为：凡是式子中含有变量x的，都可以把该式子叫作x的函数.之所以翻译成函数，他给出的原因是“凡此变数中函彼变数者，则此为彼之函数”，即函数是指一个量随着另一个量的变化而变化.函数是描述事物变化过程中变量相依关系的数学模型，是数学中最基本的概念之一.

本章首先介绍集合、区间及函数的概念，然后研究一元一次函数、一元二次函数、幂函数、指数函数、对数函数、三角函数等函数的性质和运算法则，最后介绍初等函数的概念和常用的经济函数，为后续知识的学习奠定必要的基础.

§1.1 集合与区间

在实际生活中,有时我们需要对具有某种共同特征的对象进行研究. 而在数学中,可以把这些对象看成一个整体,那么如何对这个整体进行描述与研究呢?

下面,我们引入集合的概念.

一、集合的概念

定义 1.1.1 一般地,我们把能够确定的研究对象的总体称为**集合**,而把构成集合的每个对象称为集合的**元素**.

例如,某职业技术大学智慧农业班学生的全体构成一个集合,其中每个学生都是这个集合的一个元素;正实数的全体构成一个集合,每个正实数都是这个集合的一个元素.

我们通常用大写英文字母 $A,B,C,\cdots$ 来表示集合,用小写英文字母 $a,b,c,\cdots$ 来表示集合中的元素. 例如,如果 a 是集合 M 的元素,就说 a **属于** M,记作 $a\in M$;如果 a 不是集合 M 的元素,就说 a **不属于** M,记作 $a\notin M$.

注 (1) 作为集合的元素,必须是能够确定的;

(2) 对于一个给定的集合,集合中的元素是互异的.

集合有时也简称为**集**. 含有有限个元素的集合叫作**有限集**,含有无限个元素的集合叫作**无限集**. 数学中一些常用的数集及其记法如下:

全体非负整数组成的集合称为**非负整数集**(或**自然数集**),记作 $\mathbf{N}$;

全体正整数组成的集合称为**正整数集**,记作 $\mathbf{N}^*$ 或 $\mathbf{N}_+$;

全体整数组成的集合称为**整数集**,记作 $\mathbf{Z}$;

全体有理数组成的集合称为**有理数集**,记作 $\mathbf{Q}$;

全体实数组成的集合称为**实数集**,记作 $\mathbf{R}$.

二、集合的表示

在数学中,经常使用的表示集合的方法有下列三种.

1. 列举法

把集合中的所有元素一一列举出来,并用花括号“{ }”括起来,这种表示集合的方法称为**列举法**. 一般地,列举法主要用于集合中的元素不多的情况.

例 1.1.1 用列举法表示下列集合:

(1) 大于 1 且小于 8 的偶数组成的集合;

(2) 本学期所学习的课程组成的集合；

(3) 小于 7 的所有自然数组成的集合.

解　(1) 设大于 1 且小于 8 的偶数组成的集合为 A，则

$$A=\{2,4,6\}.$$

(2) 设本学期所学习的课程组成的集合为 B，则

$$B=\{\text{高等数学(上)},\text{大学语文},\text{大学英语},\text{思想道德与法治}\}.$$

(3) 设小于 7 的所有自然数组成的集合为 C，则

$$C=\{0,1,2,3,4,5,6\}.$$

2. 描述法

当集合中的元素较多时，用列举法表示就比较麻烦. 此时，可以用这个集合中所有元素具有的共同特征来描述，这种表示集合的方法称为**描述法**，具体的形式为{代表元素|元素满足的性质}.

例如，不等式 $x>5$ 的解集中所含元素的共同特征是：$x\in\mathbf{R}$ 且 $x>5$. 因此，可以把这个集合表示为

$$A=\{x\mid x>5,x\in\mathbf{R}\}.$$

例 1.1.2　用描述法表示下列集合：

(1) 小于 2 的全体实数组成的集合；

(2) 全体偶数组成的集合；

(3) 大于 10 的全体自然数组成的集合.

解　(1) 设小于 2 的全体实数组成的集合为 A，则

$$A=\{x\mid x<2,x\in\mathbf{R}\}.$$

(2) 设全体偶数组成的集合为 B，则

$$B=\{x\mid x=2n,n\in\mathbf{Z}\}.$$

(3) 设大于 10 的全体自然数组成的集合为 C，则

$$C=\{x\mid x>10,x\in\mathbf{N}\}.$$

3. 图形法

有时也可利用二维平面上的点集来更直观地表示某个集合，我们把这种表示集合的方法叫作**图形法**，也称为**维恩图法**或**文氏图法**. 该表示方法一般用平面上的圆形或矩形来表示一个集合(具体见图 1.1.1 ～ 图 1.1.4).

三、集合的基本关系与运算

1. 集合的基本关系

定义 1.1.2　如果集合 A 的任意一个元素都是集合 B 的元素，那么称集合 A 为集合 B 的**子集**，记作 $A\subseteq B$ 或 $B\supseteq A$，读作 A 包含于 B 或 B 包含 A.

如果集合 A 是集合 B 的子集，且 B 中至少有一个元素不属于 A，那么称集合 A 为集合 B 的**真子集**，记作 $A\subsetneqq B$ 或 $B\supsetneqq A$，其维恩图如图 1.1.1 所示.

把不含任何元素的集合叫作**空集**，记作 $\varnothing$. 规定空集是任意一个集合的子集. 如果 A，B 两个集合的元素完全相同，则称这两个集合**相等**，记作 $A=B$.

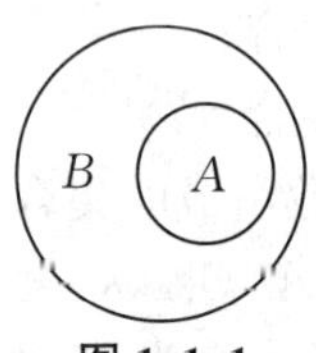

图 1.1.1

例 1.1.3 写出集合 $A=\{1,2\}$ 的所有子集和真子集.

解 集合 A 的所有子集是 $\varnothing,\{1\},\{2\},\{1,2\}$,集合 A 的所有真子集是 $\varnothing,\{1\},\{2\}$.

2. 集合的基本运算

下面主要介绍集合的三个常用运算:交集、并集和补集.

定义 1.1.3 给定两个集合 A 与 B,由既属于 A 又属于 B 的所有共同元素所构成的集合,称为 A 与 B 的**交集**,记作 $A\cap B$(维恩图见图 1.1.2).由 A 与 B 的所有元素合并在一起所构成的集合,称为 A 与 B 的**并集**,记作 $A\cup B$(维恩图见图 1.1.3).

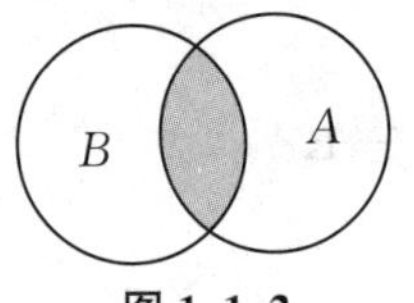

图 1.1.2

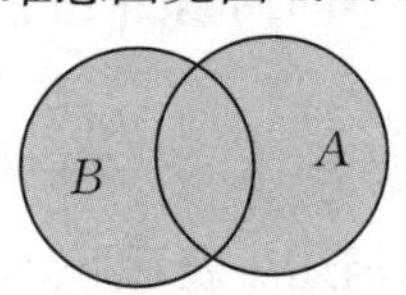

图 1.1.3

如果一些集合都是某个给定集合的子集,那么称这个给定的集合为这些集合的**全集**,通常用 U 来表示.

定义 1.1.4 如果集合 A 是全集 U 的一个子集,由 U 中的所有不属于 A 的元素构成的集合,称为 A 在 U 中的**补集**,记作 $\complement_U A$(维恩图见图 1.1.4).

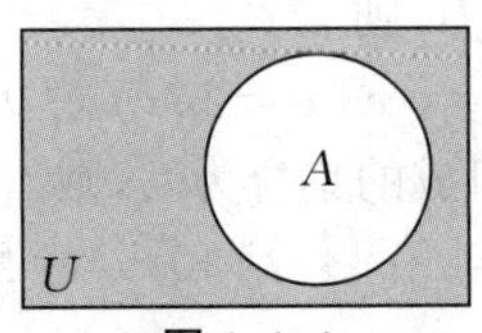

图 1.1.4

例 1.1.4 已知集合 $A=\{1,2,3,5\}$,$B=\{2,4,5,6\}$,$U=\{1,2,3,4,5,6,7,8\}$,求 $A\cap B$,$A\cup B$,$\complement_U A$.

解 $A\cap B=\{1,2,3,5\}\cap\{2,4,5,6\}=\{2,5\}$,

$A\cup B=\{1,2,3,5\}\cup\{2,4,5,6\}=\{1,2,3,4,5,6\}$,

$\complement_U A=\{4,6,7,8\}$.

四、区间

定义 1.1.5 设 a,b 是两个实数,且 $a<b$,规定

(1) 满足不等式 $a\leqslant x\leqslant b$ 的实数 x 构成的集合叫作**闭区间**,表示为 $[a,b]$[见图 1.1.5(a)];

(2) 满足不等式 $a<x<b$ 的实数 x 构成的集合叫作**开区间**,表示为 (a,b)[见

图 1.1.5(b)];

(3) 满足不等式 $a \leqslant x < b$ 或 $a < x \leqslant b$ 的实数 x 构成的集合叫作**半开半闭区间**,分别表示为 $[a,b)$,$(a,b]$(见图 1.1.6).

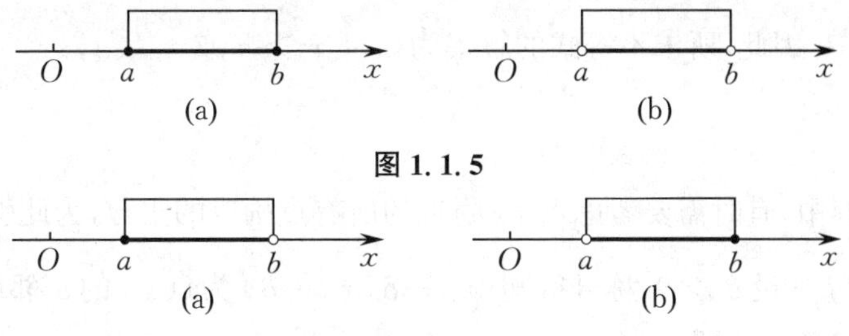

图 1.1.5

图 1.1.6

实数集 **R** 可以用区间表示为 $(-\infty,+\infty)$,因此可以把满足不等式 $x \geqslant a$,$x > a$,$x \leqslant b$,$x < b$ 的实数构成的集合分别表示为 $[a,+\infty)$,$(a,+\infty)$,$(-\infty,b]$,$(-\infty,b)$(见图 1.1.7 和图 1.1.8).

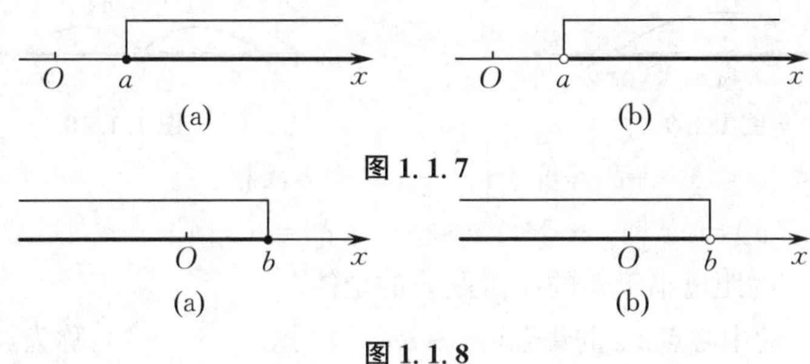

图 1.1.7

图 1.1.8

五、实数的绝对值

定义 1.1.6　一个实数 x 的**绝对值**,记为 $|x|$,定义为

$$|x|=\begin{cases}x, & x \geqslant 0,\\ -x, & x < 0.\end{cases}$$

绝对值 $|x|$ 的几何意义是:$|x|$ 表示数轴上点 x 与原点之间的距离.

若 a,b 为实数,则由定义 1.1.6 可知,

$$|a-b|=\begin{cases}a-b, & a \geqslant b,\\ b-a, & a < b,\end{cases}$$

其几何意义是:$|a-b|$ 表示数轴上点 a 与点 b 之间的距离.

绝对值及其运算有下列性质.

(1) $|x| \geqslant 0$.

(2) $|-x|=|x|$.

(3) $|x|=\sqrt{x^2}$.

(4) $-|x| \leqslant x \leqslant |x|$.

(5) $|x| > a\ (a > 0)$ 等价于 $x > a$ 或 $x < -a$.

(6) $|x| < b\ (b > 0)$ 等价于 $-b < x < b$.

例 1.1.5 解不等式 $|x-3|>2$.

解 根据绝对值的性质(5)可知,不等式 $|x-3|>2$ 等价于

$$x-3>2 \quad 或 \quad x-3<-2,$$

即 $x>5$ 或 $x<1$. 因此,所求不等式的解集为 $\{x \mid x>5 或 x<1\}$.

六、邻域

在后续的内容中,有时需要考虑点 x_0 附近的所有点构成的集合,为此引入邻域的概念.

定义 1.1.7 设 $\delta>0$,称开区间 $(x_0-\delta, x_0+\delta)$ 为点 x_0 的 δ **邻域**(见图 1.1.9),记作 $U(x_0,\delta)$ 或 $U(x_0)$,即

$$U(x_0,\delta)=\{x \mid x_0-\delta<x<x_0+\delta\},$$

点 x_0 称为该邻域的**中心**,δ 称为该邻域的**半径**.

图 1.1.9　　图 1.1.10

由于 $x_0-\delta<x<x_0+\delta$ 等价于 $|x-x_0|<\delta$,因此

$$U(x_0,\delta)=\{x \mid x_0-\delta<x<x_0+\delta\}=\{x \mid |x-x_0|<\delta\}$$

表示数轴上与点 x_0 的距离小于 δ 的一切点 x 的全体.

去掉 $U(x_0,\delta)$ 的中心点 x_0 的集合 $(x_0-\delta,x_0)\cup(x_0,x_0+\delta)$,称为点 x_0 的**去心 δ 邻域**(见图 1.1.10),记作 $\mathring{U}(x_0,\delta)$ 或 $\mathring{U}(x_0)$,即

$$\mathring{U}(x_0,\delta)=\{x \mid 0<|x-x_0|<\delta\},$$

这里 $|x-x_0|\neq 0$ 表示 $x\neq x_0$.

例如,不等式 $0<|x-2|<1$ 的解集就是以点 $x_0=2$ 为中心、半径为 1 的去心邻域 $\mathring{U}(2,1)=(1,2)\cup(2,3)$.

称半开半闭区间 $(x_0-\delta,x_0]$ 为点 x_0 的**左邻域**,$[x_0,x_0+\delta)$ 为点 x_0 的**右邻域**,分别记作 $U_-(x_0)$ 和 $U_+(x_0)$. 称开区间 $(x_0-\delta,x_0)$ 为点 x_0 的**去心左邻域**,$(x_0,x_0+\delta)$ 为点 x_0 的**去心右邻域**,分别记作 $\mathring{U}_-(x_0)$ 和 $\mathring{U}_+(x_0)$.

习题 1.1

1. 用集合的方法表示下列具有某种共同特征的对象:

(1) 组成中国国旗的颜色;　　(2) 世界上最高的山峰;

(3) 小于 7 的所有正整数;　　(4) 大于 -2 的所有实数.

2. 设集合 $A=\{x \mid x 是小于 8 的正整数\}$,$B=\{2,3,5\}$,$C=\{1,3,4,5,6\}$,求

$$A\cap B,\quad A\cap C,\quad A\cap(B\cup C),\quad A\cup(B\cap C).$$

3. 已知全集 $U=\{1,2,3,4,5,6,7\}$，集合 $A=\{1,3,5\}$，$B=\{2,3,4,5,7\}$，求

$$A\cup(\complement_U B),\quad(\complement_U A)\cap(\complement_U B).$$

4. 某职业技术大学里有多种学生社团，设集合 $A=\{x\mid x$ 是加入数学爱好者协会的学生$\}$，$B=\{x\mid x$ 是加入计算机协会的学生$\}$，$C=\{x\mid x$ 是加入篮球协会的学生$\}$. 学校规定，大一新生在第一个学期最多只能加入两个协会，用集合的运算说明这项规定，并解释以下集合运算的含义：$A\cup B$，$A\cap C$.

5. 已知 $|a|+|b|=9$，且 $|a|=3$，求 b 的值.

6. 解下列不等式：

(1) $|3x+1|>2$；　　(2) $|2x-1|<5$.

7. 已知 $x<-3$，化简 $|x+1|$.

§1.2　函数的概念与性质

"万物皆变"—— 气温会随着时间的变化而变化，海底的压强会随着深度的变化而变化，树的高度会随着树龄的变化而变化 …… 在我们周围的事物中，这种一个变量随着另一个变量的变化而变化的现象大量存在着. 为了研究这些运动变化现象中变量间的依存关系，数学中逐渐形成了函数的概念. 我们通过研究函数及其性质，更深入地认识到现实世界中许多运动变化的规律. 本节中，我们主要介绍函数的概念与性质.

一、常量与变量

常量与变量是数学中表征事物变化的一对概念. 在事物的特定变化过程中，若某量保持不变，则称之为**常量**，一般用字母 $a,b,c,\cdots$ 表示；反之，若某量发生变化，则称之为**变量**，一般用字母 $x,y,z,\cdots$ 表示.

例如，我们在考察一架旅客班机在飞行过程中，乘客的数目、行李的件数等都是常量，而飞机飞行的高度、汽油的储存量等都是变量. 又如，当圆的半径变化时，圆的周长和面积都是变量，而周长与直径的比(即圆周率 π) 却是不变的，因此是常量.

二、函数的定义

在研究实际问题时，所涉及的几个变量之间常会具有某种确定的关系. 下面考察几个变量间有确定关系的例子.

例 1.2.1　圆的面积 S 与它的半径 R 之间的相依关系由公式 $S=\pi R^2$ 给定. 当半径 R 在区间 $(0,+\infty)$ 上任意取定一个数值时，由公式 $S=\pi R^2$ 就可以确定圆面积 S 的相应数值.

例 1.2.2 图1.2.1所示是某地区用温度自动记录仪记录的该地区某天24 h的气温变化曲线. 该曲线描述了当天气温 T 随时间 t 变化的情况. 对任意时刻 $t_0 \in [0,24]$,按曲线所示的对应法则可唯一确定时刻 t_0 的气温值 T_0.

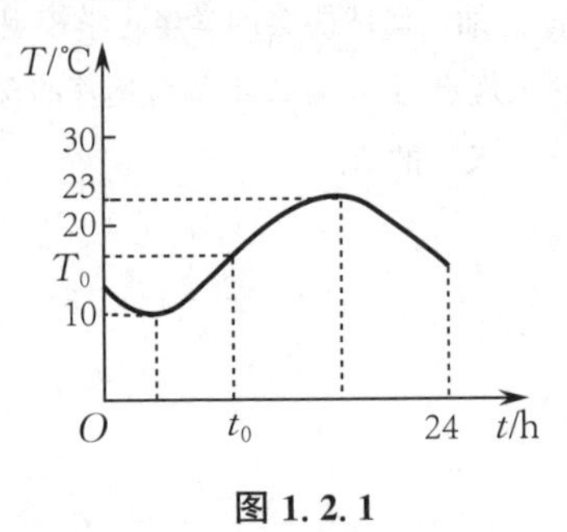

图 1.2.1

例 1.2.3 在农业生产模型中,某种水稻的施化肥量 x 与水稻产量 y 的数量关系如表 1.2.1 所示.

表 1.2.1

施化肥量 x/kg	15	20	25	30	35	40	45
水稻产量 y/kg	330	345	365	405	445	450	455

由表 1.2.1 所示的对应法则可唯一确定水稻的施化肥量 x 所对应的水稻产量 y 的值.

上面三个例子的实际意义虽然不同,但它们都是通过一定的对应法则(公式、图、表)来反映两个变量之间的相依关系. 从数学角度进行抽象概括,便可得到函数的概念.

定义 1.2.1 设 $D \subset \mathbf{R}$ 为一非空数集. 若存在一个对应法则 f,使得对于每一个 $x \in D$,都能由 f 唯一地确定一个 y 与之对应,则称 f 为定义在数集 D 上的一个**函数**,或称变量 y 是变量 x 的函数,记作

$$y = f(x), \quad x \in D,$$

其中 x 称为**自变量**,y 称为**因变量**,D 称为函数 $f(x)$ 的**定义域**,通常记作 $D(f)$.

对于函数 $y=f(x)$,若 $x_0 \in D(f)$,则称函数 $f(x)$ 在点 x_0 处**有定义**;若 $x_0 \notin D(f)$,则称函数 $f(x)$ 在点 x_0 处**无定义**. 对于每一个 $x_0 \in D(f)$,因变量 y 的相应取值,称为函数 $f(x)$ 当 $x=x_0$ 时的**函数值**,记作 $f(x_0)$ 或 $y\Big|_{x=x_0}$. 全体函数值的集合称为函数的**值域**,通常记作 $R(f)$[或 $f(D)$],即

$$R(f) = \{y \mid y = f(x), x \in D(f)\}.$$

在例 1.2.1 中,函数的对应法则 f 由公式 $S=\pi R^2$ 给出,定义域 $D(f)=(0,+\infty)$,值域 $R(f)=(0,+\infty)$.

在例 1.2.2 中,对应法则 f 由图 1.2.1 所示的曲线表示,定义域 $D(f)=[0,24]$,值域 $R(f)=[10,23]$.

在例 1.2.3 中,对应法则 f 由表 1.2.1 给定,定义域 $D(f)=\{15,20,25,30,35,40,45\}$,值域 $R(f)=\{330,345,365,405,445,450,455\}$.

根据函数的定义，确定一个函数需要两个要素，即对应法则 f 和定义域 $D(f)$，而与自变量、因变量和函数符号用什么字母表示无关. 例如，函数 $y=x^2+1$ 与 $z=t^2+1$ 是同一个函数，而函数 $y=2x$ 与 $y=\dfrac{2x^2}{x}$ 是两个不同的函数，这是因为它们的定义域不同.

自变量的个数为一的函数称为一元函数，自变量的个数大于或等于二的函数称为多元函数. 下面以二元函数的定义为例，更多元函数的定义可类似得到. 设有三个变量 x,y,z. 若存在一个对应法则 f，使得对于区域 D 内的任意 (x,y)，都能由 f 唯一地确定一个数 z 与之对应，则称 f 为定义在区域 D 内的一个二元函数(简称函数)，记作

$$z=f(x,y),\quad (x,y)\in D,$$

其中 x,y 称为自变量，z 称为因变量，D 称为函数 $f(x,y)$ 的定义域.

三、函数的表示方法

常用的函数表示方法有三种：解析式法（或称公式法）、图示法和列表法，这分别从例 1.2.1 ～ 例 1.2.3 可以看出. 解析式法简明准确，便于运算和理论分析；图示法使得函数的变化直观且清晰；列表法(如各种函数表、经济统计报表等) 便于查找函数值. 这三种函数表示方法各有优点，故常把它们结合起来表示一个函数.

在实际应用中经常遇到这样的函数，在其定义域的各个不相交的子集上，函数的解析式也不相同，这类函数通常称为**分段函数**.

例 1.2.4　**绝对值函数**

$$y=|x|=\begin{cases}x, & x\geqslant 0,\\ -x, & x<0,\end{cases}$$

其图形如图 1.2.2 所示.

符号函数

$$y=\operatorname{sgn}x=\begin{cases}1, & x>0,\\ 0, & x=0,\\ -1, & x<0,\end{cases}$$

其图形如图 1.2.3 所示.

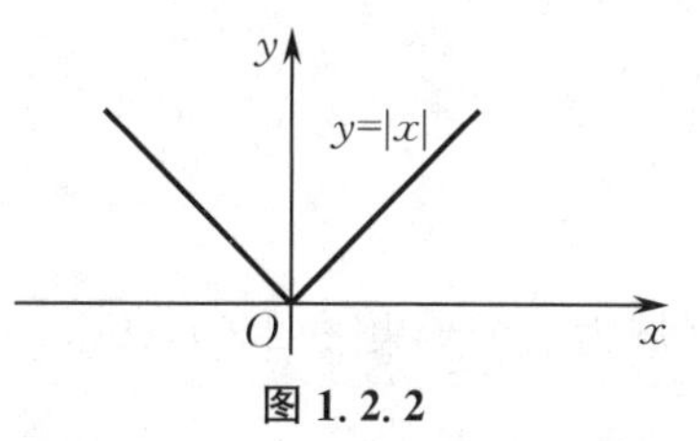

图 1.2.2

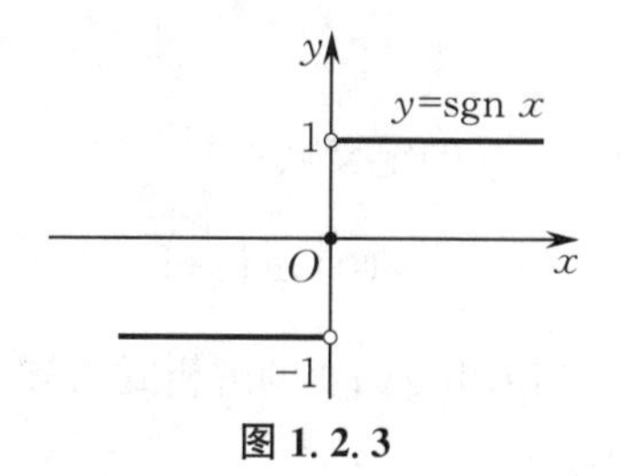

图 1.2.3

取整函数 $y=[x]$ 表示不超过 x 的最大整数，即

$$[x]=n,\quad n\leqslant x<n+1, n=0,\pm1,\pm2,\cdots,$$

如 $[-3.6]=-4$，$[2]=2$，$[3.8]=3$，其图形如图 1.2.4 所示.

上述三个函数都是分段函数.

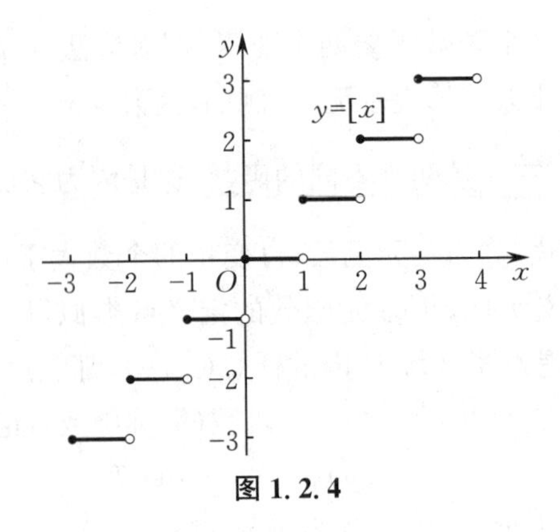

图 1.2.4

四、函数的定义域

函数的定义域是指自变量 x 的取值范围. 如果函数是用解析式法表示的，且未赋予实际意义，则其定义域就是使函数解析式 $y=f(x)$ 有意义的实数 x 构成的集合. 例如，函数解析式含有分式的，要求分式的分母不能为 0；函数解析式含有偶次根式的，要求偶次根式的被开方数非负. 有时，函数的定义域也可以省略不写. 对于实际应用问题中的函数，其定义域应该由问题的实际意义确定. 例如，例 1.2.1 中的函数 $S=\pi R^2$，其定义域为 $(0,+\infty)$，而不是实数集 **R**.

例 1.2.5 求函数 $f(x)=\sqrt{x+1}+\dfrac{1}{x-1}$ 的定义域.

解 要使函数解析式有意义，须满足

$$\begin{cases}x+1\geqslant 0,\\ x-1\neq 0,\end{cases}$$

即 $x\geqslant -1$ 且 $x\neq 1$. 因此，函数 $f(x)$ 的定义域为 $D(f)=[-1,1)\cup(1,+\infty)$.

例 1.2.6 已知分段函数

$$g(x)=\begin{cases}x, & -2\leqslant x<0,\\ 1, & x=0,\\ x^2+2, & 0<x\leqslant 1,\end{cases}$$

求：

(1) $g(x)$ 的定义域；

(2) $g(-1),g(0),g\left(\dfrac{1}{2}\right)$.

解 (1) 由 $g(x)$ 的解析式可知，该函数的定义域为三个子集 $[-2,0)$，$\{0\}$，$(0,1]$ 的并集，则 $D(g)=[-2,1]$.

(2) 因为 $-1\in[-2,0)$，所以 $g(-1)=-1$；因为 $0\in\{0\}$，所以 $g(0)=1$；因为 $\dfrac{1}{2}\in(0,1]$，所以 $g\left(\dfrac{1}{2}\right)=\dfrac{9}{4}$.

五、函数的基本性质

1. 单调性

定义 1.2.2　设函数 $f(x)$ 在数集 D 上有定义，对任意的 $x_1, x_2 \in D$，且 $x_1 < x_2$.

(1) 若 $f(x_1) < f(x_2)$，则称 $f(x)$ 在 D 上**单调增加**；

(2) 若 $f(x_1) > f(x_2)$，则称 $f(x)$ 在 D 上**单调减少**.

单调增加函数与单调减少函数统称为**单调函数**，使函数单调的区间称为**单调区间**.

例如，函数 $y=x^2$ 在区间 $[0,+\infty)$ 上单调增加，在区间 $(-\infty,0]$ 上单调减少，在区间 $(-\infty,+\infty)$ 上 $y=x^2$ 不是单调函数（见图 1.2.5）. 又如，函数 $y=x^3$ 在区间 $(-\infty,+\infty)$ 上单调增加（见图 1.2.6）.

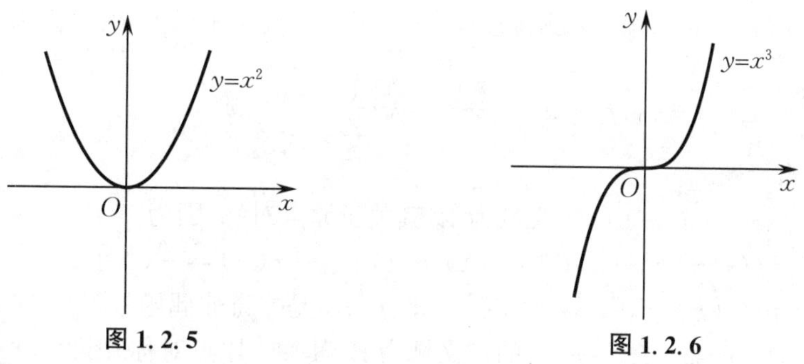

图 1.2.5　　　　图 1.2.6

2. 奇偶性

定义 1.2.3　设函数 $f(x)$ 的定义域 D 关于原点对称，对任意的 $x \in D$.

(1) 若 $f(-x)=f(x)$，则称 $f(x)$ 为**偶函数**；

(2) 若 $f(-x)=-f(x)$，则称 $f(x)$ 为**奇函数**.

既不是奇函数也不是偶函数的函数称为**非奇非偶函数**.

例如，$y=x^2$ 是偶函数；$y=x$ 是奇函数；$y=0$ 既是奇函数，又是偶函数；$y=x^2+x$ 是非奇非偶函数.

由定义 1.2.3 可知，偶函数的图形关于 y 轴对称，如图 1.2.7(a) 所示；奇函数的图形关于原点对称，如图 1.2.7(b) 所示.

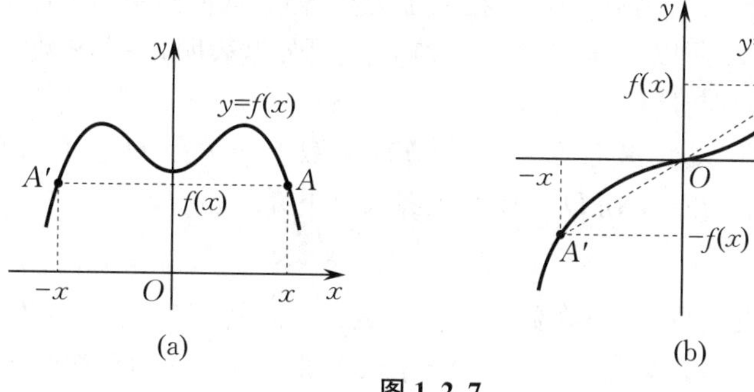

图 1.2.7

容易证明,当函数 $f(x)$ 与 $g(x)$ 的定义域相同时,若 $f(x)$ 与 $g(x)$ 同为偶函数或同为奇函数,则它们的乘积 $f(x)g(x)$ 为偶函数;若 $f(x)$ 与 $g(x)$ 中一个为偶函数,另一个为奇函数,则 $f(x)g(x)$ 为奇函数.

例 1.2.7 判断下列函数的奇偶性:

(1) $f(x)=x^4$; (2) $f(x)=\dfrac{1}{x}$;

(3) $f(x)=x+1$; (4) $f(x)=x+x^3+x^5$.

解 (1) 函数 $f(x)=x^4$ 的定义域为 $\mathbf{R}$,其关于原点对称. 因为

$$f(-x)=(-x)^4=x^4=f(x),$$

所以 $f(x)$ 是偶函数.

(2) 函数 $f(x)=\dfrac{1}{x}$ 的定义域为 $D=\{x\,|\,x\neq 0\}$,其关于原点对称. 因为

$$f(-x)=\frac{1}{-x}=-\frac{1}{x}=-f(x),$$

所以 $f(x)$ 是奇函数.

(3) 函数 $f(x)=x+1$ 的定义域为 $\mathbf{R}$,其关于原点对称. 因为

$$f(-x)=-x+1=-(x-1),\quad -f(x)=-(x+1),$$

所以 $f(-x)\neq -f(x)$,$f(-x)\neq f(x)$,即 $f(x)$ 是非奇非偶函数.

(4) 函数 $f(x)=x+x^3+x^5$ 的定义域为 $\mathbf{R}$,其关于原点对称. 因为

$$f(-x)=(-x)+(-x)^3+(-x)^5=-x-x^3-x^5=-(x+x^3+x^5)=-f(x),$$

所以 $f(x)$ 是奇函数.

3. 有界性

定义 1.2.4 设函数 $f(x)$ 在数集 D 上有定义.

(1) 若存在常数 $M>0$,使得对任意的 $x\in D$,恒有 $|f(x)|\leqslant M$,则称 $f(x)$ 在 D 上**有界**,否则称 $f(x)$ 在 D 上**无界**.

(2) 若存在常数 M(或 m),使得对任意的 $x\in D$,恒有 $f(x)\leqslant M$[或 $f(x)\geqslant m$],则称 $f(x)$ 在 D 上**有上界**(或**有下界**).

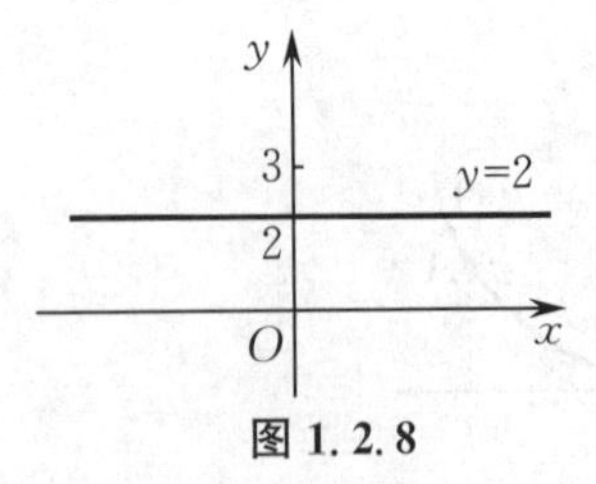

图 1.2.8

例如,函数 $y=2$ 在 $\mathbf{R}$ 上有界,因为 $|2|\leqslant 3$(见图 1.2.8). 又如,函数 $y=x^2$ 在 $\mathbf{R}$ 上无界,但在区间 $[-1,1]$ 上,因为 $|x^2|\leqslant 1$,所以 $y=x^2$ 在 $[-1,1]$ 上有界. 这表明,一个函数 $f(x)$ 是否有界与所给区间有关.

由定义 1.2.4 可知,函数 $f(x)$ 在 D 上有界的充要条件是 $f(x)$ 在 D 上既有上界又有下界.

4. 周期性

定义 1.2.5 设函数 $f(x)$ 在数集 D 上有定义. 如果存在一个正数 T,使得对任意的 $x\in D$,都有 $x\pm T\in D$,且满足 $f(x\pm T)=f(x)$,则称 $f(x)$ 为**周期函数**,T 称为 $f(x)$ 的**周期**.

显然，若 T 是函数 $f(x)$ 的周期，则 nT(n 为正整数) 也是 $f(x)$ 的周期. 通常我们说的周期函数的周期是指**最小正周期**，即周期中最小的那一个.

若 $f(x)$ 是周期为 T 的周期函数，则在长度为 T 的两个相邻区间上，函数图形具有相同的形状.

习题 1.2

1. 求下列函数的定义域：

(1) $f(x)=\dfrac{1}{2x+1}$；　　(2) $f(x)=\sqrt{x+2}$；

(3) $f(x)=\sqrt{1-x}+\sqrt{x+3}+2$；　　(4) $f(x)=\dfrac{1}{\sqrt{x}-2}$；

(5) $f(x)=\sqrt{x^2}$；　　(6) $f(x)=\dfrac{\sqrt{3-x}}{x-2}$.

2. 已知函数 $f(x)=2x^3+3x$，求：

(1) $f(2)$，$f(-2)$，$f(2)+f(-2)$；　　(2) $f(a)$，$f(-a)$，$f(a)+f(-a)$.

3. 若函数 $f(x)=x^2+bx+c$，且 $f(1)=2$，$f(2)=8$，求 $f(-1)$.

4. 一个圆柱形容器的底部直径是 d(单位：cm)，高是 h(单位：cm)，现在以 v(单位：$\mathrm{cm^3/s}$) 的速度向容器内注入某种溶液. 求容器内溶液的高度 x(单位：cm) 与注入溶液的时间 t(单位：s) 之间的函数解析式，并写出函数的定义域和值域.

5. 某城市的共享汽车收费标准为：押金需要 2 500 元，随时可退；按使用时间收费，每 15 min 收费 4.5 元，一天 168 元封顶. 试建立一天内使用共享汽车的费用 y(单位：元) 与使用时间 t(单位：min) 之间的函数关系.

6. 某城市的出租车按如下方法收费：2 km 以内起步价 10 元，超过 2 km 时，超出部分按 2 元/km 收费. 试写出以行驶里程 x(单位：km) 为自变量、车费 y(单位：元) 为因变量的函数解析式，并画出这个函数的图形.

7. 判断下列函数的奇偶性：

(1) $f(x)=2x^4+3x^2$；　　(2) $f(x)=x^3-2x$；

(3) $f(x)=\dfrac{2}{x^2+1}$；　　(4) $f(x)=(x+1)(x-1)$.

8. 已知 $f(x)$ 是奇函数，$f(0)=0$，且当 $x>0$ 时，$f(x)=x^3+3x^2-2$，求 $f(x)$ 在 $\mathbf{R}$ 上的解析式.

§1.3　一元一次函数和一元二次函数

本节主要介绍两类最基本的函数 —— 一元一次函数和一元二次函数，并结合它们的图形讨论它们的性质，最后利用它们研究一些函数问题和实际问题，感受函数在解决运动变化问题中的重要作用.

例 1.3.1 现需制作一个正方形的线性元件,假设线性元件的边长为 x(单位:cm).问:线性元件的周长 L(单位:cm)、面积 S(单位:cm^2)各与边长 x 之间有怎样的关系呢?

解 根据题意可知,线性元件的周长 L 与边长 x 的函数关系为

$$L=4x \quad (x>0),$$

面积 S 与边长 x 的函数关系为

$$S=x^2 \quad (x>0).$$

以上两个函数分别为一元一次函数和一元二次函数.下面,我们将分别对这两类函数进行研究.

一、一元一次函数

1. 一元一次函数的定义

定义 1.3.1 形如

$$y=kx+b \quad (k,b\text{ 是常数},k\neq 0)$$

的函数叫作**一元一次函数**,其中 x 是自变量,k,b 分别是函数解析式的一次项系数和常数项系数.

当 $b=0$ 时,$y=kx$ 为正比例函数.因此,正比例函数是一类特殊的一元一次函数.

2. 一元一次函数的图形和性质

一元一次函数的图形为平面直角坐标系中的一条直线(见图 1.3.1).反之,也可以说,直线的方程为一元一次函数 $y=kx+b$.

为了更好地了解一元一次函数,下面先介绍直线的倾斜角.

定义 1.3.2 在平面直角坐标系中,取 x 轴为基准.当一条直线 l 与 x 轴相交时,使 x 轴绕着交点沿逆时针方向(正方向)旋转到和直线 l 重合,将所转过的最小正角记为 α,称 α 为直线 l 的**倾斜角**(见图 1.3.2).

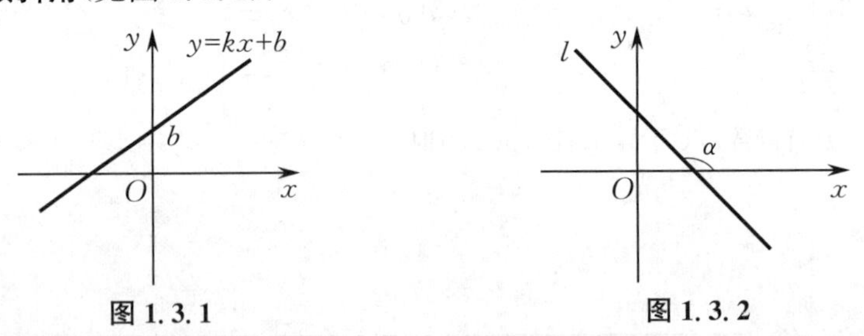

图 1.3.1　　图 1.3.2

一元一次函数的图形有如下规律:

(1) 当 $k>0$ 时,函数 $y=kx+b$ 在 $\mathbf{R}$ 上单调增加,即直线从左向右上升.此时,直线的倾斜角 α 为锐角$\left(0<\alpha<\frac{\pi}{2}\right)$.

(2) 当 $k<0$ 时,函数 $y=kx+b$ 在 $\mathbf{R}$ 上单调减少,即直线从左向右下降.此时,直线的倾斜角 α 为钝角$\left(\frac{\pi}{2}<\alpha<\pi\right)$.

(3) 当 $b=0$ 时，函数 $y=kx$ 的图形经过原点.

(4) 当 $b>0$ 时，函数 $y=kx+b$ 的图形与 y 轴的交点在 y 轴的正半轴.

(5) 当 $b<0$ 时，函数 $y=kx+b$ 的图形与 y 轴的交点在 y 轴的负半轴.

3. 一元一次函数与方程、不等式

方程、不等式与函数之间有着密切的联系.

定义 1.3.3　只含有一个未知量，且未知量的最高次数是一次的等式叫作**一元一次方程**，其标准形式为 $ax+b=0$，其中 x 为未知量，a,b 为常量且 $a\neq 0$.

一元一次方程有下列性质：

(1) 在等式两边同时加上(或减去) 同一个数或同一个式子，等式不变.

(2) 在等式两边同时乘以(或除以) 同一个数或同一个式子(除数不能是 0)，等式不变.

定义 1.3.4　若不等号两边都是整式，且只有一个未知量，未知量的最高次数是一次的不等式叫作**一元一次不等式**.

一元一次不等式有下列性质：

(1) 在不等式两边同时加上(或减去) 同一个数(无论正负)，不等号方向不改变，即如果 $a>b$，那么 $a\pm c>b\pm c$.

(2) 在不等式两边同时乘以一个正数，不等号方向不改变；在不等式两边同时乘以一个负数，不等号方向改变，即如果 $a>b$，当 $c>0$ 时，$ac>bc$；当 $c<0$ 时，$ac<bc$.

(3) 当两个(或多个) 不等式同向时，可以将它们加起来，不等号方向不改变，即如果 $a>b,c>d$，那么 $a+c>b+d$.

(4) 当两个(或多个) 不等式同向时，只有当所有的项(数) 都是正的时候，同向不等式相乘，它们的方向才不改变，即如果 $a>b>0,c>d>0$，那么 $ac>bd$.

在求解一元一次方程和一元一次不等式时，常用的一般步骤为：去分母、去括号、移项、合并同类项和化系数为 1 等.

例 1.3.2　求解方程 $2-\frac{2x-4}{3}=\frac{x-5}{6}$.

解　去分母，得

$$12-2\cdot(2x-4)=x-5,$$

去括号，得

$$12-4x+8=x-5,$$

移项，得

$$-4x-x=-5-12-8,$$

合并同类项，得

$$-5x=-25,$$

化系数为 1，得

$$x=5.$$

例 1.3.3　解不等式 $3\cdot(2x+5)>2\cdot(4x+3)$，并将解集在数轴上表示出来.

解　去括号，得

$$6x+15>8x+6,$$

移项,得

$$6x-8x>6-15,$$

合并同类项,得

$$-2x>-9,$$

化系数为1,得

$$x<\frac{9}{2}.$$

因此,原不等式的解集为$\left\{x\,\middle|\,x<\frac{9}{2}\right\}$,在数轴上的表示如图1.3.3所示.

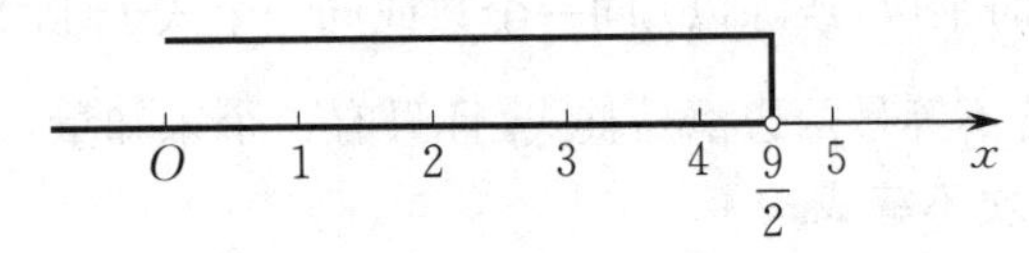

图 1.3.3

例 1.3.4 解不等式组$\begin{cases}3x+1>0,\\2x<5,\end{cases}$并将解集在数轴上表示出来.

解 不等式组可化为$\begin{cases}3x>-1,\\2x<5,\end{cases}$即

$$\begin{cases}x>-\dfrac{1}{3},\\x<\dfrac{5}{2}.\end{cases}$$

因此,原不等式组的解集为$\left\{x\,\middle|\,-\frac{1}{3}<x<\frac{5}{2}\right\}$,在数轴上的表示如图1.3.4所示.

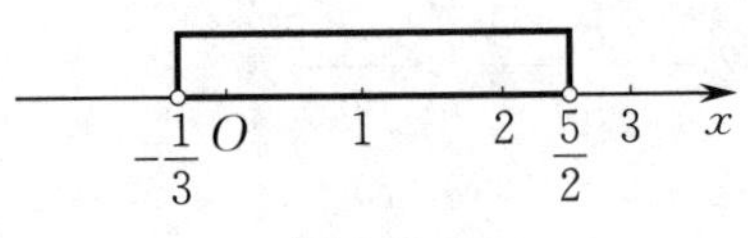

图 1.3.4

二、一元二次函数

1. 一元二次函数的定义

定义 1.3.5 形如

$$y=ax^2+bx+c\quad(a,b,c\text{ 是常数},a\neq 0)$$

的函数叫作**一元二次函数**,其中x是自变量,y是因变量,a,b和c分别是函数解析式的二次项系数、一次项系数和常数项.

2. 一元二次函数的图形和性质

一元二次函数的图形为平面直角坐标系中的一条抛物线.

一元二次函数的解析式 $y=ax^2+bx+c$ 可以通过配方写成

$$y=a(x-h)^2+k,$$

其中 $h=-\dfrac{b}{2a}$，$k=\dfrac{4ac-b^2}{4a}$，其图形如图 1.3.5 所示.

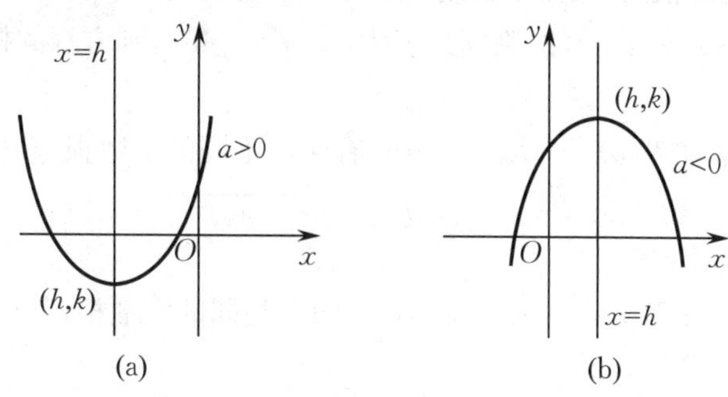

图 1.3.5

从一元二次函数的图形可以看出：

(1) 顶点坐标为 (h,k).

(2) 图形关于直线 $x=h$ 对称.

(3) 当 $a>0$ 时，抛物线开口向上，在对称轴的左边 $(x<h)$，函数单调减少，即 y 随 x 的增大而减小；在对称轴的右边 $(x>h)$，函数单调增加，即 y 随 x 的增大而增大[见图 1.3.5(a)].

(4) 当 $a<0$ 时，抛物线开口向下，在对称轴的左边 $(x<h)$，函数单调增加，即 y 随 x 的增大而增大；在对称轴的右边 $(x>h)$，函数单调减少，即 y 随 x 的增大而减小[见图 1.3.5(b)].

一元二次函数的图形平移的规律如下：

(1) 抛物线向左平移几个单位，自变量就增加几个单位；抛物线向右平移几个单位，自变量就减少几个单位.

(2) 抛物线向上平移几个单位，函数值就增加几个单位；抛物线向下平移几个单位，函数值就减少几个单位.

例 1.3.5　将一元二次函数 $y=x^2$ 的图形向右平移 1 个单位长度，再向上平移 3 个单位长度，求所得图形的函数解析式.

解　原函数图形向右平移 1 个单位长度，得到

$$y=(x-1)^2,$$

再向上平移 3 个单位长度，得到

$$y=(x-1)^2+3,$$

则所求函数解析式为

$$y=x^2-2x+4.$$

3. 一元二次函数与方程、不等式

定义 1.3.6　只含有一个未知量，且未知量的最高次数是二次的等式叫作**一元二次**

方程,其标准形式为 $ax^2+bx+c=0$,其中 x 为未知量,a,b,c 为常量且 $a\neq 0$.

定义 1.3.7 只含有一个未知量,且未知量的最高次数是二次的不等式叫作**一元二次不等式**.

对一元二次方程的根的求解,主要用下面介绍的**公式法**.

若将方程 $ax^2+bx+c=0$ 的判别式记为 $\Delta=b^2-4ac$,则方程的根的情况与判别式有如下关系:

(1) 当 $\Delta>0$ 时,方程 $ax^2+bx+c=0$ 有两个不同的实数根,其根的形式为

$$x_{1,2}=\frac{-b\pm\sqrt{b^2-4ac}}{2a};$$

(2) 当 $\Delta=0$ 时,方程 $ax^2+bx+c=0$ 有两个相同的实数根,其根的形式为

$$x_{1,2}=\frac{-b}{2a};$$

(3) 当 $\Delta<0$ 时,方程 $ax^2+bx+c=0$ 没有实数根.

若方程 $ax^2+bx+c=0$ 有两个实数根 x_1,x_2,则对应的一元二次函数可进行因式分解,即

$$ax^2+bx+c=a(x-x_1)(x-x_2).$$

例 1.3.6 求解下列方程:

(1) $x^2-5x+6=0$;　　(2) $x^2-4x+4=0$;

(3) $3x^2-2x+1=0$;　　(4) $3x^2+3x=x+1$.

解 (1) 因为 $a=1,b=-5,c=6$,

$$\Delta=b^2-4ac=(-5)^2-4\times 1\times 6=1>0,$$

所以方程有两个不同的实数根

$$x_{1,2}=\frac{-b\pm\sqrt{b^2-4ac}}{2a}=\frac{-(-5)\pm\sqrt{1}}{2\times 1}=\frac{5\pm 1}{2},$$

即

$$x_1=3,\quad x_2=2.$$

(2) 因为 $a=1,b=-4,c=4$,

$$\Delta=b^2-4ac=(-4)^2-4\times 1\times 4=0,$$

所以方程有两个相同的实数根

$$x_{1,2}=\frac{-b}{2a}=\frac{-(-4)}{2\times 1}=2,$$

即

$$x_1=x_2=2.$$

(3) 因为 $a=3,b=-2,c=1$,

$$\Delta=b^2-4ac=(-2)^2-4\times 3\times 1=-8<0,$$

所以方程没有实数根.

(4) 方程化为 $3x^2+2x-1=0$，则有 $a=3, b=2, c=-1$，

$$\Delta=b^2-4ac=2^2-4\times3\times(-1)=16>0.$$

因此，方程有两个不同的实数根

$$x_{1,2}=\frac{-b\pm\sqrt{b^2-4ac}}{2a}=\frac{-2\pm\sqrt{16}}{2\times3}=\frac{-1\pm2}{3},$$

即

$$x_1=-1,\quad x_2=\frac{1}{3}.$$

一元二次方程的根与一元二次不等式的解集有着很大的联系，下面我们给出它们之间的关系表（见表 1.3.1）.

表 1.3.1

判别式 $\Delta=b^2-4ac$	$\Delta>0$	$\Delta=0$	$\Delta<0$
图形	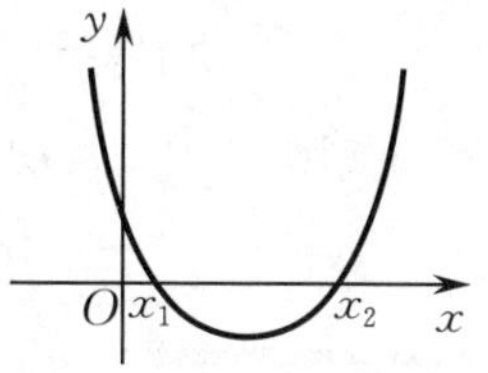	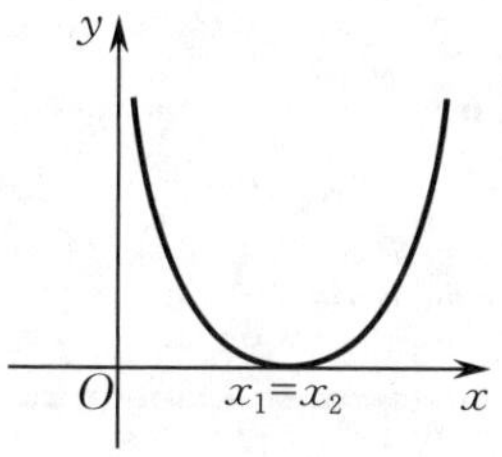	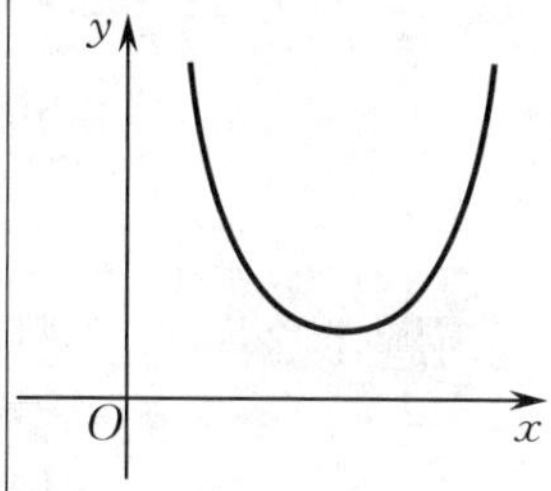
$ax^2+bx+c=0$ $(a>0)$ 的根	有两个不同的实数根 $x_1, x_2(x_1<x_2)$	有两个相同的实数根 $x_1=x_2$	没有实数根
$ax^2+bx+c>0$ $(a>0)$ 的解集	$\{x\mid x<x_1$ 或 $x>x_2\}$	$\{x\mid x\neq x_1\}$	$\mathbf{R}$
$ax^2+bx+c<0$ $(a>0)$ 的解集	$\{x\mid x_1<x<x_2\}$	$\varnothing$	$\varnothing$

由表 1.3.1 可知，求解形如 $ax^2+bx+c>0(a>0)$ 或 $ax^2+bx+c<0(a>0)$ 的不等式的步骤可分为以下两步：

(1) 确定对应方程 $ax^2+bx+c=0$ 的解；

(2) 由表 1.3.1 得出不等式的解集.

若一元二次不等式的二次项系数 $a<0$，只要先在不等式左右两边同时乘以 -1，再按上面的步骤进行即可.

例 1.3.7　求解下列不等式：

(1) $2x^2-3x-2>0$；　　　(2) $x^2-6x+8\leqslant0$.

解　(1) 因为

$$\Delta=(-3)^2-4\times2\times(-2)=25>0,$$

方程 $2x^2-3x-2=0$ 的解是 $x_1=-\frac{1}{2}$，$x_2=2$(见图 1.3.6)，所以原不等式的解集是

$$\left\{x\,\middle|\,x<-\frac{1}{2}\text{ 或 }x>2\right\}.$$

(2) 因为

$$\Delta=(-6)^2-4\times1\times8=4>0,$$

方程 $x^2-6x+8=0$ 的解是 $x_1=2$，$x_2=4$(见图 1.3.7)，所以原不等式的解集是

$$\{x\mid 2\leqslant x\leqslant 4\}.$$

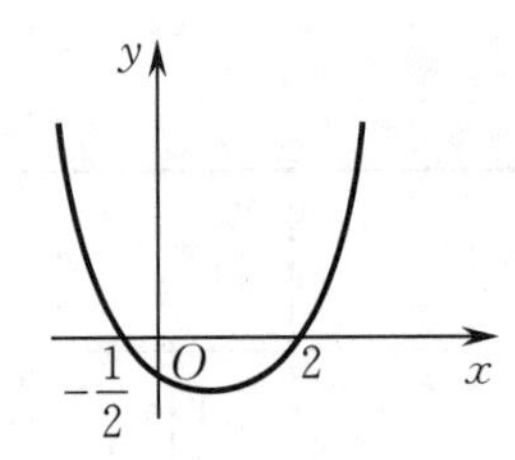

图 1.3.6

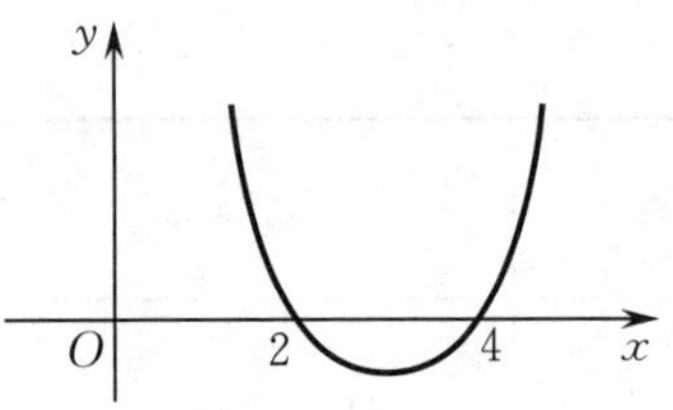

图 1.3.7

习题 1.3

1. 求解下列方程：

(1) $2x-8=10$；

(2) $x-30=42+2x$；

(3) $x^2+2x-3=0$；

(4) $x^2+6x+5=0$；

(5) $x^2-4x+3=0$；

(6) $x^2-2x-1=0$；

(7) $x^2-6x+9=0$；

(8) $7x^2-4x-3=0$；

(9) $5x^2-3x+2=0$；

(10) $(x+1)^2=4x$；

(11) $(x+4)^2=5(x+4)$；

(12) $(x+3)^2=(1-2x)^2$.

2. 求解下列不等式或不等式组：

(1) $5-7x>2x-4$；

(2) $3(x-2)\geqslant 2(x+9)$；

(3) $x(x-2)>0$；

(4) $x^2+2x-3>0$；

(5) $-x^2+2x-3\leqslant 0$；

(6) $4x^2-4x+1>0$；

(7) $x^2-3x-10>0$；

(8) $3x^2-7x\leqslant 10$；

(9) $-2x^2+x-5<0$；

(10) $x(8-x)>0$；

(11) $\begin{cases}3x-2<8,\\2x-1>2;\end{cases}$

(12) $\begin{cases}x-\frac{3}{2}(2x-1)\leqslant 4,\\\frac{1+3x}{2}>2x-1.\end{cases}$

3. 若关于 x 的一元二次方程 $x^2-(m+1)x-m=0$ 有两个不同的实数根，求 m 的取值范围.

4. 求解关于 x 的不等式 $x^2+(2-a)x-2a<0\ (a\in\mathbf{R})$.

§1.4　基本初等函数

基本初等函数是指常数函数、指数函数、对数函数、幂函数、三角函数和反三角函数，它们是函数中最常见、最基本的六类函数. 下面，我们主要介绍其中的常数函数、指数函数、对数函数、幂函数及三角函数.

一、常数函数

定义 1.4.1　形如 $y=C$（C 是常数）的函数叫作**常数函数**.

常数函数也称为常值函数，是最简单的偶函数，它的定义域是 $(-\infty, +\infty)$，值域是 $\{y \mid y=C\}$，即不论自变量 x 取何值，函数值都等于 C. 因此，它的图形是过点 $(0,C)$ 且平行于 x 轴的一条直线（见图 1.4.1）.

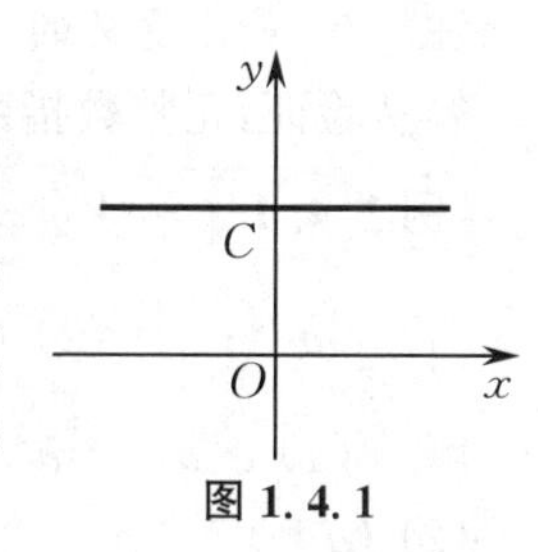

图 1.4.1

二、指数函数

在实际生活的模型建立中，指数函数经常使用，如经典的人口增长模型、细胞分裂模型等，因此指数函数是重要的基本初等函数之一. 而指数函数是以初中学过的指数概念为基础进行扩展的，下面我们将首先介绍整数指数幂、根式及分数指数幂的相关概念和运算性质，然后在此基础上再来学习指数函数及其性质.

1. 整数指数幂

形如 a^x 的式子称为幂，其中 a 称为幂的底数，x 称为幂的指数.

当 x 取正整数、0、负整数时，a^x 分别称为正整数指数幂、零指数幂、负整数指数幂，统称为整数指数幂.

（1）正整数指数幂.

定义 1.4.2　形如 $a^n (n \in \mathbf{N}^*)$ 的式子叫作 a 的 n **次幂**，也称为**正整数指数幂**.

规定 $a^1=a$.

容易验证，正整数指数幂的运算满足如下性质：

① $a^m a^n = a^{m+n}$；

② $(a^m)^n = a^{mn}$；

③ $\dfrac{a^m}{a^n} = a^{m-n}$　$(m > n, a \neq 0)$；

④ $(ab)^n = a^n b^n$.

在性质③中规定了 $m>n$，如果取消了这个限制，则有下面两种情形.

(2) 负整数指数幂.

例如，取 $m=2,n=4$ 有 $\frac{3^2}{3^4}=\frac{1}{3^2}$，又按照性质③，有 $\frac{3^2}{3^4}=3^{2-4}=3^{-2}$，即 $3^{-2}=\frac{1}{3^2}$. 这说明当指数为负整数时，幂的值是有意义的.

因此，可称式子 $a^{-n}=\frac{1}{a^n}(n\in\mathbf{N}^*,a\neq 0)$ 为**负整数指数幂**.

(3) 零指数幂.

例如，取 $m=n=2$，有 $\frac{3^2}{3^2}=1$，又按照性质③，有 $\frac{3^2}{3^2}=3^{2-2}=3^0$，即 $3^0=1$. 这说明当指数为 0 时，幂的值是有意义的.

因此，可称式子 $a^0=1(a\neq 0)$ 为**零指数幂**，也可称为**零次幂**.

注 0^0 是无意义的.

容易验证，正整数指数幂的运算性质在整数指数范围内仍然适用.

例 1.4.1 设 $a\neq 0,b\neq 0$，计算下列各式：

(1) a^6a^{-3}； (2) $(a^{-3})^{-4}$； (3) $a^2b^3(a^{-1}b)^{-2}$； (4) $\left(\frac{2a}{b}\right)^{-2}$.

解 (1) $a^6a^{-3}=a^{6+(-3)}=a^3$.

(2) $(a^{-3})^{-4}=a^{(-3)\times(-4)}=a^{12}$.

(3) $a^2b^3(a^{-1}b)^{-2}=a^2b^3a^2b^{-2}=a^{2+2}b^{3+(-2)}=a^4b$.

(4) $\left(\frac{2a}{b}\right)^{-2}=\frac{1}{\left(\frac{2a}{b}\right)^2}=\frac{1}{\frac{(2a)^2}{b^2}}=\frac{b^2}{(2a)^2}=\frac{b^2}{4a^2}$.

2. 根式

定义 1.4.3 如果 $x^n=a(n>1,n\in\mathbf{N}^*)$，那么 x 叫作 a 的 n **次方根**，记作 $\sqrt[n]{a}$，当 $n=2$ 时，也记作 $\sqrt{a}$. $\sqrt[n]{a}$ 也可以称为**根式**，其中 n 叫作**根指数**，a 叫作**根底数**.

根式有下列性质：

(1) 当 n 为奇数时，正数 a 的 n 次方根为正数，负数的 n 次方根为负数，记作 $\sqrt[n]{a}$.

(2) 当 n 为偶数时，正数 a 的 n 次方根有两个，这两个数互为相反数，记作 $\pm\sqrt[n]{a}$，负数没有偶次方根.

(3) 0 的任意次方根为 0，即 $\sqrt[n]{0}=0$.

(4) 当 $a\geqslant 0$ 时，$\sqrt[n]{a}\geqslant 0$ 表示算术根.

(5) 当 n 为任意正整数时，$(\sqrt[n]{a})^n=a$，即实数 a 的 n 次方根的 n 次幂是它本身.

(6) 当 n 为奇数时，$\sqrt[n]{a^n}=a$.

(7) 当 n 为偶数时，$\sqrt[n]{a^n}=|a|=\begin{cases}a, & a\geqslant 0,\\ -a, & a<0.\end{cases}$

(8) 当 n 为偶数时，$\sqrt[np]{a^{mp}}=\sqrt[n]{a^m}(a\geqslant 0,m,p\in\mathbf{N}^*)$.

例 1.4.2　计算下列各式：

(1) $(\sqrt[3]{9})^3$；　(2) $\sqrt[5]{(-10)^5}$；　(3) $\sqrt{(-5)^2}$；　(4) $\sqrt[4]{(3-\pi)^4}$.

解　(1) $(\sqrt[3]{9})^3=9$.

(2) $\sqrt[5]{(-10)^5}=-10$.

(3) $\sqrt{(-5)^2}=|-5|=5$.

(4) $\sqrt[4]{(3-\pi)^4}=|3-\pi|=\pi-3$.

3. 分数指数幂

定义 1.4.4　规定 $a^{\frac{m}{n}}=\sqrt[n]{a^m}$ ($a>0, m, n\in \mathbf{N}^*$ 且 $n>1$)，称为**正分数指数幂**，规定 $a^{-\frac{m}{n}}=\dfrac{1}{a^{\frac{m}{n}}}=\dfrac{1}{\sqrt[n]{a^m}}$ ($a>0, m, n\in \mathbf{N}^*$ 且 $n>1$)，称为**负分数指数幂**. 正分数指数幂和负分数指数幂统称为**分数指数幂**.

注　(1) 规定 0 的正分数指数幂等于 0，0 的负分数指数幂没有意义；

(2) 整数指数幂的运算性质对分数指数幂也同样适用.

例 1.4.3　用分数指数幂的形式表示下列各式($a>0$)：

(1) $a^2\sqrt{a}$；　(2) $a^4\sqrt[3]{a^2}$；　(3) $\sqrt{a\sqrt[3]{a}}$.

解　(1) $a^2\sqrt{a}=a^2a^{\frac{1}{2}}=a^{2+\frac{1}{2}}=a^{\frac{5}{2}}$.

(2) $a^4\sqrt[3]{a^2}=a^4a^{\frac{2}{3}}=a^{4+\frac{2}{3}}=a^{\frac{14}{3}}$.

(3) $\sqrt{a\sqrt[3]{a}}=(aa^{\frac{1}{3}})^{\frac{1}{2}}=(a^{\frac{4}{3}})^{\frac{1}{2}}=a^{\frac{4}{3}\times\frac{1}{2}}=a^{\frac{2}{3}}$.

例 1.4.4　计算下列各式($a, b>0$)：

(1) $8^{\frac{2}{3}}$；　(2) $9^{-\frac{3}{2}}$；　(3) $\left(\dfrac{16}{81}\right)^{-\frac{3}{4}}$；　(4) $(2a^{\frac{2}{3}}b^{\frac{1}{2}})(-9a^{\frac{1}{2}}b^{\frac{1}{3}})\div(-3a^{\frac{1}{6}}b^{\frac{5}{6}})$.

解　(1) $8^{\frac{2}{3}}=(2^3)^{\frac{2}{3}}=2^{3\times\frac{2}{3}}=2^2=4$.

(2) $9^{-\frac{3}{2}}=(3^2)^{-\frac{3}{2}}=3^{2\times(-\frac{3}{2})}=3^{-3}=\dfrac{1}{3^3}=\dfrac{1}{27}$.

(3) $\left(\dfrac{16}{81}\right)^{-\frac{3}{4}}=\left(\dfrac{2^4}{3^4}\right)^{-\frac{3}{4}}=\left(\dfrac{2}{3}\right)^{4\times(-\frac{3}{4})}=\left(\dfrac{2}{3}\right)^{-3}=\dfrac{1}{\left(\dfrac{2}{3}\right)^3}=\dfrac{27}{8}$.

(4) $$\begin{aligned}(2a^{\frac{2}{3}}b^{\frac{1}{2}})(-9a^{\frac{1}{2}}b^{\frac{1}{3}})\div(-3a^{\frac{1}{6}}b^{\frac{5}{6}})&=[2\times(-9)\div(-3)]a^{\frac{2}{3}+\frac{1}{2}-\frac{1}{6}}b^{\frac{1}{2}+\frac{1}{3}-\frac{5}{6}}\\&=6ab^0=6a.\end{aligned}$$

当指数幂的底数部分为常数，指数部分为自变量时，我们称之为指数函数，具体定义如下.

定义 1.4.5　形如 $y=a^x$ (a 为常数且 $a>0, a\neq 1$) 的函数叫作**指数函数**，指数函数的定义域为 $\mathbf{R}$，值域为 $(0,+\infty)$.

下面，我们给出指数函数的图形和性质.

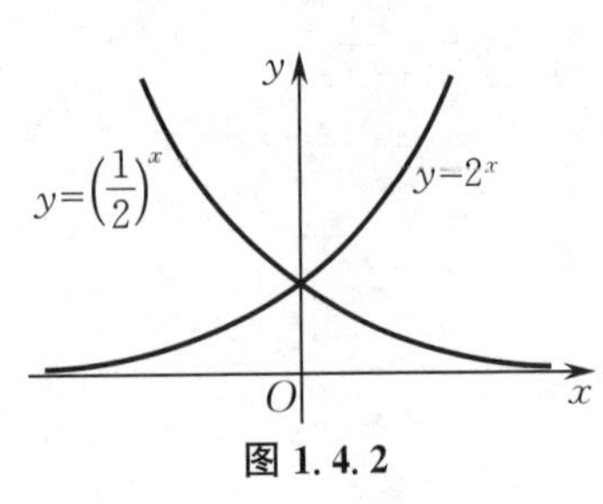

图 1.4.2

当 $0<a<1$ 时，指数函数 $y=a^x$ 会随着自变量 x 的增大而减小；当 $a>1$ 时，指数函数 $y=a^x$ 会随着自变量 x 的增大而增大$\left[\text{见图 1.4.2}\left(a\text{ 分别取}\frac{1}{2},2\right)\right]$.

指数函数有下列性质：

(1) 过定点(0,1)，即当 $x=0$ 时，$y=1$.

(2) 当 $0<a<1$ 时，函数 $y=a^x$ 在 $\mathbf{R}$ 上是单调减少函数；当 $a>1$ 时，函数 $y=a^x$ 在 $\mathbf{R}$ 上是单调增加函数.

例 1.4.5 某农场玉米的产量原来是 a，在今后 m 年内，计划使产量平均每年比上一年增加 $p\%$，试写出产量随年数变化的函数解析式.

解 假设经过 x 年，玉米的产量为 y，则

经过 1 年，玉米的产量为 $y=a(1+p\%)$；

经过 2 年，玉米的产量为 $y=a(1+p\%)(1+p\%)=a(1+p\%)^2$；

……

经过 x 年，玉米的产量为 $y=a(1+p\%)^x$.

因此，所求的函数解析式为

$$y=a(1+p\%)^x \quad (0<x\leqslant m, x\in\mathbf{N}^*).$$

三、对数函数

在例 1.4.5 中，设玉米的产量年增加量为 2%，考虑经过多少年后，玉米的产量比原来增加了 10%.

分析 根据玉米的产量的函数解析式 $y=a(1+p\%)^x$，该问题变为：当产量 $y=1.1a$ 时，求对应的年数 x 的值，即解方程 $1.1a=a1.02^x$，也即 $1.02^x=1.1$. 也就是已知底数和幂的值，求指数. 这就是下面我们要介绍的对数问题.

定义 1.4.6 如果 $a^x=N$(a 为常数且 $a>0$，$a\neq1$)，那么数 x 叫作以 a 为底 N 的**对数**，记作 $x=\log_a N$，其中 a 叫作**对数的底数**，N 叫作**对数的真数**.

特别地，当 $a=10$ 时，我们把 $\log_{10}N$ 叫作**常用对数**，并简记为 $\lg N$；当 $a=\mathrm{e}$($\mathrm{e}=2.718\,28\cdots$) 时，我们把 $\log_{\mathrm{e}}N$ 叫作**自然对数**，并简记为 $\ln N$.

根据对数的定义，可以得到对数与指数之间的关系：

$$a^x=N\Leftrightarrow x=\log_a N \quad (a\text{ 为常数且 }a>0, a\neq1).$$

例 1.4.6 将下列指数式化为对数式或对数式化为指数式：

(1) $2^5=32$； (2) $3^{-4}=\frac{1}{81}$； (3) $\log_2 8=3$； (4) $\ln 10\approx2.303$.

解 (1) $\log_2 32=5$.

(2) $\log_3\frac{1}{81}=-4$.

(3) $2^3=8$.

(4) $e^{2.303}\approx 10$.

例 1.4.7　计算下列各式的值：

(1) $\log_4 16$；　(2) $\log_3 \frac{1}{27}$；　(3) $\lg 1\,000$；　(4) $\log_{0.4} 1$.

解　(1) 因为 $4^2=16$，所以 $\log_4 16=2$.

(2) 因为 $3^{-3}=\frac{1}{27}$，所以 $\log_3 \frac{1}{27}=-3$.

(3) 因为 $10^3=1\,000$，所以 $\lg 1\,000=3$.

(4) 因为 $0.4^0=1$，所以 $\log_{0.4} 1=0$.

从指数与对数的关系及指数的运算性质，可以得出相应的对数运算性质(a 为常数且 $a>0, a\neq 1, M>0, N>0$)：

(1) $\log_a(MN)=\log_a M+\log_a N$；

(2) $\log_a \frac{M}{N}=\log_a M-\log_a N$；

(3) $\log_a M^n=n\log_a M$　($n\in\mathbf{R}$)；

(4) $\log_N M=\frac{\log_a M}{\log_a N}$　(换底公式).

例 1.4.8　计算下列各式的值：

(1) $\log_2(4^3\times 2^5)$；　(2) $\lg\sqrt[5]{1\,000}$；　(3) $\log_{0.1} 100$；　(4) $\log_2 \frac{4\sqrt{8}}{\sqrt[3]{16}}$.

解　(1) $\log_2(4^3\times 2^5)=\log_2 4^3+\log_2 2^5=3\log_2 4+5\log_2 2=3\times 2+5\times 1=11$.

(2) $\lg\sqrt[5]{1\,000}=\lg 1\,000^{\frac{1}{5}}=\frac{1}{5}\lg 1\,000=\frac{1}{5}\times 3=\frac{3}{5}$.

(3) $\log_{0.1} 100=\frac{\log_{10} 100}{\log_{10} 0.1}=\frac{\lg 10^2}{\lg 10^{-1}}=\frac{2\lg 10}{-\lg 10}=-2$.

(4) $$\log_2 \frac{4\sqrt{8}}{\sqrt[3]{16}}=\log_2\left(\frac{2^2\times\sqrt{2^3}}{\sqrt[3]{2^4}}\right)=\log_2\left(\frac{2^2\times 2^{\frac{3}{2}}}{2^{\frac{4}{3}}}\right)=\log_2 2^2+\log_2 2^{\frac{3}{2}}-\log_2 2^{\frac{4}{3}}$$

$$=2\log_2 2+\frac{3}{2}\log_2 2-\frac{4}{3}\log_2 2=2\times 1+\frac{3}{2}\times 1-\frac{4}{3}\times 1=\frac{13}{6}.$$

定义 1.4.7　形如 $y=\log_a x$(a 为常数且 $a>0, a\neq 1$)的函数叫作**对数函数**，对数函数的定义域为 $(0,+\infty)$，值域为 $\mathbf{R}$.

下面，我们给出对数函数的图形和性质.

当 $0<a<1$ 时，对数函数 $y=\log_a x$ 会随着自变量 x 的增大而减小；当 $a>1$ 时，对数函数 $y=\log_a x$ 会随着自变量 x 的增大而增大$\left[\text{见图 1.4.3}\left(a\text{ 分别取}\frac{1}{2},2\right)\right]$.

对数函数有下列性质：

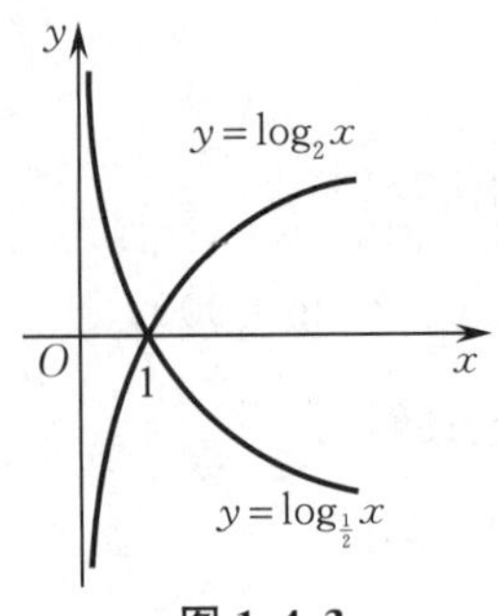

图 1.4.3

(1) 过定点(1,0),即当 $x=1$ 时,$y=0$.

(2) 当 $0<a<1$ 时,函数 $y=\log_a x$ 在 $(0,+\infty)$ 上是单调减少函数;当 $a>1$ 时,函数 $y=\log_a x$ 在 $(0,+\infty)$ 上是单调增加函数.

例 1.4.9 求下列函数的定义域:

(1) $y=\log_a(3-x)$; (2) $y=\log_5\dfrac{1}{2x-1}+\sqrt{4-x}$.

解 (1) 要使得函数解析式有意义,则要

$$3-x>0,\quad \text{即}\quad x<3,$$

所以函数 $y=\log_a(3-x)$ 的定义域是 $\{x\,|\,x<3\}$.

(2) 函数可等价转换为 $y=-\log_5(2x-1)+\sqrt{4-x}$,要使得函数解析式有意义,则要

$$\begin{cases}2x-1>0,\\4-x\geqslant 0,\end{cases}\quad \text{即}\quad \begin{cases}x>\dfrac{1}{2},\\x\leqslant 4,\end{cases}$$

所以函数 $y=\log_5\dfrac{1}{2x-1}+\sqrt{4-x}$ 的定义域是 $\left\{x\,\middle|\,\dfrac{1}{2}<x\leqslant 4\right\}$.

例 1.4.10 某养猪场养殖有 5 000 头猪,如果计划每年的养殖量增长率保持为 15%,约多少年后该养猪场的养殖量在原来的基础上翻两番(即为原来的 4 倍)?

解 假设 x 年后,该养猪场的养殖量在原来的基础上翻两番,即达到 20 000 头,则有

$$5\,000\times(1+15\%)^x=20\,000,$$

解得

$$x=\log_{1.15}4\approx 10.$$

因此,约 10 年后该养猪场的养殖量在原来的基础上翻两番.

四、幂函数

定义 1.4.8 形如 $y=x^\alpha$(α 为实数)的函数叫作**幂函数**.

幂函数的情况比较复杂,函数的性质会随着 α 的不同取值而有所差异,常见的幂函数的 α 的取值有 $\alpha=1,2,-1,\dfrac{1}{2}$,它们的图形如图 1.4.4 所示,从图 1.4.4 中可以观察到常见幂函数的特性(见表 1.4.1).

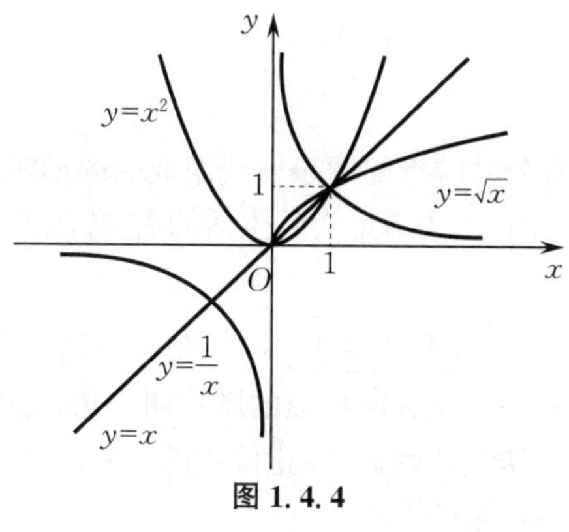

图 1.4.4

表 1.4.1

性质	函数			
	$y=x$	$y=x^2$	$y=\frac{1}{x}$	$y=\sqrt{x}$
定义域	$\mathbf{R}$	$\mathbf{R}$	$\{x\mid x\in\mathbf{R},x\neq 0\}$	$[0,+\infty)$
值域	$\mathbf{R}$	$[0,+\infty)$	$\{y\mid y\in\mathbf{R},y\neq 0\}$	$[0,+\infty)$
奇偶性	奇函数	偶函数	奇函数	非奇非偶函数
单调性	单调增加函数	$x\in[0,+\infty)$， 单调增加函数 $x\in(-\infty,0]$， 单调减少函数	$x\in(0,+\infty)$， 单调减少函数 $x\in(-\infty,0)$， 单调减少函数	单调增加函数
定点	$(1,1),(0,0)$	$(1,1),(0,0)$	$(1,1)$	$(1,1),(0,0)$

从表 1.4.1 可知，幂函数有下列性质：

(1) 所有的幂函数都在$(0,+\infty)$上有定义，且图形都经过定点$(1,1)$.

(2) 当$\alpha>0$时，幂函数的图形经过定点$(0,0)$，且在区间$[0,+\infty)$上为单调增加函数.

(3) 当$\alpha<0$时，幂函数在区间$(0,+\infty)$上为单调减少函数.

(4) 当α为奇数时，幂函数为奇函数；当α为偶数时，幂函数为偶函数.

例 1.4.11　在固定压力差（压力差为常数）下，当气体通过圆形管道时，其流量速率v（单位：$\mathrm{cm^3/s}$）与管道半径r（单位：cm）的三次方成正比. 若气体通过半径为 3 cm 的管道时，流量速率为 400 $\mathrm{cm^3/s}$，求该气体通过半径为r的管道时，其流量速率v的表达式.

解　假设流量速率v与管道半径r的三次方的比例系数为k（k为常数），则有

$$v=kr^3.$$

因为气体通过半径为 3 cm 的管道时，流量速率为 400 $\mathrm{cm^3/s}$，所以有

$$400=k\cdot 3^3,$$

解得$k\approx 14.815\ \mathrm{s^{-1}}$. 因此，该气体通过半径为$r$的管道时，其流量速率$v$的表达式为

$$v=14.815r^3.$$

五、三角函数

1. 任意角与弧度制

在初等数学中,平面内有公共端点的两条射线组成的图形叫作角,但这样定义的角的取值范围只能限制在 $0^\circ \sim 360^\circ$ 内,无法满足实际生活的需要. 因此,我们有必要对角的定义进行推广.

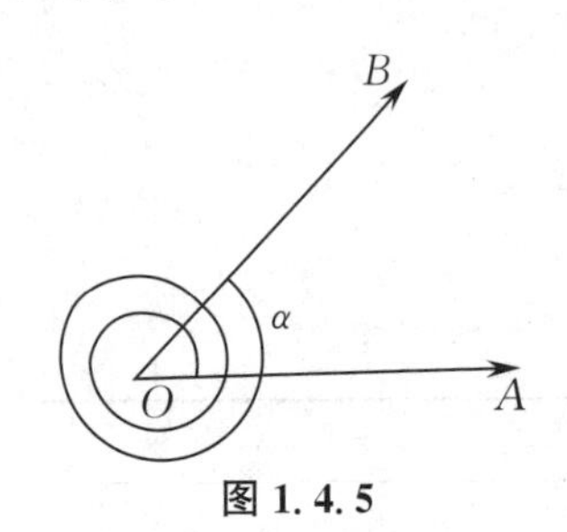

图 1.4.5

定义 1.4.9 一条射线绕着它的端点从一个位置旋转到另一个位置所形成的图形叫作**角**(见图 1.4.5),开始位置的射线叫作角的**始边**,终止位置的射线叫作角的**终边**,而这个公共端点叫作角的**顶点**.

我们规定:按逆时针方向旋转形成的角叫作正角,按顺时针方向旋转形成的角叫作负角,没有做任何旋转的角叫作零角.

在平面直角坐标系中,把角的顶点置于原点,始边与 x 轴的正半轴重合,则角的终边落在第几象限,就说这个角是第几象限角. 如果角的终边落在坐标轴上,则称这个角为轴线角. 因此,四类象限角的取值范围可分别表示为

第一象限角:$k \cdot 360^\circ + 0^\circ < \alpha < k \cdot 360^\circ + 90^\circ$,

第二象限角:$k \cdot 360^\circ + 90^\circ < \alpha < k \cdot 360^\circ + 180^\circ$,

第三象限角:$k \cdot 360^\circ + 180^\circ < \alpha < k \cdot 360^\circ + 270^\circ$,

第四象限角:$k \cdot 360^\circ + 270^\circ < \alpha < k \cdot 360^\circ + 360^\circ$,

其中 $k \in \mathbf{Z}$.

角的度量单位除了用度以外,还可以用弧度(rad) 表示. 将等于半径长的圆弧所对应的圆心角叫作 1 **弧度的角**,用弧度作为单位来度量角的制度叫作**弧度制**.

注 用弧度制表示角时,"弧度"或"rad"可以省略不写;但用角度制表示角时,"度"或"°"不可以省略.

角度制与弧度制之间的关系为 $1^\circ = \frac{\pi}{180} \text{rad} \approx 0.017\,45 \text{ rad}$.

例 1.4.12 将下列角度化成弧度:

(1) 15°; (2) 22°; (3) 54°; (4) -240°.

解 (1) $15^\circ = 15 \times \frac{\pi}{180} = \frac{\pi}{12}$.

(2) $22^\circ = 22 \times \frac{\pi}{180} = \frac{11\pi}{90}$.

(3) $54^\circ = 54 \times \frac{\pi}{180} = \frac{3\pi}{10}$.

(4) $-240^\circ = (-240) \times \frac{\pi}{180} = -\frac{4\pi}{3}$.

2. 三角函数值的定义

定义 1.4.10 在平面直角坐标系中,设 α 是一个任意角,取它的终边上的任意一点

$P(x,y)$，则点 P 到原点 O 的距离为 $r=\sqrt{x^2+y^2}$（见图 1.4.6），那么：

(1) $\frac{y}{r}$ 叫作角度 α 的**正弦**，记作 $\sin\alpha$，即 $\sin\alpha=\frac{y}{r}$；

(2) $\frac{x}{r}$ 叫作角度 α 的**余弦**，记作 $\cos\alpha$，即 $\cos\alpha=\frac{x}{r}$；

(3) $\frac{y}{x}$ 叫作角度 α 的**正切**，记作 $\tan\alpha$，即 $\tan\alpha=\frac{y}{x}$；

(4) $\frac{x}{y}$ 叫作角度 α 的**余切**，记作 $\cot\alpha$，即 $\cot\alpha=\frac{x}{y}$.

若已知角是第几象限角，可根据上述定义判断三角函数值的正负（见图 1.4.7），图 1.4.7 中各象限内的三角函数值表示只有该三角函数值为正，其余的三角函数值为负.

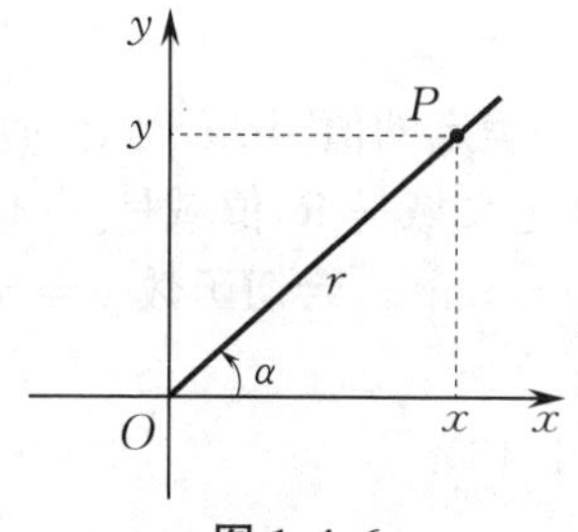

图 1.4.6

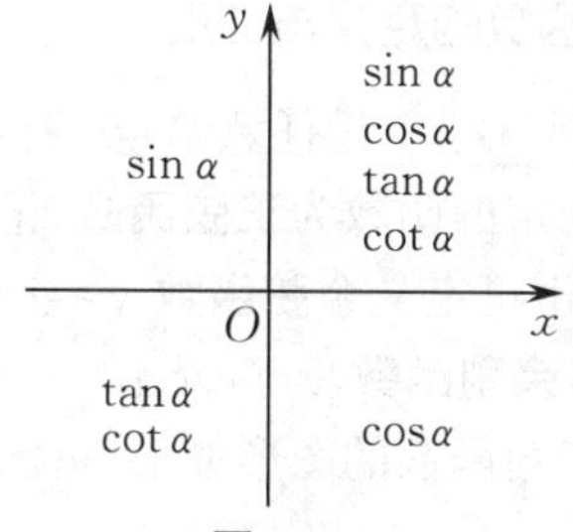

图 1.4.7

常用角的三角函数值如表 1.4.2 所示.

表 1.4.2

角度 α	$0°$	$30°$	$45°$	$60°$	$90°$	$180°$	$360°$
弧度 α	0	$\frac{\pi}{6}$	$\frac{\pi}{4}$	$\frac{\pi}{3}$	$\frac{\pi}{2}$	π	2π
$\sin\alpha$	0	$\frac{1}{2}$	$\frac{\sqrt{2}}{2}$	$\frac{\sqrt{3}}{2}$	1	0	0
$\cos\alpha$	1	$\frac{\sqrt{3}}{2}$	$\frac{\sqrt{2}}{2}$	$\frac{1}{2}$	0	-1	1
$\tan\alpha$	0	$\frac{\sqrt{3}}{3}$	1	$\sqrt{3}$	无意义	0	0
$\cot\alpha$	无意义	$\sqrt{3}$	1	$\frac{\sqrt{3}}{3}$	0	无意义	无意义

此外，常用的三角函数值还有正割和余割，分别记为 $\sec\alpha$ 和 $\csc\alpha$.

根据三角函数值的定义，我们发现三角函数值只与终边的位置有关，与终边上的取点和角旋转的圈数无关. 而且，三角函数值之间都有很强的联系，常用的三角函数值的基本关系有：

(1) $\tan\alpha=\frac{\sin\alpha}{\cos\alpha}$；　　(2) $\sin^2\alpha+\cos^2\alpha=1$；

(3) $\sec\alpha=\frac{1}{\cos\alpha}$；　　(4) $\csc\alpha=\frac{1}{\sin\alpha}$；

(5) $\sec^2\alpha - \tan^2\alpha = 1$.

例 1.4.13 已知 $\cos\alpha = -\dfrac{4}{5}$，且 α 为第三象限角，求 $\sin\alpha$，$\tan\alpha$ 的值.

解 因为 $\sin^2\alpha + \cos^2\alpha = 1$，所以 $\sin\alpha = \pm\sqrt{1-\cos^2\alpha}$. 又因为 α 为第三象限角，则 $\sin\alpha < 0$，所以

$$\sin\alpha = -\sqrt{1-\cos^2\alpha} = -\sqrt{1-\left(-\frac{4}{5}\right)^2} = -\sqrt{\frac{9}{25}} = -\frac{3}{5},$$

$$\tan\alpha = \frac{\sin\alpha}{\cos\alpha} = \frac{-\frac{3}{5}}{-\frac{4}{5}} = \frac{3}{4}.$$

3. 三角函数的定义与性质

定义 1.4.11 设任意给定一个实数 x，都有唯一确定的值 $\sin x$ 与之对应，则称这个对应法则所确定的函数为**正弦函数**，记作 $y=\sin x$，其定义域是 $\mathbf{R}$，值域是 $[-1,1]$.

类似地，也可定义**余弦函数** $y=\cos x$，**正切函数** $y=\tan x$，**余切函数** $y=\cot x$，**正割函数** $y=\sec x$，**余割函数** $y=\csc x$.

常用的三角函数的图形如下（见图 1.4.8 ～ 图 1.4.13）.

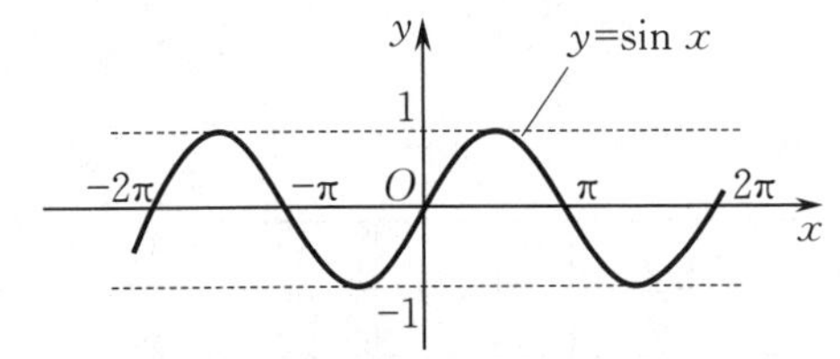

图 1.4.8

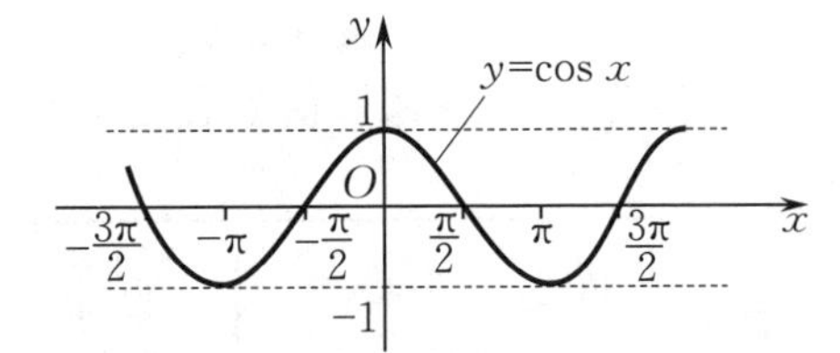

图 1.4.9

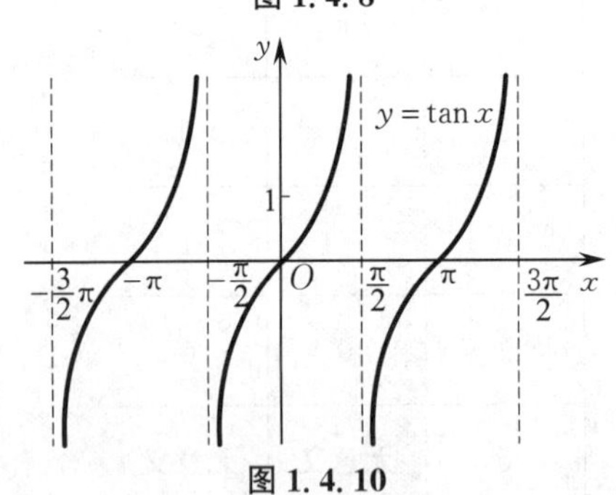

图 1.4.10

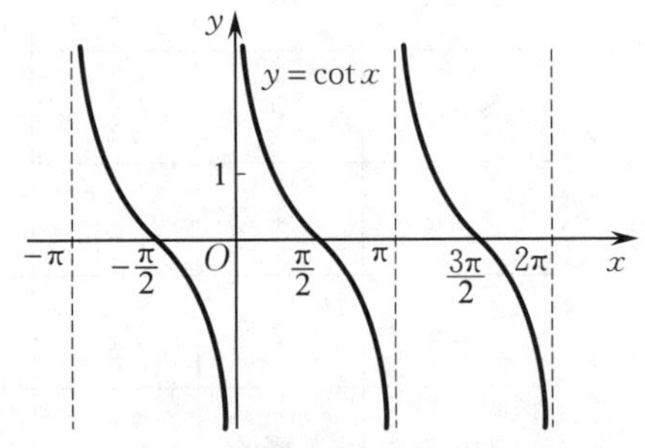

图 1.4.11

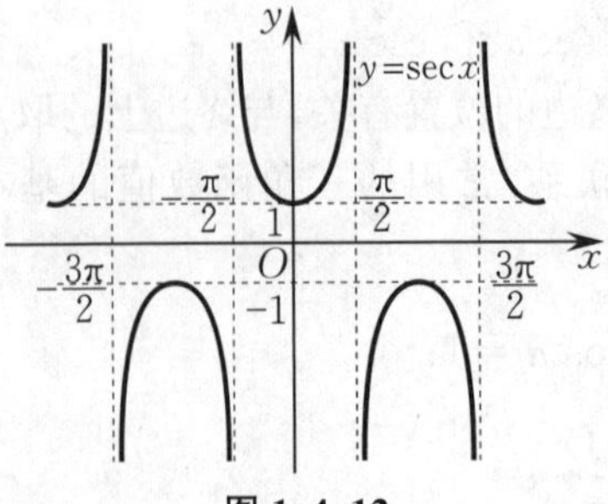

图 1.4.12

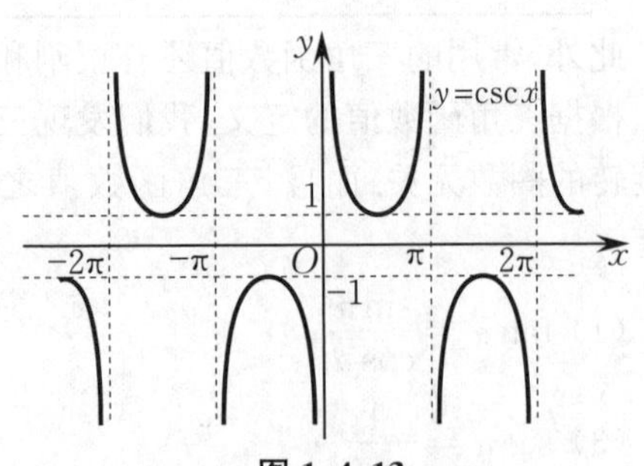

图 1.4.13

(1) 周期性.

如图 1.4.8 和图 1.4.9 所示，函数 $y=\sin x$，$y=\cos x$ 的最小正周期为 2π，即有

$$\sin(x+2k\pi)=\sin x \quad (k\in\mathbf{Z}),\quad \cos(x+2k\pi)=\cos x \quad (k\in\mathbf{Z}).$$

如图 1.4.10 和图 1.4.11 所示，函数 $y=\tan x$，$y=\cot x$ 的最小正周期为 π，即有

$$\tan(x+k\pi)=\tan x \quad (k\in\mathbf{Z}),\quad \cot(x+k\pi)=\cot x \quad (k\in\mathbf{Z}).$$

如图 1.4.12 和图 1.4.13 所示，函数 $y=\sec x$，$y=\csc x$ 的最小正周期为 2π，即有

$$\sec(x+2k\pi)=\sec x \quad (k\in\mathbf{Z}),\quad \csc(x+2k\pi)=\csc x \quad (k\in\mathbf{Z}).$$

(2) 奇偶性.

观察三角函数的图形，可以看到正弦函数关于原点对称，余弦函数关于 y 轴对称. 因此，可以得到：

① 正弦函数 $y=\sin x$ 是奇函数，即有 $\sin(-x)=-\sin x$；

② 余弦函数 $y=\cos x$ 是偶函数，即有 $\cos(-x)=\cos x$.

同理可知，$y=\tan x$，$y=\cot x$，$y=\csc x$ 是奇函数，$y=\sec x$ 是偶函数.

(3) 单调性.

观察三角函数的图形，可以看到：

① 在正弦函数 $y=\sin x$ 的一个周期的区间 $\left[-\frac{\pi}{2},\frac{3\pi}{2}\right]$ 上，$y=\sin x$ 在区间 $\left[-\frac{\pi}{2},\frac{\pi}{2}\right]$ 上是单调增加函数，在区间 $\left[\frac{\pi}{2},\frac{3\pi}{2}\right]$ 上是单调减少函数.

② 在余弦函数 $y=\cos x$ 的一个周期的区间 $[0,2\pi]$ 上，$y=\cos x$ 在区间 $[0,\pi]$ 上是单调减少函数，在区间 $[\pi,2\pi]$ 上是单调增加函数.

③ 正切函数 $y=\tan x$ 在一个周期的区间 $\left(-\frac{\pi}{2},\frac{\pi}{2}\right)$ 上是单调增加函数，余切函数 $y=\cot x$ 在一个周期的区间 $(0,\pi)$ 上是单调减少函数.

(4) 最值.

观察三角函数的图形，可以看到：

① 正弦函数 $y=\sin x$ 在点 $x=\frac{\pi}{2}+2k\pi(k\in\mathbf{Z})$ 处取得最大值 1，在点 $x=-\frac{\pi}{2}+2k\pi(k\in\mathbf{Z})$ 处取得最小值 -1.

② 余弦函数 $y=\cos x$ 在点 $x=2k\pi(k\in\mathbf{Z})$ 处取得最大值 1，在点 $x=\pi+2k\pi(k\in\mathbf{Z})$ 处取得最小值 -1.

③ 正切函数 $y=\tan x$ 在点 $x=\frac{\pi}{2}+k\pi(k\in\mathbf{Z})$ 处无定义，余切函数 $y=\cot x$ 在点 $x=\pi+k\pi(k\in\mathbf{Z})$ 处无定义，正切函数和余切函数在它们的定义域内无最值.

例 1.4.14　利用三角函数的单调性，比较下列各组数的大小：

(1) $\sin\left(-\frac{\pi}{15}\right)$ 与 $\sin\left(-\frac{\pi}{10}\right)$；　　(2) $\cos\frac{2\pi}{5}$ 与 $\cos\frac{\pi}{4}$.

解 (1) 因为$-\frac{\pi}{2}<-\frac{\pi}{10}<-\frac{\pi}{15}<0$,正弦函数 $y=\sin x$ 在区间$\left[-\frac{\pi}{2},0\right]$上是单调增加函数,所以

$$\sin\left(-\frac{\pi}{10}\right)<\sin\left(-\frac{\pi}{15}\right).$$

(2) 因为$0<\frac{\pi}{4}<\frac{2\pi}{5}<\pi$,余弦函数 $y=\cos x$ 在区间$[0,\pi]$上是单调减少函数,所以

$$\cos\frac{2\pi}{5}<\cos\frac{\pi}{4}.$$

习题 1.4

1. 设 $a>0,b>0$,计算下列各式的值:

(1) $a^{\frac{1}{2}}a^{\frac{3}{4}}a^{\frac{7}{12}}$;

(2) $3\sqrt{25}-\sqrt{125}\div 4\sqrt{5}$;

(3) $\left(\frac{1}{2}\right)^{-1}-4\times(-2)^{-3}+\left(\frac{1}{4}\right)^{0}-9^{-\frac{1}{2}}$;

(4) $4a^{\frac{2}{3}}b^{-\frac{1}{3}}\div\left(-\frac{2}{3}a^{-\frac{1}{3}}b^{-\frac{1}{2}}\right)$;

(5) $(-2a^{\frac{1}{4}}b^{-\frac{1}{3}})(3a^{-\frac{1}{2}}b^{\frac{2}{3}})(-4a^{\frac{1}{4}}b^{\frac{2}{3}})$;

(6) $\left(\frac{16a^2}{25b^4}\right)^{-\frac{3}{2}}$.

2. 计算下列各式的值:

(1) $27^{\frac{2}{3}}$;

(2) $100^{-\frac{1}{2}}$;

(3) $\left(\frac{1}{4}\right)^{-3}$;

(4) $\left(\frac{1}{81}\right)^{-\frac{3}{4}}$;

(5) $[(-\sqrt{2})^2]^{-\frac{1}{2}}$;

(6) $[(1-\sqrt{3})^2]^{\frac{1}{2}}$.

3. 比较下列各组数的大小:

(1) $3^{0.9},3^{0.7}$;

(2) $0.77^{-0.2},0.77^{0.2}$;

(3) $1.21^{2.8},1.21^{3.5}$.

4. 复利是一种计算利息的方法,即把前一期的利息和本金加在一起算作本金,再计算下一期的利息.现有本金 a 元,每期利率为 r,并按复利计算利息.

(1) 设本利和为 y,存期为 x,试写出本利和 y 随存期 x 变化的函数解析式.

(2) 如果存入本金 1 000 元,每期利率为 2.25%,问:5 期后的本利和是多少元?

5. 计算下列各式的值:

(1) $\log_{15}15$;

(2) $\log_{0.5}1$;

(3) $\log_{2.5}6.25$;

(4) $\log_3(27\times 9^2)$;

(5) $\log_3 5-\log_3 15$;

(6) $\log_7\sqrt[3]{49}$;

(7) $\log_3 243$;

(8) $10^{\lg 5-\lg 2}$;

(9) $\lg 5\times\lg 20+(\lg 2)^2$.

6. 求下列函数的定义域：

(1) $y=\log_5(2-x)$；　　(2) $y=\dfrac{1}{\log_3 x}$；

(3) $y=\log_2\dfrac{1}{1-x}$；　　(4) $y=\sqrt{x-3}$；

(5) $y=\sqrt{\log_2 x}$；　　(6) $y=\dfrac{1}{\sqrt{5-x}}+\log_2(3-x)$.

7. 在不考虑空气阻力的条件下，火箭的最大速度 v（单位：m/s）、燃料的质量 M（单位：kg）和火箭（除燃料外）的质量 m（单位：kg）的函数关系是 $v=2\,000\ln\left(1+\dfrac{M}{m}\right)$. 当燃料质量是火箭质量的多少倍时，火箭的最大速度可达 8 km/s?

8. 大西洋鲑鱼每年都要逆流而上 2 000 m 游回产地产卵. 研究鲑鱼的科学家发现鲑鱼的游速 $v=\dfrac{1}{2}\log_3\dfrac{M}{100}$（单位：m/s），其中 M 表示鲑鱼的耗氧量的单位数.

(1) 当一条鲑鱼的耗氧量是 2 700 个单位时，它的游速是多少？

(2) 计算一条鲑鱼静止时耗氧量的单位数.

9. 每一颗行星都按照一个椭圆轨道绕太阳运行，行星的公转周期 T 是该行星绕太阳运行一周所需的时间. 每一颗行星轨道的半长轴是该行星与太阳之间的最大距离和最小距离的平均值，开普勒发现行星的公转周期与它的半长轴的$\dfrac{3}{2}$次幂成正比. 已知距离太阳最近的行星是水星，其半长轴约为 5 800 万 km，公转周期约为 88 天，距离太阳最远的行星是海王星，其半长轴为 45 亿 km，则海王星的公转周期是多少年（一年按 365 天计）？

10. 将下列角度化成弧度：

(1) 45°；　　(2) 72°；

(3) 135°；　　(4) -270°.

11. 确定下列三角函数值的正负号：

(1) $\sin 185^\circ$；　　(2) $\tan 206^\circ$；

(3) $\cos 935^\circ$；　　(4) $\tan\left(-\dfrac{13\pi}{4}\right)$.

12. (1) 已知 $\sin\alpha=-\dfrac{\sqrt{3}}{2}$，且 α 为第四象限角，求 $\cos\alpha$，$\tan\alpha$ 的值.

(2) 已知 $\cos\alpha=-\dfrac{5}{13}$，且 α 为第二象限角，求 $\sin\alpha$，$\tan\alpha$ 的值.

(3) 已知 $\tan\alpha=-\dfrac{3}{4}$，求 $\cos\alpha$，$\sin\alpha$ 的值.

13. 已知 $\tan\alpha=2$，求$\dfrac{\sin\alpha+\cos\alpha}{\sin\alpha-\cos\alpha}$的值.

14. 利用三角函数的单调性，比较下列各组数的大小：

(1) $\sin 255^\circ$ 与 $\sin 266^\circ$；　　(2) $\cos\dfrac{3\pi}{2}$ 与 $\cos\dfrac{13\pi}{9}$；

(3) $\cos 213^\circ$ 与 $\cos 220^\circ$；　　(4) $\sin\left(-\dfrac{6\pi}{7}\right)$ 与 $\sin\left(-\dfrac{7\pi}{8}\right)$.

§1.5 初等函数

前面介绍了基本初等函数中的常数函数、指数函数、对数函数、幂函数和三角函数，下面我们将介绍由基本初等函数构成的初等函数.

一、简单函数

基本初等函数是最基础的函数，我们在学习函数时会遇到一些简单的函数，但它们又不是标准的基本初等函数，如 $y=1+\sin x$，$y=2x$，$y=\frac{e^x}{3}$ 等，我们把它们称为简单函数. 下面给出具体的定义.

定义 1.5.1 由基本初等函数经过有限次的四则运算得到的函数称为**简单函数**.

二、复合函数

在后面的章节中，我们经常会考虑到比基本初等函数更复杂的函数，它们不是标准的基本初等函数，但与基本初等函数有着紧密的联系. 例如 $y=\sin x^2$，它既不是三角函数，也不是幂函数，那它可以叫作什么函数呢？下面的定义给出了答案.

定义 1.5.2 设函数 $y=f(u)$，$u=\varphi(x)$，且函数 $\varphi(x)$ 的值域 $R(\varphi)$ 与函数 $f(u)$ 的定义域 $D(f)$ 的交集非空[即 $R(\varphi)\cap D(f)\neq\varnothing$]，那么称函数 $y=f[\varphi(x)]$ 为由函数 $y=f(u)$ 与 $u=\varphi(x)$ 构成的**复合函数**，其中 x 称为**自变量**，y 称为**因变量**，u 称为**中间变量**.

注 (1) 不是任何两个函数都可以构成复合函数[如例 1.5.1(1)]；

(2) 复合函数的中间变量可以有两个及以上[如例 1.5.2(4)]；

(3) 复合函数既可以由基本初等函数构成，也可以由简单函数构成[如例 1.5.2(2)].

例 1.5.1 讨论下列函数是否可以构成复合函数：

(1) $y=\ln u$ 与 $u=-x^2$； (2) $y=\sqrt{u}$ 与 $u=2+x^2$.

解 (1) 因为函数 $y=\ln u$ 的定义域为 $(0,+\infty)$，函数 $u=-x^2$ 的值域为 $(-\infty,0]$，而区间 $(0,+\infty)$ 与区间 $(-\infty,0]$ 的交集是空集，所以函数 $y=\ln u$ 与 $u=-x^2$ 不能构成复合函数.

(2) 因为函数 $y=\sqrt{u}$ 的定义域为 $[0,+\infty)$，函数 $u=2+x^2$ 的值域为 $[2,+\infty)$，而区间

$$[0,+\infty)\cap[2,+\infty)=[2,+\infty),$$

所以函数 $y=\sqrt{u}$ 与 $u=2+x^2$ 能构成复合函数.

根据上述定义，我们在研究一些复合函数时，也可以把复合函数先分解成基本初等函数

或简单函数,再进行研究,这样会更容易进行,此方法在后续内容的研究中会经常用到.

例 1.5.2　将下列复合函数分解成基本初等函数或简单函数:

(1) $y=\cos\ln x$;　　(2) $y=e^{2x}$;

(3) $y=\log_2\tan x$;　　(4) $y=\sin\sqrt{x+3}$.

解　(1) 复合函数 $y=\cos\ln x$ 由三角函数 $y=\cos u$ 和对数函数 $u=\ln x$ 复合而成,所以可分解成

$$y=\cos u,\quad u=\ln x.$$

(2) 复合函数 $y=e^{2x}$ 由指数函数 $y=e^u$ 和简单函数 $u=2x$ 复合而成,所以可分解成

$$y=e^u,\quad u=2x.$$

(3) 复合函数 $y=\log_2\tan x$ 由对数函数 $y=\log_2 u$ 和三角函数 $u=\tan x$ 复合而成,所以可分解成

$$y=\log_2 u,\quad u=\tan x.$$

(4) 复合函数 $y=\sin\sqrt{x+3}$ 由三角函数 $y=\sin u$、幂函数 $u=\sqrt{v}$ 和简单函数 $v=x+3$ 复合而成,所以可分解成

$$y=\sin u,\quad u=\sqrt{v},\quad v=x+3.$$

通常情况下,构成复合函数是由内到外,函数套函数;分解复合函数是由外到内,利用中间变量层层分解.

三、初等函数

定义 1.5.3　由基本初等函数经过有限次的四则运算和复合运算得到的可由一个解析式表示的函数称为**初等函数**.

例 1.5.3　判断下列函数是否为初等函数:

(1) $y=\sqrt{\cot\dfrac{x}{2}}$;　　(2) $y=2^{x^2}+3\ln x$;

(3) $y=f(x)=\begin{cases}e^x+1, & x\geqslant 0,\\ x+2, & x<0.\end{cases}$

解　(1) 因为函数 $y=\sqrt{\cot\dfrac{x}{2}}$ 是由幂函数 $y=\sqrt{u}$,三角函数 $u=\cot v$ 和简单函数 $v=\dfrac{x}{2}$ 复合而成的,所以 $y=\sqrt{\cot\dfrac{x}{2}}$ 是初等函数.

(2) 因为函数 $y=2^{x^2}+3\ln x$ 是由复合函数 $y=2^{x^2}$ 和简单函数 $y=3\ln x$ 经过四则运算得到的由一个解析式表示的函数,所以 $y=2^{x^2}+3\ln x$ 是初等函数.

(3) 因为当 $x\geqslant 0$ 时,函数 $f(x)$ 的解析式是 e^x+1;当 $x<0$ 时,函数 $f(x)$ 的解析式是 $x+2$,即不同的定义域区间,函数有不同的解析式,所以 $y=f(x)=\begin{cases}e^x+1, & x\geqslant 0,\\ x+2, & x<0\end{cases}$ 不是初等函数.

习题 1.5

1. 判断下列各组函数是否可以构成复合函数：

(1) $f(u)=\ln(u-1), u=\sin 2x$；　　(2) $f(u)=\sqrt{u}, u=\ln(2+x^2)$.

2. 将下列复合函数分解成基本初等函数或简单函数：

(1) $y=\cos 2x$；　　(2) $y=\ln(2x-1)$；

(3) $y=\sqrt{\tan \mathrm{e}^x}$；　　(4) $y=(1+\ln x)^3$；

(5) $y=\ln\ln x$；　　(6) $y=a^{\sin^2 x}$；

(7) $y=\sqrt{\ln(x^2-2)}$；　　(8) $y=\mathrm{e}^{\tan\sqrt{x}}$.

3. 已知函数 $f(x)=\dfrac{|x-3|}{x+1}$，求 $f(3), f(-3), f(0), f(x^2)$.

4. 已知函数 $f(x)=\begin{cases}|\sin x|, & x<1,\\ 0, & x\geqslant 1,\end{cases}$ 求 $f(1), f\left(\dfrac{\pi}{3}\right), f\left(-\dfrac{\pi}{6}\right), f(\pi)$.

§1.6 函数应用案例

一、函数在经济中的应用

在本节，我们将介绍几种常用的经济函数，如需求函数、价格函数、供给函数、总成本函数、总收益函数、总利润函数等.

一般地，一种产品的市场需求量 Q、供给量 S 都与产品的价格 P 有着密切关系. 降低产品的价格会使需求量增加，供给量减少；而提高产品的价格会使需求量减少，供给量增加. 如果不考虑其他因素的影响，需求量 Q 和供给量 S 都是关于价格 P 的函数. 因此，我们称 $Q=Q(P)$ 为**需求函数**，$S=S(P)$ 为**供给函数**，而 $P=P(Q)$ 则称为**价格函数**.

人们在从事生产和经营活动时，都希望在提高收益和利润的情况下，尽可能地降低成本. 而成本、收益(又称收入) 和利润这些经济变量都与产品的产量或销售量密切相关. 若记产品的产量或销售量为 x，则可以将它们看作 x 的函数，记**总成本函数**、**总收益函数**和**总利润函数**分别为 $C=C(x)$，$R=R(x)$ 和 $L=L(x)$. 总成本分为固定成本 $C_1(x)$ 和可变成本 $C_2(x)$ 两部分，固定成本是指在一定时期内不随产量变化而变化的那部分成本，与产量无关，如设备维修费、工厂建设费、企业管理费等；可变成本指的是随产量变化而变化的那部分成本，如原材料费、人工费等. 总收益是指产品销售后所得的收入，总利润是指总收益扣除总成本后的部分.

例 1.6.1　某农产品加工厂的销售科计划出售一种产品，厂长既要根据生产成本来确定产品的销售价格，也要通过对经营产品的零售商进行调查，看在不同的价格下他们的进货量情况. 经过一番调查，确定的需求函数为 $Q=-740P+15\,000$[其中 Q 为零售商的进货量(单位：件)，P 为销售价格(单位：元 / 件)]. 已知工厂生产这种产品的固定成本为 8 000 元，估计生产每件产品的材料和人工费共需 5 元，求这种产品的总利润函数.

解　设生产这种产品的总成本函数为 C，则由题意得

$$C=8\,000+5Q=83\,000-3\,700P.$$

设总收益函数为 R，则 R 为需求量与价格的乘积，即

$$R=QP=-740P^2+15\,000P.$$

设总利润函数为 L，则 L 为总收益函数与总成本函数之差，即

$$L=R-C=-740P^2+18\,700P-83\,000.$$

二、奖励方案的设计

例 1.6.2　某大型农场为了实现 1 000 万元利润的目标，准备制订一个激励销售部门的奖励方案：在销售利润达到 20 万元时，按销售利润进行奖励，且奖金 y(单位：万元) 随销售利润 x(单位：万元) 的增加而增加，但奖金总数不超过 5 万元，同时奖金不超过利润的 25%. 现有三个奖励方案模型：$y=0.25x$，$y=1.002^x$，$y=1+\log_7 x$，问：哪个模型能符合农场要求?

分析　奖励方案要求满足三个条件：第一个条件是销售利润达到 20 万元以上才有奖励，且一般情况下销售利润不会超过 1 000 万元，即三个奖励模型函数的定义域为 $(20,1\,000)$；第二个条件是奖金总数不能超过 5 万元，即要求奖励模型的函数值不能超过 5；第三个条件为奖金不超过利润的 25%，即奖励模型函数要一直小于函数 $y=0.25x$. 符合农场的奖励模型方案必须同时满足以上三个条件，若有其中的某个条件不满足，则说明该奖励模型不符合农场的要求.

解　三个模型都可以满足第一个条件.

对于模型 $y=0.25x$，它在区间 $(20,1\,000)$ 内单调增加，且 $y\Big|_{x=20}=0.25\times 20=5$. 于是，当 $x\in(20,1\,000)$ 时，$y>5$，因此该模型不符合要求.

对于模型 $y=1.002^x$，它在区间 $(20,1\,000)$ 内也单调增加，且当 $y=5$ 时，$x=\log_{1.002}5\approx 805.523\,4$. 于是，当 $x\in[806,1\,000)$ 时，$y>5$，因此该模型也不符合要求.

对于模型 $y=1+\log_7 x$，它在区间 $(20,1\,000)$ 内也单调增加，且当 $x=1\,000$ 时，$y=1+\log_7 1\,000\approx 4.549\,9$. 于是，当 $x\in(20,1\,000)$ 时，$y<5$，因此该模型符合第二个条件. 又因为函数 $0.25x$ 与 $1+\log_7 x$ 在区间 $(20,1\,000)$ 内都单调增加，且当 $x\in(20,1\,000)$ 时，$0.25x>5$，$1+\log_7 x<5$. 于是，当 $x\in(20,1\,000)$ 时，$1+\log_7 x<0.25x$，因此该模型符合第三个条件.

综上所述，模型 $y=1+\log_7 x$ 能符合农场要求. 也可以从三个模型图形(见图 1.6.1) 的比较中得到验证.

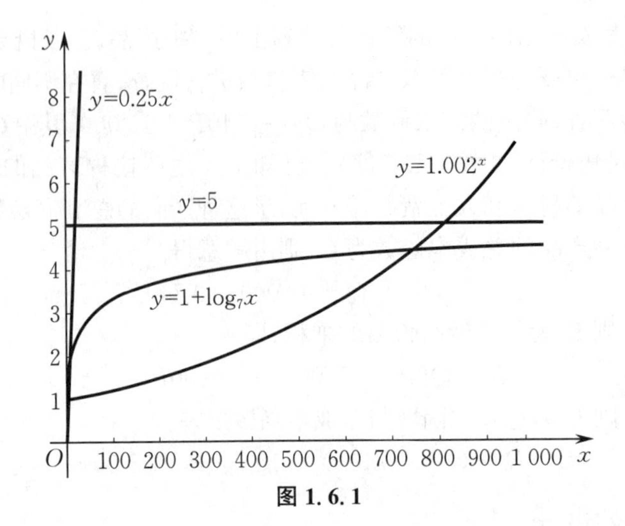

图 1.6.1

三、马尔萨斯模型(人口增长模型)

例 1.6.3 人口问题是当今世界各国普遍关注的问题. 认识人口数量的变化规律，可以为有效地控制人口增长提供依据. 马尔萨斯模型来自英国经济学家马尔萨斯于 1798 年发表的《人口原理》,在书中他提出了自然状态下的人口增长模型：

$$y = y_0 e^{rt},$$

其中 t 表示经过的时间(单位:年),y_0 表示当时的人口数量,r 表示人口的年平均增长率.

表 1.6.1 所示是我国 2010—2019 年的人口数据资料.

表 1.6.1

年份	2010	2011	2012	2013	2014	2015	2016	2017	2018	2019
人口数 / 亿	13.41	13.49	13.59	13.67	13.77	13.83	13.92	14.00	14.05	14.10

(1) 如果以各年人口增长率的平均值作为我国这一时期的人口增长率(精确到 0.000 1),用马尔萨斯模型建立我国这一时期的具体人口增长模型,并检验所得模型与实际人口数据是否相符.

(2) 如果按表 1.6.1 的增长趋势,大约在哪一年我国的人口能达到 15 亿?

解 (1) 设 2011—2019 年我国的人口增长率分别为 $r_1, r_2, \cdots, r_9$. 由

$$13.41 \times (1 + r_1) = 13.49,$$

可得 2011 年的人口增长率 $r_1 \approx 0.006\,0$. 同理可得

$$r_2 \approx 0.007\,4,\quad r_3 \approx 0.005\,9,\quad r_4 \approx 0.007\,3,\quad r_5 \approx 0.004\,4,$$
$$r_6 \approx 0.006\,5,\quad r_7 \approx 0.005\,7,\quad r_8 \approx 0.003\,6,\quad r_9 \approx 0.003\,6.$$

于是 2011—2019 年期间我国人口的年平均增长率为

$$r = (r_1 + r_2 + \cdots + r_9) \div 9 = 0.005\,6.$$

令 $y_0 = 13.41$,则我国在 2010—2019 年期间的人口增长模型为

$$y = 13.41 e^{0.005\,6t},\quad t \in \mathbf{N}.$$

根据表 1.6.1 中的数据作出散点图，并作出函数 $y=13.41e^{0.0056t}$ $(t\in\mathbf{N})$ 的图形（见图 1.6.2）. 由图 1.6.2 可以看出，所得模型与 2010—2019 年的实际人口数据基本吻合.

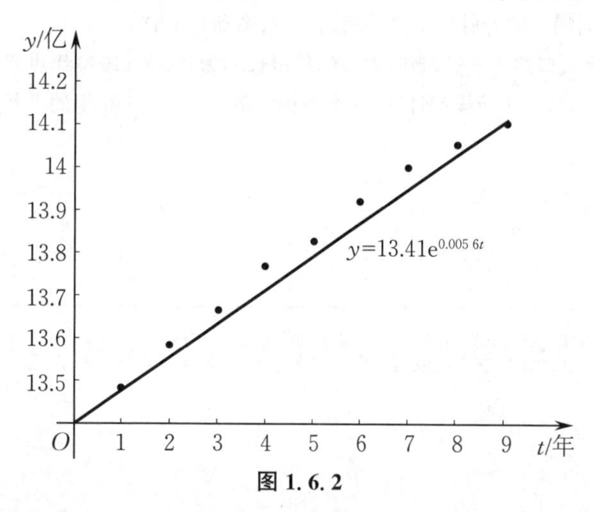

图 1.6.2

(2) 将 $y=15$ 亿代入 $y=13.41e^{0.0056t}$，解得

$$t\approx 20.0088\ 年.$$

因此，如果按表 1.6.1 的增长趋势，那么大约在 2010 年后的第 20 年（即 2030 年），我国的人口能达到 15 亿.

习题 1.6

1. 某农业职业大学内建有一个田园景区，景区内种植有一片草莓园，可供游客进行采摘. 已知草莓园生产部每天消耗的材料、人员的工资等固定成本为 1 000 元，每斤草莓的生产成本是 20 元，销售单价与日均销售量的关系如表 1.6.2 所示，请根据表中数据做出分析，怎样定价才能获得最大利润.

表 1.6.2

销售单价 / 元	32	34	36	38	40	42
日均销售量 / 斤	110	106	102	98	94	90

2. 某公司生产某种产品的固定成本为 150 万元，而每件产品的可变成本为 2 500 元，每件产品的售价为 3 500 元. 设产量为 Q，分别求出总成本函数 C、总收益函数 R 和总利润函数 L 的解析式.

3. 某人约朋友去江边进行骑行锻炼，他们从始发地 A 以 30 km/h 的速度骑行 20 km 到达 B 地，然后在 B 地游玩了 30 min，之后再以 25 km/h 的速度骑行返回 A 地.

(1) 请把他们与 A 地的距离 x（单位：km）表示成时间 t（单位：h，从 A 地出发时开始计时）的函数，并画出函数的图形.

(2) 把骑行速度 v（单位：km/h）表示成时间 t 的函数，并画出函数的图形.

4. 设动物体内原有元素碳 11 的含量为 a，动物死后，体内碳 11 的含量每分钟减少 3.5%.

(1) 求动物体内碳 11 的含量 y 关于死后时间 t（单位：min）的函数解析式.

(2) 求动物死后，体内碳 11 的含量减少到死前的一半需要的时间.

(3) 是否可以用碳-11 取代碳-14 来测定古尸的年代？为什么？

5. 一种药物在病人血液中的量保持在 1 500 mg 以上时才有疗效，而低于 500 mg 时病人就有危险. 现在给某病人的静脉注射了这种药物 2 500 mg，如果药物在血液中的量以每小时 20% 的比例衰减，那么需要在什么时间范围内再次向病人的静脉注射这种药物？(精确到 0.1 h)

6. 已知 1650 年世界人口约为 5 亿，当时人口的年增长率为 0.3%；1970 年世界人口约为 36 亿，当时人口的年增长率为 2.1%. 用马尔萨斯模型计算，什么时候世界人口是 1650 年的 2 倍，什么时候世界人口是 1970 年的 2 倍.

§1.7 数学实验：利用 MATLAB 进行函数运算

一、MATLAB 基础

MATLAB 是现有的比较容易入门的科学计算工具之一，对 MATLAB 入门，我们只需要了解它的特点(知道它的专长)、功能(知道它可以做什么) 以及如何上手(怎么使用).

1. 常用标点的功能

标点符号在 MATLAB 中的地位非常重要，为确保指令正确执行，标点符号需要在英文状态下输入. 常用标点符号的功能如下.

(1) 逗号(,)：用于要显示计算结果的指令与其后面的指令之间的分隔；用于相邻输入变量之间的分隔；用于数组行元素之间的分隔.

(2) 分号(;)：用于不显示计算结果指令的结尾标志；用于不显示计算结果的指令与其后面的指令之间的分隔；用于数组的行间分隔.

(3) 冒号(:)：用于生成一维数值数组；用于单下标援引时，表示全部元素构成的长列；用于多下标援引时，表示对应维度上的全部元素.

(4) 注释号(%)：由注释号起头的所有物理行被看作非执行的注释.

(5) 单引号(‘’)：字符串记述符.

(6) 圆括号(())：用于数组援引；用于函数指令输入变量列表.

(7) 方括号([])：用于输入数组；用于函数指令输出变量列表.

(8) 花括号({})：元胞数组记述符.

(9) 续行号(…)：由三个以上连续黑点构成. 续行号把其下的物理行看作该行的逻辑继续，以构成一个较长的完整指令.

2. 常用操作指令

(1) clc：清除命令行窗口中显示的内容.

(2) clear：清除 MATLAB 工作区域中保存的变量.

（3）close all：关闭所有打开的图形窗口.

（4）clf：清除图形窗口中的内容.

（5）edit：打开 m 文件编辑器.

（6）disp：显示变量的内容.

3. m 脚本

脚本是最简单的程序文件类型，没有输入或输出参数，可用于自动执行一系列 MATLAB 命令，而且便于修改和保存，是 MATLAB 程序的主要载体形式.

可以通过以下方式创建新脚本：

（1）单击【主页】选项卡上的【新建脚本】按钮；

（2）高亮显示【命令历史记录】中的【命令】，右击，然后单击【创建脚本】；

（3）使用 edit 指令.

二、MATLAB 在函数运算中的应用

函数表述的是变量与变量之间的相依关系，在高等数学中，可以用一个解析式表述变量之间的函数，在 MATLAB 中，函数的表述与解析式基本一致，但由于计算机中的表述方式不同于书面的表述，因此还是有一定的差异性.

1. 函数解析式的 MATLAB 输入方式

函数的解析式主要由数字、数学运算符、常量、变量、基本初等函数和常用数学函数等部分组成，其中数学运算符、一些特殊常量、基本初等函数和一些常用数学函数的 MATLAB 输入方式与常规的书写方式是有区别的，具体如表 1.7.1 ～ 表 1.7.4 所示.

表 1.7.1

数学运算符的书写方式	MATLAB 输入方式	含义	数学运算符的书写方式	MATLAB 输入方式	含义
$a+b$	a+b	a 加 b	$a>b$	a>b	a 大于 b
$a-b$	a-b	a 减 b	$a\geqslant b$	a>=b	a 大于或等于 b
$a\times b$	a*b	a 乘以 b	$a<b$	a<b	a 小于 b
$a\div b$	a/b	a 除以 b	$a\leqslant b$	a<=b	a 小于或等于 b
$a=b$	a=b	a 等于 b			

表 1.7.2

特殊常量的书写方式	MATLAB 输入方式	含义	特殊常量的书写方式	MATLAB 输入方式	含义
π	pi	圆周率	∞	inf	无穷大

表 1.7.3

基本初等函数的书写方式	MATLAB输入方式	含义	基本初等函数的书写方式	MATLAB输入方式	含义
x^u	`x^u`	幂函数	$\sin x$	`sin(x)`	正弦函数
$\sqrt{x}$	`sqrt(x)`	平方根	$\cos x$	`cos(x)`	余弦函数
e^x	`exp(x)`	指数函数	$\tan x$	`tan(x)`	正切函数
$\ln x$	`log(x)`	以 e 为底的对数	$\cot x$	`cot(x)`	余切函数
$\lg x$	`log10(x)`	以 10 为底的对数	$\sec x$	`sec(x)`	正割函数
$\log_2 x$	`log2(x)`	以 2 为底的对数	$\csc x$	`csc(x)`	余割函数
$\log_a x$	`log(x)/log(a)`	以 a 为底的对数			

表 1.7.4

常用数学函数的书写方式	MATLAB输入方式	含义	常用数学函数的书写方式	MATLAB输入方式	含义
$\lvert x \rvert$	`abs(x)`	绝对值函数		`ceil(x)`	向上取整的取整函数
$\operatorname{sgn} x$	`sign(x)`	符号函数		`fix(x)`	向 0 取整的取整函数
	`floor(x)`	向下取整的取整函数		`round(x)`	四舍五入取整的取整函数

例 1.7.1 在 MATLAB 中输入函数 $y=\dfrac{x^2+\sqrt{x}}{2^x}+\ln x-2\sin x$.

解 在命令行窗口输入代码如下：

```
clear          %清除 MATLAB 工作区域中保存的变量
syms x         %定义符号变量 x
y=(x^2+sqrt(x))/(2^x)+log(x)-2*sin(x)        %输入函数
```

运行结果如下：

```
y=
log(x)-2*sin(x)+1/2^x*(x^2+x^(1/2))
```

2. 定义函数自变量和因变量

在 MATLAB 中常用的定义函数自变量和因变量的方法有如下几种(见表 1.7.5).

表 1.7.5

命令	功能
`var=sym('argv')`	把 argv 字符串定义为变量 var(只能定义单个变量)
`syms argv1 argv2 argv3 …`	把 argv1,argv2,argv3,… 字符串定义为变量(对象之间用空格符隔开,且可定义多个变量)

续表

命令	功能
function[y1,…,yN] = myfun(x1,…,xM)	定义函数命令，其中 myfun 为函数名，x1，…，xM 是输入变量，即函数中的自变量；y1，…，yN 是输出变量，即函数中的因变量
fhandle = @ (arglist) expression	使用匿名函数，其中 fhandle 是调用该函数的函数句柄，相当于函数的因变量；arglist 是参数列表，相当于函数的自变量，多个参数使用逗号分隔；expression 是该函数的数学解析式

例 1.7.2　分别使用三种方法在 MATLAB 中输入函数 $f(x)=\sqrt{2+3x^2}$.

解　**方法一**　在命令行窗口输入代码如下：

```
syms x
fx = sqrt(2+3* x^2)
```

运行结果如下：

```
fx =
(3* x^2+2)^(1/2)
```

方法二　新建名为 func. 的脚本，并在其中输入代码如下：

```
function y = func(x)
y = sqrt(2+3* x^2)
end
```

方法三　在命令行窗口输入代码如下：

```
fx = @ (x) sqrt(2+3* x^2)
```

运行结果如下：

```
fx =
@ (x) sqrt(2+3* x^2)
```

3. 求函数值

前面介绍的在 MATLAB 中输入函数的三种方法都可以求函数值，但因它们对应的数据类型不同，故具体方法也有所区别.

(1) 使用 subs( ) 命令.

调用方式为

```
R = subs(S,a,b)   %用 b 置换表达式 S 中的 a，并记为符号 R，可以使用 subs 来计算自变量取某个
                  具体的数值时对应的函数值
```

(2) 使用定义函数命令.

首先定义变量，使用命令为

```
function[y1,…,yN] = myfun(x1,…,xM)
```

其次根据定义的变量输入具体的函数解析式.

最后输入函数名和具体的数值，即可调用该函数，并得到对应的函数值，调用方式为

```
f=myfun(a)    %用数值a置换函数myfun中的自变量,并记为符号f
```

(3) 使用匿名函数.

匿名函数的使用方式比较简单,只要输入自变量的值,即可得到对应的函数值,调用方式为

```
fhandle=@ (arglist) expression
f=fhandle(a)   %用数值a置换函数expression中的自变量arglist,并记为符号f
```

例 1.7.3 分别使用三种方法在MATLAB中输入函数$f(x)=\sqrt{x^2+1}+\tan x$,并求$f(1)$,$f(2)$的值.

解　方法一　在命令行窗口输入代码如下:

```
clear
syms x
fx=sqrt(x^2+1)+tan(x);
f1=subs(fx,x,1)
f2=subs(fx,x,2)
```

运行结果如下:

```
f1 =
tan(1)+2^(1/2)
f2 =
tan(2)+5^(1/2)
```

方法二　新建名为func.的脚本,并在其中输入代码如下:

```
function y=func(x)
y=sqrt(x^2+1)+tan(x);
end
```

在命令行窗口输入代码如下:

```
clear
f1=func(1)
f2=func(2)
```

运行结果如下:

```
f1 =
2.9716
f2 =
0.0510
```

方法三　在命令行窗口输入代码如下:

```
clear
fx=@ (x) sqrt(x^2+1)+tan(x);
f1=fx(1)
f2=fx(2)
```

运行结果如下：

```
f1 =
2.9716
f2 =
0.0510
```

4. 绘制函数图形

前面介绍的输入函数的三种方法中，使用符号变量命令 syms 来定义函数自变量的方法比较通俗易懂，也比较常用，因此下面以这种方法来介绍函数图形的绘制. 在 MATLAB 中，可用于函数作图的命令有很多，下面将介绍使用 fplot( ) 命令来绘制函数的图形（见表 1.7.6）.

表 1.7.6

命令	功能
fplot(f,xinterval,s)	f 是关于自变量的解析式，需要在之前先输入；xinterval 是自变量的取值范围，当缺省时，自变量的默认区间是[−5,5]；s 是图元属性，包括线的颜色、线形和线的大小等

图元属性中，常用的线的颜色、线形和线的大小如下.

线的颜色：蓝色(b)(默认)，黄色(y)，紫色(m)，青色(c)，红色(r)，绿色(g)，白色(w) 和黑色(k).

线形：实线(-)(默认)，点线(:)，点画线(-.) 和虚线(--).

线的大小：'Linewidth'，数值.

此外，在绘制图形时还可以增加一些辅助操作，如图形标记.

title('txt')：在图形窗口顶端的中间位置输出字符串 txt 作为标题；

xlabel('txt')：在 x 轴下方的中间位置输出字符串 txt 作为标注；

ylabel('txt')：在 y 轴侧边的中间位置输出字符串 txt 作为标注.

例 1.7.4　利用 MATLAB 绘制对数函数 $y=\log_3 x$ 的图形.

解　在命令行窗口输入代码如下：

```
clear
syms x
y = log(x)/log(3);  %输入函数
fplot(y,[0,10],'r-.','LineWidth',1)    %调用 fplot() 命令绘图
title('对数函数')                       %输出标题'对数函数'
xlabel('x轴')                           %输出标注'x轴'
ylabel('y轴')                           %输出标注'y轴'
```

运行结果如图 1.7.1 所示.

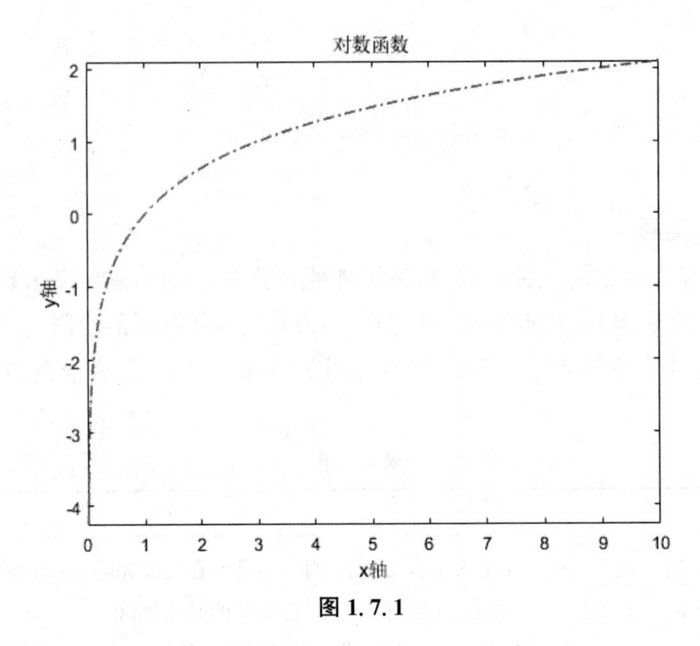

图 1.7.1

例 1.7.5 利用 MATLAB 绘制函数 $y=2\sqrt[3]{x}-\dfrac{3}{x}+\sqrt{5}$ 的图形.

解 在命令行窗口输入代码如下：

```
clear
syms x
y=2*x^(1/3)-3/x+sqrt(5);
fplot(y)
xlabel('x轴');ylabel('y轴')
```

运行结果如图 1.7.2 所示.

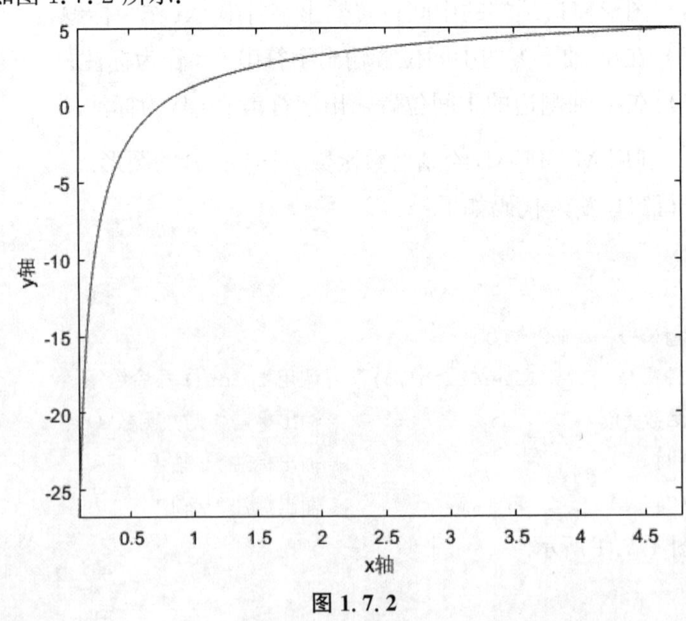

图 1.7.2

例 1.7.6　利用MATLAB绘制分段函数 $y=\begin{cases}3\sqrt{x}, & 0\leqslant x\leqslant 1,\\ 2+x, & x>1\end{cases}$ 的图形.

解　在命令行窗口输入代码如下：

```
clear
syms x y
y1 = 3* sqrt(x);
fplot(y1, [0,1], 'b', 'Linewidth', 2)
hold on  %保持原图并接受此后绘制的新的曲线,叠加绘图
y2 = 2+x;
fplot(y2, [1,5], 'r--', 'Linewidth', 2)
legend('y = 3* sqrt(x)', 'y = 2+x')  %添加图例的标注
title('分段函数')
xlabel('x轴')
ylabel('y轴')
```

运行结果如图 1.7.3 所示.

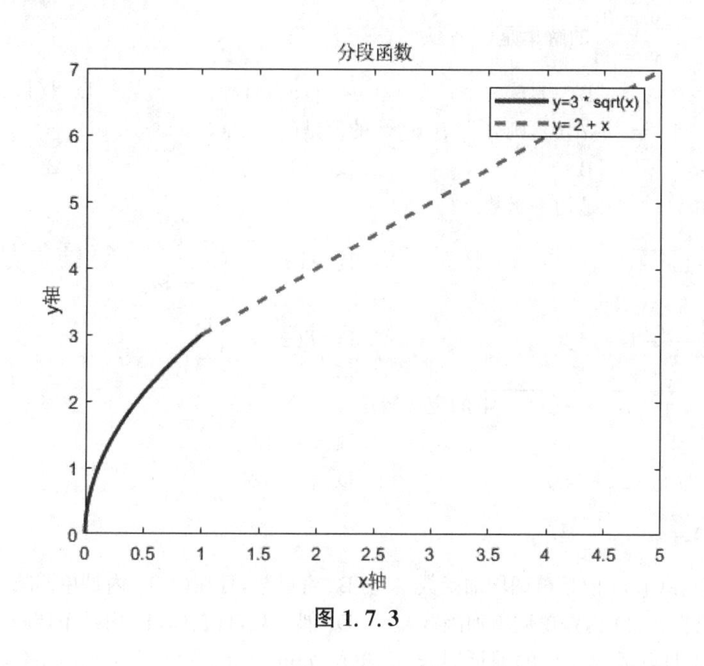

图 1.7.3

习题 1.7

1. 在 MATLAB 中输入下列函数,并求出对应的函数值:

(1) $f(x)=2\cos(3-5x)$,并求 $f(-2)$,$f(1)$,$f(\pi)$;

(2) $f(x)=(4x+3)^5$,并求 $f(-1)$,$f(2)$;

(3) $f(x)=\sqrt{2+e^x}$,并求 $f(-2)$,$f(3)$;

(4) $f(x)=\ln\tan x$,并求 $f(1)$,$f(4)$;

(5) $f(x)=\sec^2 3x$，并求 $f(1), f(\pi)$；

(6) $f(x)=e^{2x}\sin 3x$，并求 $f(1), f(2)$.

2. 利用MATLAB绘制下列函数的图形：

(1) $y=\dfrac{\sin x}{x}$；

(2) $y=e^{-3x^2}$；

(3) $y=\dfrac{1-x^3}{\sqrt{x}}$；

(4) $y=\ln\dfrac{1+\sqrt{x}}{1-\sqrt{x}}$；

(5) $y=\ln(\sec x+\tan x)$；

(6) $y=\ln\ln x$；

(7) $y=e^{2\sin^2 x}$；

(8) $y=x\ln x+\sin x-\cos x$；

(9) $y=x^{2x+1}$.

总习题 1

一、选择题

1. 方程组 $\begin{cases}x-2y=3,\\2x+y=11\end{cases}$ 的解集是(　　).

A. $\{5,1\}$　　B. $\{1,5\}$　　C. $\{(5,1)\}$　　D. $\{(1,5)\}$

2. 若 $\{a^2,0,-1\}=\{a,b,0\}$，则 $a^{2023}+b^{2023}$ 的值是(　　).

A. 0　　B. 1　　C. -1　　D. 2

3. 下列函数中，(　　) 是初等函数.

A. $y=\sqrt{-(x^2+1)}$

B. $f(x)=\begin{cases}e^x+2, & 0\leqslant x<1,\\ x+3, & x\geqslant 1\end{cases}$

C. $y=\dfrac{x^2(1-x)}{1+x}$

D. $f(x)=\begin{cases}1, & x>0,\\ -1, & x<0\end{cases}$

4. 函数 $y=\sqrt{4-x^2}-\sqrt{x^2-4}$ 的定义域是(　　).

A. $[-2,2]$　　B. $(-2,2)$

C. $(-\infty,-2)\cup(2,+\infty)$　　D. $\{-2,2\}$

5. 函数 $f(x)=x+\dfrac{1}{x}$ 是(　　).

A. 奇函数，且在 $(0,1)$ 内是单调增加函数　　B. 奇函数，且在 $(0,1)$ 内是单调减少函数

C. 偶函数，且在 $(0,1)$ 内是单调增加函数　　D. 偶函数，且在 $(0,1)$ 内是单调减少函数

6. 已知从甲地打电话到乙地的通话时长 m(单位：min) 与话费(单位：元) 的关系由函数 $f(m)=\begin{cases}3.71, & 0<m\leqslant 4,\\ 1.06(0.5[m]+2), & m>4\end{cases}$ 给出，其中 $[m]$ 是不超过 m 的最大整数，如 $[3.73]=3$，则从甲地打电话到乙地通话 5.2 min 的话费是(　　).

A. 3.71 元　　B. 4.24 元　　C. 4.77 元　　D. 7.95 元

7. 在区间 $(0,2)$ 内是单调增加函数的是 (　　).

A. $y=-x+1$　　B. $y=\sqrt{x}$　　C. $y=x^2-4x+5$　　D. $y=\dfrac{2}{x}$

8. 函数 $y=\dfrac{2}{x^2-x+1}$ 的最大值是 (　　).

A. 8　　B. $\frac{8}{3}$　　C. 4　　D. $\frac{4}{3}$

9. 函数 $y=\frac{1}{x}-x$ 的图形关于（　　）.

A. y 轴对称　　B. 直线 $y=-x$ 对称

C. 原点对称　　D. 直线 $y=x$ 对称

10. 已知集合 $P=\{x\in\mathbf{N}\mid 1\leqslant x\leqslant 10\}$，$Q=\{x\in\mathbf{R}\mid x^2+x-6=0\}$，则 $P\cap Q$ 等于（　　）.

A. $\{1,2,3\}$　　B. $\{2,3\}$　　C. $\{1,2\}$　　D. $\{2\}$

11. 计算 $2^{-\frac{1}{2}}+\frac{(-4)^0}{\sqrt{2}}+\frac{1}{\sqrt{2}-1}-\sqrt{(1-\sqrt{5})^0}$，结果是（　　）.

A. 1　　B. $2\sqrt{2}$　　C. $\sqrt{2}$　　D. $2^{-\frac{1}{2}}$

12. 下列选项中错误的是（　　）.

A. $3^{0.8}>3^{0.7}$　　B. $0.5^{0.4}>0.5^{0.6}$　　C. $0.75^{-0.1}<0.75^{0.1}$　　D. $(\sqrt{3})^{1.6}>(\sqrt{3})^{1.4}$

13. 设 $\log_x\frac{1}{8}=\frac{3}{2}$，则底数 x 的值等于（　　）.

A. 2　　B. $\frac{1}{2}$　　C. 4　　D. $\frac{1}{4}$

14. 已知 $\log_4[\log_3(\log_2 x)]=0$，则 $x^{-\frac{1}{2}}$ 等于（　　）.

A. $\sqrt{2}$　　B. $\frac{\sqrt{2}}{2}$　　C. $2\sqrt{2}$　　D. $\frac{\sqrt{2}}{4}$

二、计算题

1. 已知集合 $A=\{2,3\}$，$M=\{2,5,a^2-3a+5\}$，$N=\{1,3,a^2-6a+10\}$，$A\subseteq M$，且 $A\subseteq N$，求实数 a 的值.

2. 已知函数 $f(x)=\frac{x^2}{1+x^2}$，$x\in\mathbf{R}$，求：

(1) $f(x)+f\left(\frac{1}{x}\right)$；

(2) $f(1)+f(2)+f(3)+f\left(\frac{1}{2}\right)+f\left(\frac{1}{3}\right)$.

3. 求下列函数的定义域：

(1) $y=\frac{\sqrt{2-x}}{x-1}$；

(2) $y=\frac{2x+1}{1-3x}$.

4. 求函数 $y=\frac{6}{x^2+x+1}$ 的最大值.

5. 已知函数 $f(x)=x\left(\frac{1}{x^2-1}+\frac{1}{2}\right)$，

(1) 求 $f(x)$ 的定义域；

(2) 判断 $f(x)$ 的奇偶性并给出证明.

6. 计算下列各式：

(1) $\frac{(a^{\frac{2}{3}}b^{\frac{1}{2}})(-3a^{\frac{1}{2}}b^{\frac{1}{3}})}{\frac{1}{3}a^{\frac{1}{6}}b^{\frac{5}{6}}}$；

(2) $\dfrac{\sqrt{a^3b^2\sqrt[3]{ab^2}}}{(a^{\frac{1}{4}}b^{\frac{1}{2}})^4\sqrt[3]{\dfrac{b}{a}}}$;

(3) $\sqrt[4]{81\times\sqrt{9^{\frac{2}{3}}}}$.

7. 已知函数 $f(x)=\dfrac{2^x-1}{2^x+1}$,讨论:

(1) $f(x)$ 的奇偶性;

(2) $f(x)$ 的单调性.

8. 求下列各式的值:

(1) $\log_{\frac{\sqrt{2}}{2}}8$;

(2) $\log_9\sqrt{3}$.

9. 求$(\lg\sqrt{2})^2+\dfrac{1}{2}\lg 2\cdot\lg 5+\sqrt{(\lg\sqrt{2})^2-\lg 2+1}$ 的值.

10. 求下列函数的定义域:

(1) $y=\dfrac{\sqrt{4-x}}{x-1}+\log_3(x+1)$;

(2) $y=\sqrt{1-\log_2(4x-5)}$.

11. 将下列复合函数分解成基本初等函数或简单函数:

(1) $y=\cos(2x^2+5)$;

(2) $y=\ln\ln\ln^3 x$;

(3) $y=\tan\sqrt[3]{\ln\sin x}$.

三、应用题

1. 已知某商人将进货单价为8元的商品按每件10元售出时,每天可售出100件.现在他打算采用提高售价,减少进货量的办法来增加利润.已知这种商品每件提价1元,其销售量就要减少10件,问:他将售价定为多少元时,才能使每天所赚得的利润最大?并求出最大利润.

2. 一个星级旅馆有100间标准房,经过一段时间的经营,经理得到一天内房价和入住率的数据为:当房价为160元时,入住率为55%;当房价为140元时,入住率为65%;当房价为120元时,入住率为75%;当房价为100元时,入住率为85%.欲使该旅馆每天的营业额最高,应定价多少元?

3. 我们知道,人们对声音有不同的感觉,这与它的强度有关系.声音的强度用I(单位:$\mathrm{W/m^2}$)表示,但在实际测量中,常用声音的强度水平 L_1(单位:dB) 表示,它们满足公式 $L_1=10\lg\dfrac{I}{I_0}(L_1\geqslant 0, I_0=1\times10^{-12}\ \mathrm{W/m^2})$,$I_0$ 是人们平均能听到的最小声音的强度,是听觉的开端.根据以上信息,回答下列问题:

(1) 树叶沙沙声的强度是 $1\times10^{-12}\ \mathrm{W/m^2}$,耳语的强度是 $1\times10^{-10}\ \mathrm{W/m^2}$,无线电广播的强度是 $1\times10^{-8}\ \mathrm{W/m^2}$,试分别求出它们的强度水平.

(2) 某一新建小区规定:小区内公共场所声音的强度水平必须保持在50 dB以下,试求人们在小区活动时所能发出的声音的强度的取值范围.

4. 一城市某区近几年来大力开展民心工程,对全区面积为 a m^2 的老房子进行平改坡(平改坡是指在建筑结构许可的条件下,将多层住宅平屋面改建成坡屋顶,并对外立面进行修整粉饰,以达到改善住宅性能和建筑物外观视觉效果的房屋修缮行为),且每年平改坡面积的百分比相等.若改造到全部面积的一半时,所用时间为10年,且已知到今年为止,平改坡剩余面积为原来的$\dfrac{\sqrt{2}}{2}$.

(1) 求每年平改坡面积的百分比.

(2) 问:到今年为止,该平改坡工程已进行了多少年?

(3) 若通过技术创新,至少保留$\frac{a}{4}$ m^2 的老房子开辟新的改造途径,问:今后最多还需进行平改坡工程多少年?

5. 光线通过一块玻璃,其强度要损失 10%,现将若干块这样的玻璃重叠起来,设光线原来的强度为 a,通过 x 块玻璃后的强度为 y.

(1) 写出 y 关于 x 的函数解析式.

(2) 通过多少块玻璃后,光线强度减弱到原来的$\frac{1}{3}$以下?($\lg 3 \approx 0.4771$)

第二章 极限及其应用

> 割之弥细，所失弥少，割之又割，以至于不可割，则与圆合体而无所失矣.
>
> ——刘徽《九章算术注》

公元3世纪中期，魏晋时期的数学家刘徽首创割圆术，为计算圆周率建立了严密的理论和完善的算法. 所谓割圆术，是用圆内接正多边形的面积去无限逼近圆的面积并以此求取圆周率的方法. 刘徽把圆内接正多边形的周长一直算到了正3 072边形，并由此求得了圆周率为3.141 5和3.141 6这两个近似数值. 公元5世纪中期，南北朝时期的祖冲之在刘徽的基础上继续努力，终于使圆周率精确到了小数点后的第七位. 在西方，这个成绩是由法国数学家韦达于1593年取得的，比祖冲之晚了1 100多年. 刘徽所创立的割圆术对中国古代数学的发展做出了重大贡献，是一种极限思想在几何上的应用. 极限思想是指用极限的概念来分析问题和解决问题的一种思想，是微积分的基本思想和理论基础. 微积分中的一系列重要概念，如连续、导数和定积分等都是借助极限来定义的.

本章主要介绍函数极限的基本概念、极限的四则运算法则、复合函数的极限运算法则、无穷小与无穷大的概念、函数连续性的概念与性质、初等函数的连续性和闭区间上连续函数的性质等，最后介绍利用MATLAB求函数的极限.

§2.1　数　　列

在刘徽的割圆术中，取圆的内接正六边形，记其面积为 A_1；在圆内接正六边形把圆周等分为六条弧的基础上，再继续等分，作出一个圆内接正十二边形，记其面积为 A_2……把圆周继续分割，可得圆的内接正 $6\times 2^{n-1}$ 边形，记其面积为 A_n. 于是，我们就得到了一列面积值 $A_1,A_2,\cdots,A_n,\cdots$，这一列按照顺序排列的数叫作数列.

本节我们将介绍数列的相关概念及性质.

一、数列的基本概念

定义 2.1.1　按照一定顺序排列的一列数 $a_1,a_2,\cdots,a_n,\cdots$ 叫作**数列**，记作 $\{a_n\}$，其中每一个数叫作数列的**项**，a_1 叫作数列的**第一项**，a_n 叫作数列的**第 n 项**，也叫作数列的**通项**. 如果一个数列的第 n 项 a_n 和 n 的函数关系可以用一个公式来表示，则把这个数学解析式叫作数列的**通项公式**.

由数列的通项公式的定义可知，数列的通项是以正整数集(或它的有限子集)为定义域的函数，因此数列的通项可记作

$$a_n=f(n)\quad(n\in\mathbf{N}^*).$$

注　(1) 数列可分有限数列和无穷数列，本书研究的是无穷数列，后文中若不特别说明，提到的数列均为无穷数列.

(2) 数列中的数是按一定次序排列的，此时只强调有次序，而不强调有规律. 因此，如果组成两个数列的数相同而次序不同，那么它们就是不同的数列.

(3) 在数列中同一个数可以重复出现.

(4) 不是每一个数列都有通项公式，例如，$\sqrt{2}$ 的不足近似值所构成的数列 1.4,1.41,1.414,1.414 2,… 就没有通项公式.

例 2.1.1　求下列数列的通项公式：

(1) $1,\frac{1}{2},\frac{1}{3},\cdots,\frac{1}{n},\cdots$；

(2) $1,2,3,\cdots,n,\cdots$；

(3) $\frac{2}{1},\frac{3}{2},\frac{4}{3},\cdots,\frac{n+1}{n},\cdots$；

(4) $1,-1,1,\cdots,(-1)^{n+1},\cdots$.

解　(1) 该数列每一项分子为 1，分母与项数相同，所以通项公式为 $a_n=\frac{1}{n}$.

(2) 该数列每一项与项数相同,所以通项公式为 $a_n=n$.

(3) 该数列每一项分母与项数相同,分子等于项数加1,所以通项公式为 $a_n=\dfrac{n+1}{n}$.

(4) 该数列为1和-1交替出现,且奇数项为1,偶数项为-1,所以通项公式为 $a_n=(-1)^{n+1}$.

定义 2.1.2 将数列$\{a_n\}$的前n项求和,记作$S_n=a_1+a_2+\cdots+a_n$,称为数列$\{a_n\}$的**前n项和**.

定义 2.1.3 在数列$\{a_n\}$中,若对于一切的n,都有$a_{n+1}>a_n$(或$a_{n+1}<a_n$)成立,则称$\{a_n\}$为**单调增加(或减少)数列**.

例2.1.1中的数列(1),(3)为单调减少数列,数列(2)为单调增加数列,数列(4)既不是单调增加数列,也不是单调减少数列.

定义 2.1.4 在数列$\{a_n\}$中,若存在正数M,使得对于一切的n,都有$|a_n|\leqslant M$成立,则称数列$\{a_n\}$**有界**;否则,称数列$\{a_n\}$**无界**.

例2.1.1中的数列(1),(3),(4)为有界数列,数列(2)为无界数列.

二、等差数列

定义 2.1.5 若数列$\{a_n\}$从第二项起,每一项与它的前一项的差都等于同一个常数,则称$\{a_n\}$为**等差数列**,这个常数叫作等差数列的**公差**,通常记作d.

例如,数列$\{a_n=2n-1\}$为等差数列,公差为2.

等差数列有下列性质:

(1) 如果已知等差数列$\{a_n\}$的第一项a_1和公差d,则通项公式为

$$a_n=a_1+(n-1)d.$$

(2) 如果已知等差数列$\{a_n\}$的第m项a_m和公差d,则通项公式为

$$a_n=a_m+(n-m)d.$$

(3) 等差数列$\{a_n\}$的前n项和

$$S_n=\frac{n(a_1+a_n)}{2}=na_1+\frac{n(n-1)}{2}d.$$

(4) 若a,A,b成等差数列,且$A=\dfrac{a+b}{2}$,则称A为a与b的等差中项.

(5) 当公差$d\neq 0$时,等差数列$\{a_n\}$的通项公式$a_n=a_1+(n-1)d=dn+a_1-d$是关于n的一元一次函数,且斜率为公差d;前n项和$S_n=na_1+\dfrac{n(n-1)}{2}d=\dfrac{d}{2}n^2+\left(a_1-\dfrac{d}{2}\right)n$是关于$n$的一元二次函数,且常数项为0.

例 2.1.2 求下列等差数列的通项公式和前n项和:

(1) $1,5,9,\cdots$;

(2) $0,-\dfrac{5}{2},-5,\cdots$;

(3) 2.1,2.3,2.5,…;

(4) $\sqrt{2}$,$\sqrt{2}-1$,$\sqrt{2}-2$,….

解　(1) 该数列为第一项 $a_1=1$,公差 $d=4$ 的等差数列,所以通项公式为 $a_n=1+4(n-1)=4n-3$,前 n 项和为

$$S_n=n+\frac{n(n-1)}{2}\times 4=2n^2-n.$$

(2) 该数列为第一项 $a_1=0$,公差 $d=-\frac{5}{2}$ 的等差数列,所以通项公式为 $a_n=0-\frac{5}{2}(n-1)=\frac{5}{2}-\frac{5}{2}n$,前 n 项和为

$$S_n=\frac{n(n-1)}{2}\times\left(-\frac{5}{2}\right)=-\frac{5}{4}(n^2-n).$$

(3) 该数列为第一项 $a_1=2.1$,公差 $d=0.2$ 的等差数列,所以通项公式为 $a_n=2.1+0.2(n-1)=0.2n+1.9$,前 n 项和为

$$S_n=2.1n+\frac{n(n-1)}{2}\times 0.2=0.1n^2+2n.$$

(4) 该数列为第一项 $a_1=\sqrt{2}$,公差 $d=-1$ 的等差数列,所以通项公式为 $a_n=\sqrt{2}-(n-1)=1+\sqrt{2}-n$,前 n 项和为

$$S_n=\sqrt{2}n+\frac{n(n-1)}{2}\times(-1)=-\frac{1}{2}n^2+\left(\frac{1}{2}+\sqrt{2}\right)n.$$

三、等比数列

定义 2.1.6　若数列$\{a_n\}$从第二项起,每一项与它的前一项的比都等于同一个常数,则称$\{a_n\}$为**等比数列**,这个常数叫作等比数列的**公比**,通常记作 q.

例如,数列$\left\{a_n=\frac{1}{2^n}\right\}$为等比数列,公比为$\frac{1}{2}$.

等比数列有下列性质:

(1) 如果已知等比数列$\{a_n\}$的第一项 a_1 和公比 q,则通项公式为

$$a_n=a_1q^{n-1}.$$

(2) 如果已知等比数列$\{a_n\}$的第 m 项 a_m 和公比 q,则通项公式为

$$a_n=a_mq^{n-m}.$$

(3) 等比数列$\{a_n\}$的前 n 项和:当 $q=1$ 时,$S_n=na_1$;当 $q\neq 1$ 时,$S_n=\frac{a_1(1-q^n)}{1-q}$.

(4) 若 a,G,b 成等比数列,且 $G^2=ab$,则称 G 为 a 与 b 的等比中项.

例 2.1.3　求下列等比数列的通项公式和前 n 项和:

(1) 1,2,4,…;

(2) $\frac{2}{3}$,$-\frac{2^2}{3^2}$,$\frac{2^3}{3^3}$,…;

(3) 5,5,5,…;

(4) $\sqrt{7}, 7, 7\sqrt{7}, \cdots$.

解 (1) 该数列为第一项 $a_1=1$，公比 $q=2$ 的等比数列，所以通项公式为 $a_n=2^{n-1}$，前 n 项和为

$$S_n=\frac{1-2^n}{1-2}=2^n-1.$$

(2) 该数列为第一项 $a_1=\frac{2}{3}$，公比 $q=-\frac{2}{3}$ 的等比数列，所以通项公式为 $a_n=(-1)^{n-1}\frac{2^n}{3^n}$，前 n 项和为

$$S_n=\frac{\frac{2}{3}\left[1-\left(-\frac{2}{3}\right)^n\right]}{1-\left(-\frac{2}{3}\right)}=\frac{2}{5}\left[1-\left(-\frac{2}{3}\right)^n\right].$$

(3) 该数列为第一项 $a_1=5$，公比 $q=1$ 的等比数列，所以通项公式为 $a_n=5$，前 n 项和为

$$S_n=5n.$$

(4) 该数列为第一项 $a_1=\sqrt{7}$，公比 $q=\sqrt{7}$ 的等比数列，所以通项公式为 $a_n=(\sqrt{7})^n$，前 n 项和为

$$S_n=\frac{\sqrt{7}\left[1-(\sqrt{7})^n\right]}{1-\sqrt{7}}.$$

习题 2.1

1. 观察下列数列的特点，在括号内填入适当的数，并求每一个数列的通项公式：

(1) 1,3,( ),7,9,( ),13,…；

(2)( ),4,9,16,( ),36,…；

(3) 3,−3,3,( ),3,…；

(4) $1,\sqrt{2},\sqrt{3},2,(\quad),\sqrt{6},\cdots$.

2. 求下列等差数列的通项公式和前 n 项和：

(1) −10,0,10,…；

(2) 100,99,98,…；

(3) 5,5.01,5.02,…；

(4) $\sqrt{3},\sqrt{3}-3,\sqrt{3}-6,\cdots$.

3. 求下列等比数列的通项公式和前 n 项和：

(1) −3,−6,−12,…；

(2) $\frac{2}{5},-\frac{2^2}{5^2},\frac{2^3}{5^3},\cdots$；

(3) 7,−7,7,…；

(4) $\sqrt{11},\sqrt{22},2\sqrt{11},\cdots$.

4. 在等比数列 $\{a_n\}$ 中，若 $a_1=1, a_3-a_2=2a_1$，求公比 q.

§2.2　极限的概念与性质

战国时期哲学家庄子所著《庄子·天下篇》中有一句名言“一尺之棰，日取其半，万世不竭”，意思是一尺长的木棍，每天折取一半，则永远也取不尽.一尺之棰是一个有限的物体，但它却可以无限地分割下去.这体现了有限和无限的统一，有限之中蕴含有无限，体现了辩证的思想，也藏有数学中的极限思想.假设前 n 天折取的总长度为 x_n(单位:尺)，则 $x_n=\frac{1}{2}+\frac{1}{2^2}+\cdots+\frac{1}{2^n}$，当$n$ 趋于无穷大时，x_n 趋于1，即数列$\{x_n\}$当n 趋于无穷大时，通项 x_n 趋于 1.

数列$\{x_n\}$可以看作自变量为正整数 n 的**整标函数** $x_n=f(n)$，它的定义域是正整数集 $\mathbf{N}^*$，当自变量 n 依次取正整数 1,2,… 时，对应的函数值就排列成数列$\{x_n\}$.在理论研究和实践探索中，我们通常需要判断数列或函数在自变量的某个变化过程中，通项或函数值的变化趋势，即极限.本节将讨论极限的描述性定义和极限的基本性质.

一、数列的极限

在几何上，数列$\{x_n\}$的项可看作数轴上的一个动点，它依次取数轴上的点 $x_1,x_2,\cdots,x_n,\cdots$，如图 2.2.1 所示.

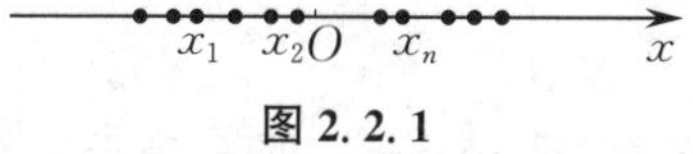

图 2.2.1

观察下列数列，讨论数列值的变化趋势:

(1) $\frac{1}{2},\frac{1}{2^2},\cdots,\frac{1}{2^n},\cdots$(见图 2.2.2);

(2) $1,2,\cdots,n,\cdots$(见图 2.2.3);

(3) $1,-1,1,-1,\cdots$(见图 2.2.4).

观察图 2.2.2 ～ 图 2.2.4 可以发现，数列(1) 随着项数的增大，数列值趋于确定的常数0;数列(2) 随着项数的增大，数列值趋于正无穷大;数列(3) 随着项数的增大，数列值有变化规律，但无整体趋势.我们把数列(1) 所处的情况称为极限存在.极限描述的是变量在某个变化过程中的变化趋势，是一个非常重要的概念，是微积分的灵魂.

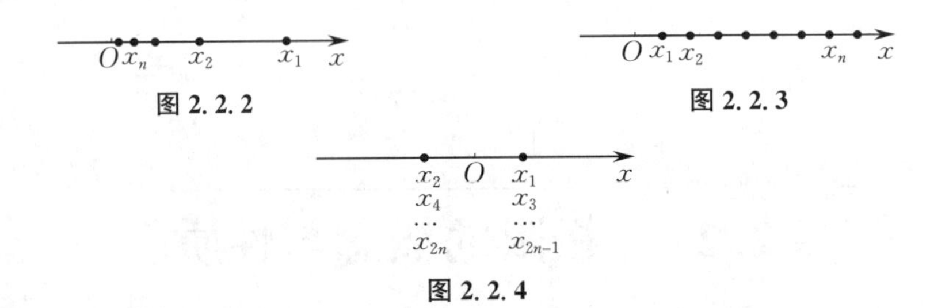

图 2.2.2

图 2.2.3

图 2.2.4

定义 2.2.1 设$\{x_n\}$是一个已知数列,a是一个确定的常数.若当n无限增大(记作$n\to\infty$)时,x_n无限接近于a,则称**数列$\{x_n\}$以a为极限**,记作

$$\lim_{n\to\infty}x_n=a \quad 或 \quad x_n\to a \quad (n\to\infty),$$

读作"当n趋于无穷大时,x_n的极限等于a"或"当n趋于无穷大时,x_n趋于a".此时,我们也称数列$\{x_n\}$**收敛**,并且收敛于极限a;否则,称数列$\{x_n\}$**发散**,或称数列$\{x_n\}$的**极限不存在**.

由定义 2.2.1 可知,上述数列中的数列(1)收敛,数列(2),(3)发散.

二、函数的极限

数列极限是一类特殊的函数极限,即整标函数$x_n=f(n)$当自变量n取正整数且无限增大时,函数值$f(n)$的变化趋势.而对于一般函数$y=f(x)$的极限,它与数列极限的不同之处在于函数$f(x)$的极限是研究自变量x连续变化时,对应函数值$f(x)$的变化趋势.

设函数$y=f(x)$的定义域为D,考察函数$f(x)$的极限就是考察当自变量x在某个变化过程中,相应的函数值$f(x)$的变化趋势.自变量的变化过程通常有以下两种形式.

(1) 当$|x|$无限增大,即x趋于无穷大(记为$x\to\infty$)时,自变量x沿x轴的正、负两个方向同时趋于无穷大.特别地,当自变量x仅沿x轴的正方向趋于无穷大时,称为x趋于正无穷大,记为$x\to+\infty$;当自变量x仅沿x轴的负方向趋于无穷大时,称为x趋于负无穷大,记为$x\to-\infty$.

(2) 当自变量x无限接近于x_0且$x\neq x_0$,即x趋于x_0(记为$x\to x_0$)时,自变量x可沿大于x_0的方向趋于x_0,也可沿小于x_0的方向趋于x_0.特别地,当自变量x仅沿大于x_0的方向趋于x_0时,记为$x\to x_0^+$;当自变量x仅沿小于x_0的方向趋于x_0时,记为$x\to x_0^-$.

1. 当$x\to\infty$时函数的极限

定义 2.2.2 给定函数$y=f(x)$,若当$x\to\infty$时,对应的函数值$f(x)$无限接近于一个确定的常数A,则称A为**函数$f(x)$当$x\to\infty$时的极限**,记为

$$\lim_{x\to\infty}f(x)=A \quad 或 \quad f(x)\to A \quad (x\to\infty);$$

否则,称$f(x)$**当$x\to\infty$时极限不存在**.

定义 2.2.2 的几何意义如图 2.2.5 所示,当$x\to\infty$时,函数$y=f(x)$的值落在两条确定的直线之间且趋于A.

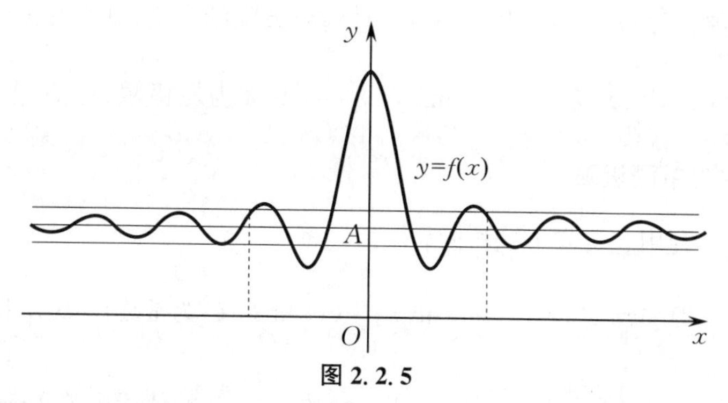

图 2.2.5

类似地，可以给出当 $x \to +\infty$ 和 $x \to -\infty$ 时函数极限的定义.

2. 当 $x \to x_0$ 时函数的极限

如图 2.2.6 所示，容易判断，当 $x \to 2$ 时，函数 $y=f(x)=x-1$ 的函数值 $f(x)$ 无限接近于 1. 如图 2.2.7 所示，容易判断，函数 $y=f(x)=\dfrac{4x^2-1}{2x-1}$ 在点 $x=\dfrac{1}{2}$ 处无定义，但当 $x \to \dfrac{1}{2}\left(x \neq \dfrac{1}{2}\right)$ 时，对应的函数值 $f(x)$ 无限接近于 2.

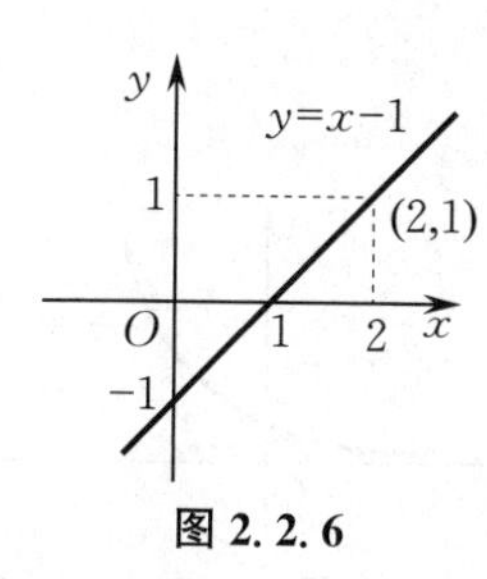

图 2.2.6

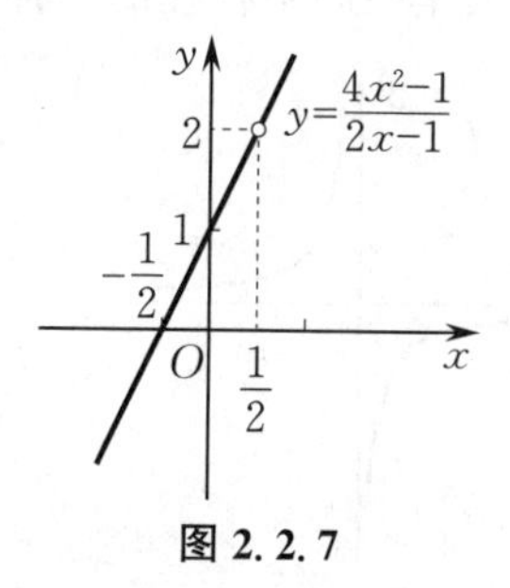

图 2.2.7

一般地，有如下定义.

定义 2.2.3　给定函数 $y=f(x)$，若当 $x \to x_0$ 时，对应的函数值 $f(x)$ 无限接近于一个确定的常数 A，则称 A 为**函数 $f(x)$ 当 $x \to x_0$ 时的极限**，记为

$$\lim_{x \to x_0} f(x)=A \quad 或 \quad f(x) \to A \quad (x \to x_0)；$$

否则，称 **$f(x)$ 当 $x \to x_0$ 时极限不存在.**

定义 2.2.3 的几何意义如图 2.2.8 所示，当 $x \to x_0$ 时，函数 $y=f(x)$ 的值落在两条确定的直线之间且趋于 A.

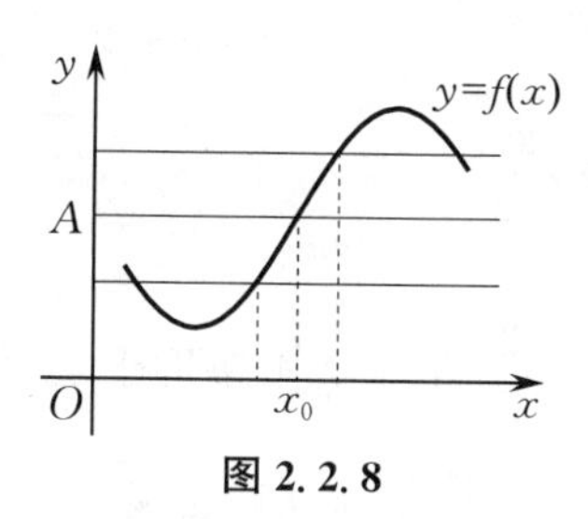

图 2.2.8

类似地，可以给出当 $x \to x_0^+$ 和 $x \to x_0^-$ 时函数极限的定义，其中 $\lim\limits_{x \to x_0^+} f(x) = A$ 称为**右极限**，可简记为 $f(x_0 + 0)$ 或 $f(x_0^+)$，$\lim\limits_{x \to x_0^-} f(x) = A$ 称为**左极限**，可简记为 $f(x_0 - 0)$ 或 $f(x_0^-)$. 它们统称为**单侧极限**.

例 2.2.1 利用定义求下列极限：

(1) $\lim\limits_{x \to \infty} \dfrac{1}{x}$； (2) $\lim\limits_{x \to +\infty} \mathrm{e}^x$； (3) $\lim\limits_{x \to \infty} \sin x$； (4) $\lim\limits_{x \to 5} C$（C 为常数）； (5) $\lim\limits_{n \to \infty} \dfrac{2^n}{3^n}$ $(n \in \mathbf{N}^*)$.

解 (1) 如图 2.2.9 所示，当 $x \to \infty$ 时，函数 $y = \dfrac{1}{x}$ 的值无限接近于 0，所以

$$\lim_{x \to \infty} \frac{1}{x} = 0.$$

(2) 如图 2.2.10 所示，当 $x \to +\infty$ 时，函数 $y = \mathrm{e}^x$ 的值无限接近于 $+\infty$，所以

$$\lim_{x \to +\infty} \mathrm{e}^x = +\infty.$$

极限为无穷大是极限不存在的一种情况.

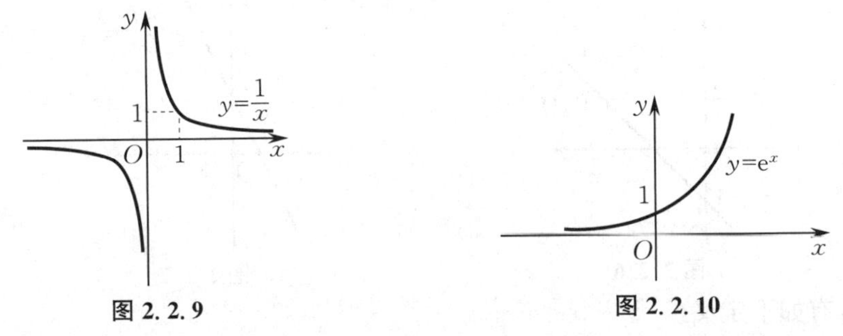

图 2.2.9

图 2.2.10

(3) 如图 2.2.11 所示，$y = \sin x$ 为周期函数，当 $x \to \infty$ 时，它的函数值在 -1 和 1 之间变动，不接近于任何确定的常数，所以 $\lim\limits_{x \to \infty} \sin x$ 不存在.

(4) 如图 2.2.12 所示，当 $x \to 5$ 时，函数 $y = C$ 的值无限接近于常数 C，所以

$$\lim_{x \to 5} C = C.$$

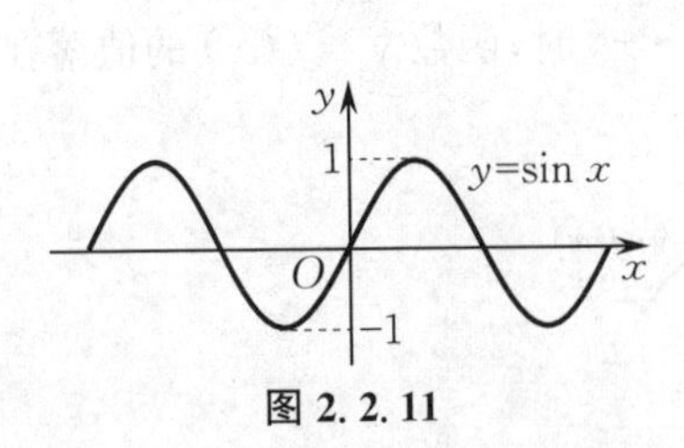

图 2.2.11

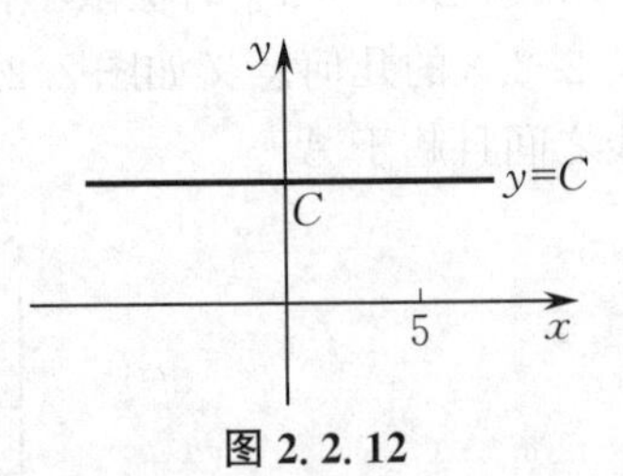

图 2.2.12

(5) 当 $x \to +\infty$ 时，函数 $y = \dfrac{2^x}{3^x}$ 的值无限接近于 0，所以

$$\lim_{n \to \infty} \frac{2^n}{3^n} = 0 \quad (n \in \mathbf{N}^*),$$

如图 2.2.13 所示.

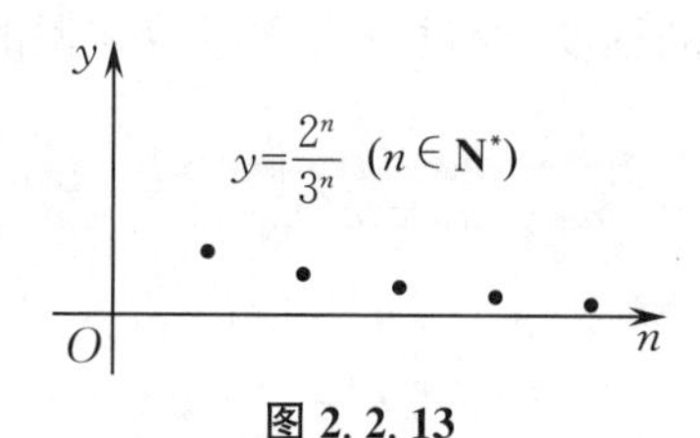

图 2.2.13

为了计算的方便,我们先给出下面的一个结论.

设 $y=f(x)$ 为初等函数,x_0 为其定义区间(包含在定义域内的区间)内的点,则 $\lim\limits_{x\to x_0}f(x)=f(x_0)$,即可以用代入法求极限.例如,$\lim\limits_{x\to 1}\sin x=\sin 1$.

定理 2.2.1(**函数极限的存在性**)

(1) $\lim\limits_{x\to x_0}f(x)=A$ **的充要条件是** $\lim\limits_{x\to x_0^+}f(x)=\lim\limits_{x\to x_0^-}f(x)=A$;

(2) $\lim\limits_{x\to\infty}f(x)=A$ **的充要条件是** $\lim\limits_{x\to-\infty}f(x)=\lim\limits_{x\to+\infty}f(x)=A$.

注　由定理 2.2.1 可看出,函数极限存在的充要条件是左、右极限都存在且相等.

例 2.2.2　设函数 $f(x)=\begin{cases}1, & x<0,\\ x, & x\geqslant 0,\end{cases}$ 讨论当 $x\to 0$ 时,$f(x)$ 的极限是否存在.

解　函数 $f(x)$ 的图形如图 2.2.14 所示.当 $x>0$ 时,

$$\lim_{x\to 0^+}f(x)=\lim_{x\to 0^+}x=0,$$

当 $x<0$ 时,

$$\lim_{x\to 0^-}f(x)=\lim_{x\to 0^-}1=1,$$

左、右极限都存在,但 $\lim\limits_{x\to 0^+}f(x)\neq\lim\limits_{x\to 0^-}f(x)$,由定理 2.2.1 知,$\lim\limits_{x\to 0}f(x)$ 不存在.

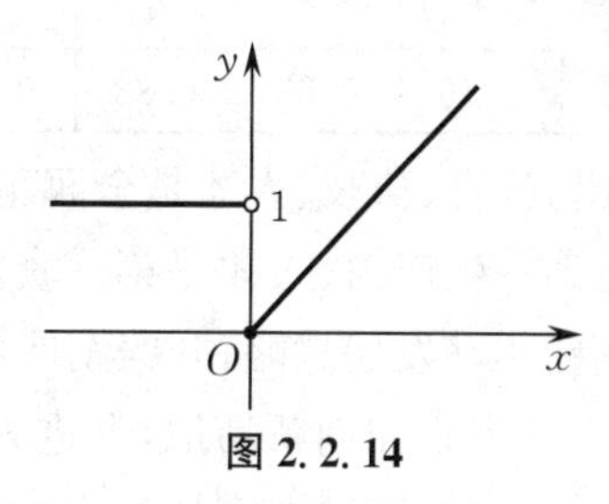

图 2.2.14

例 2.2.3(**反复学习及效率**)　众所周知,任何一种新技能的获得和提高都要通过一定的时间学习.在学习中,常会碰到这样的现象,某些人学得快、掌握得好,而有些人学得慢、掌握得差.现以学习某种计算机编程技术为例,假设每学习一次,都能掌握一定的新内容,其程度为常数 $r(0<r<1)$,试用数学知识来描述经过多少次学习,就能基本掌握该种计算机编程技术.

解　设 a_n 表示学习该种计算机编程技术 $n(n=0,1,2,\cdots)$ 次后所掌握的程度,则 a_0

($0\leqslant a_0\leqslant 1$) 表示开始学习该种计算机编程技术时所掌握的程度，$1-a_0$ 就是开始学习该种计算机编程技术时尚未掌握的程度. 经过一次学习后掌握的新内容的程度为 $r(1-a_0)$，于是有

$$a_1-a_0=r(1-a_0).$$

以此类推，得

$$a_2-a_1=r(1-a_1),$$
$$a_3-a_2=r(1-a_2),$$
$$\cdots\cdots$$
$$a_{n+1}-a_n=r(1-a_n),$$

即

$$a_{n+1}=a_n+r(1-a_n)\quad (n=0,1,2,\cdots),$$

从而有

$$a_1=a_0+r(1-a_0)=1-(1-a_0)(1-r),$$
$$a_2=a_1+r(1-a_1)=1-(1-a_1)(1-r)=1-(1-a_0)(1-r)^2,$$
$$a_3=a_2+r(1-a_2)=1-(1-a_2)(1-r)=1-(1-a_0)(1-r)^3,$$
$$\cdots\cdots$$
$$a_n=1-(1-a_0)(1-r)^n\quad (n=1,2,\cdots).$$

由此可看出，当学习次数 n 增大时，a_n 随之增大，且越来越接近于 1，即

$$\lim_{n\to\infty}a_n=\lim_{n\to\infty}[1-(1-a_0)(1-r)^n]=1.$$

一般情况下，有 $a_0=0$，设每次学习后所掌握的程度 $r=30\%$，则学习次数与掌握程度的关系如表 2.2.1 所示.

表 2.2.1

n	1	2	3	4	5	6	7	8	9	10
a_n	0.3	0.51	0.66	0.76	0.83	0.88	0.92	0.94	0.96	0.97

2022 年，党的二十大报告指出，教育、科技、人才是全面建设社会主义现代化国家的基础性、战略性支撑. 必须坚持科技是第一生产力、人才是第一资源、创新是第一动力，深入实施科教兴国战略、人才强国战略、创新驱动发展战略，开辟发展新领域新赛道，不断塑造发展新动能新优势. 加快建设世界重要人才中心和创新高地，促进人才区域合理布局和协调发展，着力形成人才国际竞争的比较优势. 加快建设国家战略人才力量，努力培养造就更多大师、战略科学家、一流科技领军人才和创新团队、青年科技人才、卓越工程师、大国工匠、高技能人才. 古语云：书读百遍，其义自见，大学生是祖国的未来，要想成为大国工匠、高技能人才，必须要不断地学习新知识和新技能，而新知识和新技能的获得必须通过反复的学习.

三、极限的性质

性质 1（唯一性） 若函数（或数列）的极限存在，则其极限是唯一的.

性质 2(有界性)　(1) 若$\lim\limits_{n\to\infty}x_n$存在,则数列$\{x_n\}$有界.

(2) 若$\lim\limits_{x\to x_0}f(x)$存在,则函数$f(x)$必在点$x_0$的某去心邻域内有界.

(3) 若$\lim\limits_{x\to\infty}f(x)$存在,则存在$M>0$,使得当$|x|>M$时函数$f(x)$有界.

四、无穷小与无穷大的概念

为了表达的方便,将$x\to\infty$,$x\to+\infty$,$x\to-\infty$,$x\to x_0$,$x\to x_0^+$,$x\to x_0^-$这6种自变量的变化过程统一用记号$x\to\beta$来表示.

定义 2.2.4　若$\lim\limits_{x\to\beta}f(x)=0$,则称$f(x)$是当$x\to\beta$时的**无穷小**.

定义 2.2.5　若$\lim\limits_{x\to\beta}f(x)=\infty$,则称$f(x)$是当$x\to\beta$时的**无穷大**.

显然,当$x\to0$时,x,$\sin x$和$\tan x$都是无穷小,而$\frac{1}{x}$,$\csc x$和$\cot x$都是无穷大.

定理 2.2.2　**当$x\to\beta$时,若$f(x)$是无穷大,则$\frac{1}{f(x)}$是无穷小.**

定理 2.2.3　**当$x\to\beta$时,若$f(x)$是无穷小,且$f(x)\neq0$,则$\frac{1}{f(x)}$是无穷大.**

习题 2.2

1. 利用函数图形,观察下列函数的变化趋势,若极限存在,则写出该极限:

(1) $\lim\limits_{x\to\infty}(2x+3)$;　　(2) $\lim\limits_{x\to1}x^2$;

(3) $\lim\limits_{x\to+\infty}\frac{1}{2^x}$;　　(4) $\lim\limits_{x\to\frac{\pi}{2}}\tan x$;

(5) $\lim\limits_{x\to\mathrm{e}}\ln x$;　　(6) $\lim\limits_{x\to\frac{\pi}{2}}\cos x$;

(7) $\lim\limits_{x\to0^+}\frac{1}{x}$;　　(8) $\lim\limits_{x\to2^-}x^3$.

2. 设函数$f(x)=\begin{cases}x+1, & x<0,\\ x-1, & x\geqslant0,\end{cases}$求$\lim\limits_{x\to0}f(x)$.

3. 设函数$f(x)=\begin{cases}x^2+2x-1, & x<1,\\ x, & 1\leqslant x<2,\\ 2x-2, & x\geqslant2,\end{cases}$求$\lim\limits_{x\to1}f(x)$和$\lim\limits_{x\to2}f(x)$.

4. 下列函数在什么情况下为无穷小?在什么情况下为无穷大?

(1) $\frac{1}{x}$;　　(2) $\frac{x+1}{x-2}$;

(3) $\tan x$;　　(4) $3^{\frac{1}{x}}$.

5. 设函数 $f(x)=\begin{cases} ax, & x<1, \\ x^2+x-a, & x\geqslant 1. \end{cases}$ 已知 $\lim\limits_{x\to 1}f(x)$ 存在,求 a 的值.

6. 设函数 $f(x)=\begin{cases} \sqrt{2x+1}, & 0\leqslant x\leqslant 1, \\ a+\ln x, & x>1. \end{cases}$ 已知 $\lim\limits_{x\to 1}f(x)$ 存在,求 a 的值.

§2.3 极限的运算法则

由极限的定义求一些复杂函数的极限非常不容易,而代入法只适用于初等函数定义区间内的点求极限,那么如何求一个函数的极限呢?本节将学习求极限的其他方法.

定理 2.3.1(极限的四则运算法则) 若 $\lim\limits_{x\to\beta}f(x)=A$,$\lim\limits_{x\to\beta}g(x)=B$,则

(1) $\lim\limits_{x\to\beta}Cf(x)=C\lim\limits_{x\to\beta}f(x)=CA$ (C 是与 x 无关的常数);

(2) $\lim\limits_{x\to\beta}[f(x)\pm g(x)]=\lim\limits_{x\to\beta}f(x)\pm\lim\limits_{x\to\beta}g(x)=A\pm B$;

(3) $\lim\limits_{x\to\beta}f(x)g(x)=\lim\limits_{x\to\beta}f(x)\cdot\lim\limits_{x\to\beta}g(x)=AB$;

(4) $\lim\limits_{x\to\beta}\dfrac{f(x)}{g(x)}=\dfrac{\lim\limits_{x\to\beta}f(x)}{\lim\limits_{x\to\beta}g(x)}=\dfrac{A}{B}$ $(B\neq 0)$.

注 极限的四则运算法则可以推广到有限个函数的情形,也适用于数列的极限.

例 2.3.1 求下列极限:

(1) $\lim\limits_{x\to 1}(3x^3-2x^2+x-10)$; (2) $\lim\limits_{x\to 2}\dfrac{3x^2+x-2}{2x+1}$;

(3) $\lim\limits_{x\to 1}\dfrac{x^3}{x^2-1}$; (4) $\lim\limits_{x\to 3}\dfrac{x^2-2x-3}{x^2-9}$.

解 (1) 函数 $3x^3-2x^2+x-10$ 由四个函数 $3x^3$,$2x^2$,x,10 的和或差构成,利用极限的四则运算法则和代入法,有

$$\text{原式}=3\lim_{x\to 1}x^3-2\lim_{x\to 1}x^2+\lim_{x\to 1}x-\lim_{x\to 1}10=3-2+1-10=-8.$$

(2) 函数 $\dfrac{3x^2+x-2}{2x+1}$ 由两个函数的商构成,并且分子与分母的极限都存在且不为0,利用极限的四则运算法则和代入法,有

$$\text{原式}=\frac{\lim\limits_{x\to 2}(3x^2+x-2)}{\lim\limits_{x\to 2}(2x+1)}=\frac{3\times 2^2+2-2}{2\times 2+1}=\frac{12}{5}.$$

(3) 函数$\frac{x^3}{x^2-1}$由两个函数的商构成，并且分子与分母的极限都存在，分子的极限$\lim\limits_{x\to1}x^3=1\neq0$，但分母的极限$\lim\limits_{x\to1}(x^2-1)=0$，故不能直接用极限的四则运算法则.根据无穷小与无穷大之间的关系可知，原式$=\infty$，所以极限不存在.

(4) 当$x\to3$时，分子与分母的极限都为0，不能直接用极限的四则运算法则.但注意到当$x\to3(x\neq3)$时，有

$$\frac{x^2-2x-3}{x^2-9}=\frac{(x-3)(x+1)}{(x-3)(x+3)},$$

约去分子与分母中的非零因子$x-3$，可得

$$\text{原式}=\lim_{x\to3}\frac{x+1}{x+3}=\frac{2}{3}.$$

把两个多项式的商称为**有理函数**，其一般形式为

$$f(x)=\frac{a_0x^n+a_1x^{n-1}+\cdots+a_{n-1}x+a_n}{b_0x^m+b_1x^{m-1}+\cdots+b_{m-1}x+b_m}=\frac{f_1(x)}{f_2(x)}\quad(a_0\neq0,b_0\neq0).$$

一般地，有

$$\lim_{x\to x_0}f(x)=\lim_{x\to x_0}\frac{a_0x^n+a_1x^{n-1}+\cdots+a_{n-1}x+a_n}{b_0x^m+b_1x^{m-1}+\cdots+b_{m-1}x+b_m}$$
$$=\begin{cases}\dfrac{f_1(x_0)}{f_2(x_0)}, & f_2(x_0)\neq0,\\ \infty, & f_1(x_0)\neq0\text{ 且 }f_2(x_0)=0,\\ \text{约去分子与分母中的非零因子}, & f_1(x_0)=0\text{ 且 }f_2(x_0)=0.\end{cases}$$

例 2.3.2　求下列极限：

(1) $\lim\limits_{x\to\infty}\frac{2x^2+x-2}{3x^2-x+1}$；　(2) $\lim\limits_{x\to\infty}\frac{2x^2+x-2}{x^3-x+1}$；　(3) $\lim\limits_{x\to\infty}\frac{x^4+2x-2}{x^3-x+1}$.

解　由于分子与分母的极限都是无穷大(不存在)，故不能直接用极限的四则运算法则，需要将分子与分母同除以最高次幂的幂函数，然后用极限的四则运算法则求极限.

(1) $$\text{原式}=\lim_{x\to\infty}\frac{2+\frac{1}{x}-\frac{2}{x^2}}{3-\frac{1}{x}+\frac{1}{x^2}}=\frac{2}{3}.$$

(2) $$\text{原式}=\lim_{x\to\infty}\frac{\frac{2}{x}+\frac{1}{x^2}-\frac{2}{x^3}}{1-\frac{1}{x^2}+\frac{1}{x^3}}=0.$$

(3) 由于

$$\lim_{x\to\infty}\frac{x^3-x+1}{x^4+2x-2}=\lim_{x\to\infty}\frac{\frac{1}{x}-\frac{1}{x^3}+\frac{1}{x^4}}{1+\frac{2}{x^3}-\frac{2}{x^4}}=0,$$

因此

$$\lim_{x\to\infty}\frac{x^4+2x-2}{x^3-x+1}=\infty.$$

对于有理函数

$$f(x)=\frac{a_0x^n+a_1x^{n-1}+\cdots+a_{n-1}x+a_n}{b_0x^m+b_1x^{m-1}+\cdots+b_{m-1}x+b_m}\quad(a_0\neq 0,b_0\neq 0),$$

一般地,有

$$\lim_{x\to\infty}f(x)=\lim_{x\to\infty}\frac{a_0x^n+a_1x^{n-1}+\cdots+a_{n-1}x+a_n}{b_0x^m+b_1x^{m-1}+\cdots+b_{m-1}x+b_m}=\begin{cases}\dfrac{a_0}{b_0}, & m=n,\\ 0, & m>n,\\ \infty, & m<n.\end{cases}$$

定理 2.3.2(无穷小的运算法则) **在同一个变化过程中,**

(1) 有限个无穷小的代数和仍是无穷小;

(2) 有限个无穷小的积仍是无穷小;

(3) 有界变量(或常量)与无穷小的积仍是无穷小.

例 2.3.3 求极限$\lim\limits_{x\to 0}x\cos\dfrac{1}{x}$.

解 当 $x\to 0$ 时,x 是无穷小,$\cos\dfrac{1}{x}$ 的极限不存在,但它是有界函数,所以

$$\lim_{x\to 0}x\cos\frac{1}{x}=0.$$

例 2.3.4 求极限$\lim\limits_{n\to\infty}\left(\dfrac{1}{n^2}+\dfrac{2}{n^2}+\cdots+\dfrac{n}{n^2}\right)$.

解 该题是无穷个无穷小的代数和的极限,不能直接运用极限的四则运算法则,需要将无穷个无穷小转化为可计算的数之后再用极限的四则运算法则,即

$$\text{原式}=\lim_{n\to\infty}\frac{1+2+\cdots+n}{n^2}=\lim_{n\to\infty}\frac{\frac{n(1+n)}{2}}{n^2}=\frac{1}{2}.$$

定理 2.3.3(复合函数的极限运算法则) **设函数 $y=f[\varphi(x)]$ 是函数 $y=f(u)$ 和 $u=\varphi(x)$ 的复合函数. 若**

$$\lim_{x\to\beta}\varphi(x)=u_0,\quad \lim_{u\to u_0}f(u)=A,$$

且在点 β 的某去心邻域内,有 $\varphi(x)\neq u_0$,则$\lim\limits_{x\to\beta}f[\varphi(x)]=\lim\limits_{u\to u_0}f(u)=A$.

例 2.3.5 求下列极限:

(1) $\lim\limits_{x\to 1}\sqrt{2x^2+10}$; (2) $\lim\limits_{x\to\frac{\pi}{2}}\ln\sin x$.

解 (1) 因为函数 $y=\sqrt{2x^2+10}$ 由函数 $y=\sqrt{u}$,$u=2x^2+10$ 复合而成,根据复合函数的极限运算法则,有

$$原式=\sqrt{\lim_{x\to 1}(2x^2+10)}=\sqrt{12}=2\sqrt{3}.$$

(2) 因为函数 $y=\ln\sin x$ 由函数 $y=\ln u, u=\sin x$ 复合而成，根据复合函数的极限运算法则，有

$$原式=\ln\lim_{x\to\frac{\pi}{2}}\sin x=\ln 1=0.$$

习题 2.3

1. 求下列极限：

(1) $\lim\limits_{x\to 2}(3x^2-\sin x)$；　　(2) $\lim\limits_{x\to 2}\dfrac{x^2-x-2}{x-2}$；

(3) $\lim\limits_{x\to 1}\dfrac{3x+5}{x^3+3}$；　　(4) $\lim\limits_{x\to 2}\dfrac{x^2-4}{x^2-x+2}$；

(5) $\lim\limits_{x\to 4}\dfrac{x-4}{x^2-16}$；　　(6) $\lim\limits_{x\to\infty}\dfrac{x^2+x-100}{x+2\,023}$；

(7) $\lim\limits_{x\to\infty}\dfrac{99x}{x^{99}+1}$；　　(8) $\lim\limits_{x\to\infty}\dfrac{2x^2}{ax^2-3x+4}\quad(a\neq 0)$；

(9) $\lim\limits_{x\to\infty}\dfrac{3x^2-2x}{7x^2+5x-1}$；　　(10) $\lim\limits_{x\to 1}\left(3-\dfrac{2x+1}{x^2-2}\right)$；

(11) $\lim\limits_{x\to\infty}\left(3-\dfrac{2x^2-3}{x^2+1}\right)\left(1+\dfrac{3x^3+2x-5}{5x^3+2}\right)$；　　(12) $\lim\limits_{x\to\infty}\dfrac{(3x+1)^{20}(x-2)^{10}}{(5x+3)^{30}}$.

2. 求下列极限：

(1) $\lim\limits_{x\to 0^+}e^{\frac{1}{x}}$；　　(2) $\lim\limits_{x\to 0^-}e^{\frac{1}{x}}$；

(3) $\lim\limits_{x\to-\infty}e^{x}$；　　(4) $\lim\limits_{x\to+\infty}e^{x}$；

(5) $\lim\limits_{x\to+\infty}e^{-x}$；　　(6) $\lim\limits_{x\to-\infty}e^{-x}$.

3. 设 $\lim\limits_{x\to\infty}\left(\dfrac{x^2+1}{x+1}+ax+b\right)=0$，求 a,b 的值.

§2.4　连续函数的概念与性质

在微积分学中，与极限概念密切相关的另外一个概念是连续，连续性是函数的重要性质之一. 在现实生活中也有许多连续变化的现象，例如作物的连续生长、气温的连续变化等. 2022 年，党的二十大报告强调推动绿色发展、促进人与自然和谐共生. 人与自然和谐共生也是一个连续变化的过程. 回望走过的路程，有的人像发散函数一样离本心越来越远，但有的人如收敛函数一样“不忘初心、牢记使命”，砥砺前行，不断接近自己的理想. 本节将学习函数连续性的概念，并讨论连续函数的性质和初等函数的连续性.

一、函数的增量

下面先引入增量的概念.

设变量 u 从它的一个初值 u_0 变到终值 u_1，则 u_1 与 u_0 的差 u_1-u_0 就称为变量 u 在 u_0 处的**增量**(或**改变量**)，记为 Δu，即 $\Delta u=u_1-u_0$.

增量 Δu 可以是正的，也可以是负的. 当 Δu 为正时，变量 u 从 u_0 变到 $u_1=u_0+\Delta u$ 是增大的；当 Δu 为负时，变量 u 是减小的.

注 记号 Δu 并不是表示某个量 Δ 与变量 u 的乘积，而是表示一个整体，是不可分割的记号.

设函数 $y=f(x)$ 在点 x_0 的某邻域 $U(x_0)$ 内有定义. 在 $U(x_0)$ 内，当自变量 x 从 x_0 变到 $x_0+\Delta x$(或 x 在点 x_0 处的增量为 Δx)时，函数 $f(x)$ 相应地从 $f(x_0)$ 变到 $f(x_0+\Delta x)$，因此函数 y 的对应增量为

$$\Delta y=f(x_0+\Delta x)-f(x_0).$$

这里的 Δy 可能是正的，可能是负的，也可能是 0. 这个关系式的几何解释如图 2.4.1 所示.

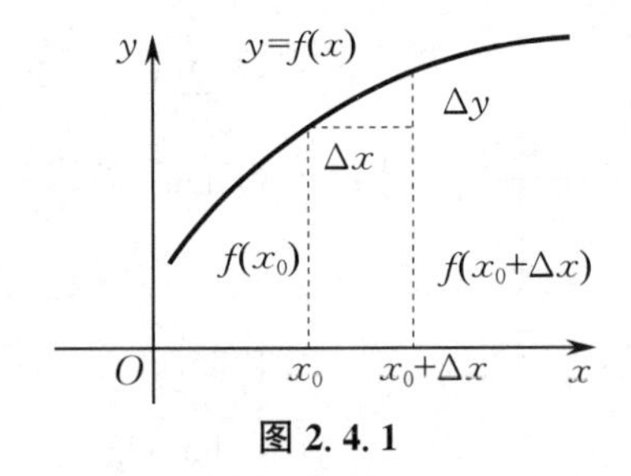

图 2.4.1

例 2.4.1 设函数 $y=f(x)=3x^2+1$，在点 $x_0=2$ 处，分别求当 $\Delta x=-0.1$ 和 $\Delta x=0.02$ 时函数的增量 Δy.

解 由题意可知

$$\Delta y=f(x_0+\Delta x)-f(x_0)=[3(x_0+\Delta x)^2+1]-(3x_0^2+1)=6x_0\Delta x+3(\Delta x)^2.$$

当 $x_0=2,\Delta x=-0.1$ 时，

$$\Delta y=6\times 2\times(-0.1)+3\times(-0.1)^2=-1.17;$$

当 $x_0=2,\Delta x=0.02$ 时，

$$\Delta y=6\times 2\times 0.02+3\times 0.02^2=0.2412.$$

二、函数的连续性

由图 2.4.2(a) 可知，对于函数 $y=f(x)=x-1$，当自变量 x 在点 $x=2$ 处的增量 Δx 很微小时，函数 y 的对应增量 Δy 也很微小. 而由图 2.4.2(b) 可知，对于函数 $y=f(x)=\begin{cases}x-1, & x\leqslant 1,\\ x^3, & x>1,\end{cases}$ 当自变量 x 在点 $x=1$ 处的增量 Δx 为正且很微小时，函数 y 的对应增量

$\Delta y \geqslant 1$. 这两种情况分别称为函数 $f(x)$ 在该点处连续、间断.

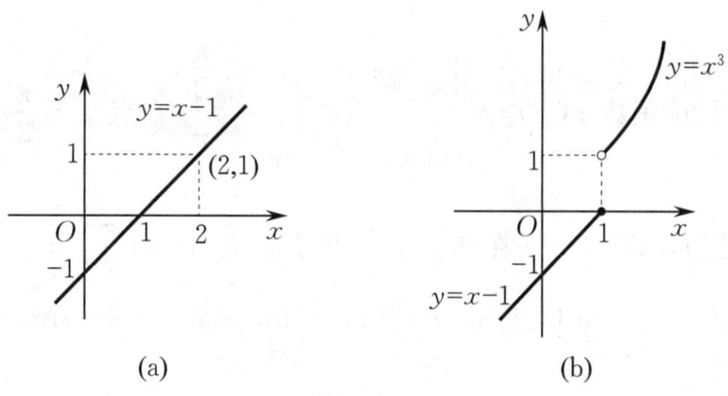

图 2.4.2

设函数 $y=f(x)$ 在点 x_0 的某邻域 $U(x_0)$ 内有定义，当自变量 x 在点 x_0 处的增量 Δx 变动时，函数的对应增量 Δy 也要随之变动. 所谓函数 $y=f(x)$ 在点 x_0 处连续，是指当自变量的增量 Δx 很微小时，函数 y 的对应增量 Δy 也很微小. 特别地，当 Δx 趋于 0 时，Δy 也趋于 0，即有下述定义.

定义 2.4.1　设函数 $y=f(x)$ 在点 x_0 的某邻域 $U(x_0)$ 内有定义. 如果当自变量 x 在点 x_0 处的增量 Δx 趋于 0 时，函数 y 的相应增量 Δy 也趋于 0，即

$$\lim_{\Delta x\to 0}\Delta y=\lim_{\Delta x\to 0}[f(x_0+\Delta x)-f(x_0)]=0, \tag{2.4.1}$$

则称函数 $y=f(x)$ 在点 x_0 处**连续**，点 x_0 称为 $y=f(x)$ 的**连续点**.

在定义 2.4.1 中，若令 $x_0+\Delta x=x$，则当 $\Delta x\to 0$ 时，$x\to x_0$. 又由于

$$\Delta y=f(x_0+\Delta x)-f(x_0)=f(x)-f(x_0),$$

即 $f(x)=f(x_0)+\Delta y$，可见当 $\Delta y\to 0$ 时，有 $\lim\limits_{x\to x_0}f(x)=f(x_0)$，于是式(2.4.1) 又可以写成

$$\lim_{x\to x_0}f(x)=f(x_0). \tag{2.4.2}$$

反之，若式(2.4.2) 成立，则式(2.4.1) 也成立. 因此，函数 $y=f(x)$ 在点 x_0 处连续的定义又可叙述如下.

定义 2.4.2　若函数 $y=f(x)$ 在点 x_0 的某邻域内有定义，且 $\lim\limits_{x\to x_0}f(x)=f(x_0)$，则称 $y=f(x)$ 在点 x_0 处**连续**，点 x_0 称为 $y=f(x)$ 的**连续点**.

若函数 $f(x)$ 在开区间 (a,b) 内每一点处均连续，则称 $f(x)$ 在开区间 (a,b) 内连续. 若函数 $f(x)$ 在开区间 (a,b) 内连续，且 $\lim\limits_{x\to a^+}f(x)=f(a)$，$\lim\limits_{x\to b^-}f(x)=f(b)$，则称 $f(x)$ 在闭区间 $[a,b]$ 上连续.

定理 2.4.1　**函数 $f(x)$ 在点 x_0 处连续的充要条件是**

$$\lim_{x\to x_0^+}f(x)=\lim_{x\to x_0^-}f(x)=f(x_0)\quad [f(x_0-0)=f(x_0+0)=f(x_0)].$$

当 $\lim\limits_{x\to x_0^-}f(x)=f(x_0)[f(x_0-0)=f(x_0)]$ 时，则称 $f(x)$ 在点 x_0 处**左连续**；当 $\lim\limits_{x\to x_0^+}f(x)=f(x_0)[f(x_0+0)=f(x_0)]$ 时，则称 $f(x)$ 在点 x_0 处**右连续**.

推论 2.4.1 函数 $f(x)$ 在点 x_0 处连续的充要条件是 $f(x)$ 在点 x_0 处既左连续也右连续.

例 2.4.2 讨论函数 $f(x)=\begin{cases}1+\cos x, & x<\dfrac{\pi}{2},\\ \sin x, & x\geqslant\dfrac{\pi}{2}\end{cases}$ 在点 $x=\dfrac{\pi}{2}$ 处的连续性.

解 由题意可知,函数 $f(x)$ 在点 $x=\dfrac{\pi}{2}$ 处有定义,且 $f\left(\dfrac{\pi}{2}\right)=1$. 又因为

$$\lim_{x\to\frac{\pi}{2}^-}f(x)=\lim_{x\to\frac{\pi}{2}^-}(1+\cos x)=1,\quad \lim_{x\to\frac{\pi}{2}^+}f(x)=\lim_{x\to\frac{\pi}{2}^+}\sin x=1,$$

即

$$\lim_{x\to\frac{\pi}{2}^-}f(x)=\lim_{x\to\frac{\pi}{2}^+}f(x)=1,$$

所以

$$\lim_{x\to\frac{\pi}{2}}f(x)=f\left(\frac{\pi}{2}\right)=1.$$

因此,函数 $f(x)$ 在点 $x=\dfrac{\pi}{2}$ 处连续.

例 2.4.3 设某城市出租车白天的收费 y(单位:元) 与路程 x(单位:km) 之间满足关系式

$$y=f(x)=\begin{cases}7+1.2x, & 0<x<3,\\ 10.6+2.1(x-3), & x\geqslant 3,\end{cases}$$

问:函数 $f(x)$ 在点 $x=3$ 处连续吗?

解 由题意可知,函数 $f(x)$ 在点 $x=3$ 处有定义,且 $f(3)=10.6$. 又因为

$$\lim_{x\to3^-}f(x)=\lim_{x\to3^-}(7+1.2x)=10.6,\quad \lim_{x\to3^+}f(x)=\lim_{x\to3^+}[10.6+2.1(x-3)]=10.6,$$

即

$$\lim_{x\to3^-}f(x)=\lim_{x\to3^+}f(x)=10.6,$$

所以

$$\lim_{x\to3}f(x)=f(3)=10.6.$$

因此,函数 $f(x)$ 在点 $x=3$ 处连续.

定理 2.4.2 (连续函数的四则运算) **(1) 若函数 $f(x)$ 与 $g(x)$ 在点 x_0 处均连续,则函数**

$$Cf(x)\ (C\text{ 为常数}),\quad f(x)\pm g(x),\quad f(x)g(x),\quad \frac{f(x)}{g(x)}\ [g(x_0)\neq 0]$$

在点 x_0 处也连续.

(2) 若函数 $f(x)$ 与 $g(x)$ 在区间 I 上连续,则函数

$$Cf(x)\ (C\text{ 为常数}),\quad f(x)\pm g(x),\quad f(x)g(x),\quad \frac{f(x)}{g(x)}\ [g(x)\neq 0, x\in I]$$

在区间 I 上也连续.

定理 2.4.3（复合函数的连续性） **若函数 $f(x)$ 在点 $x=A$ 处连续，$\lim\limits_{x\to X}g(x)=A$，则 $\lim\limits_{x\to X}f[g(x)]=f(A)$. 特别地，若函数 $g(x)$ 在点 x_0 处连续，且 $f(x)$ 在点 $A=g(x_0)$ 处连续，则 $f[g(x)]$ 在点 x_0 处连续.**

定理 2.4.4 **基本初等函数在其定义域内连续，初等函数在其定义区间内连续.**

例 2.4.4 求下列极限：

(1) $\lim\limits_{x\to 2}\cos x$； (2) $\lim\limits_{x\to 1}2x$； (3) $\lim\limits_{x\to 0}2^x$； (4) $\lim\limits_{x\to\frac{\pi}{4}}\tan x$.

解 根据初等函数的连续性及连续的定义，有

(1) $\lim\limits_{x\to 2}\cos x=\cos 2$.

(2) $\lim\limits_{x\to 1}2x=2\times 1=2$.

(3) $\lim\limits_{x\to 0}2^x=2^0=1$.

(4) $\lim\limits_{x\to\frac{\pi}{4}}\tan x=\tan\dfrac{\pi}{4}=1$.

三、函数的间断点

定义 2.4.3 设函数 $f(x)$ 在点 x_0 的某去心邻域(或左邻域、右邻域) 内有定义. 如果 $f(x)$ 在点 x_0 处不连续，则称 $f(x)$ 在点 x_0 处**间断**，点 x_0 称为 $f(x)$ 的**间断点**.

如果函数 $f(x)$ 在点 x_0 处有下列三种情形之一，则 $f(x)$ 在点 x_0 处间断：

(1) $f(x)$ 在点 x_0 处没有定义；

(2) $f(x)$ 虽然在点 x_0 处有定义，但 $\lim\limits_{x\to x_0}f(x)$ 不存在；

(3) $f(x)$ 虽然在点 x_0 处有定义，并且 $\lim\limits_{x\to x_0}f(x)$ 存在，但 $\lim\limits_{x\to x_0}f(x)\neq f(x_0)$.

例 2.4.5 求函数 $f(x)=\begin{cases}\dfrac{1}{x^2}, & x<1,x\neq 0,\\ 2x+1, & 1\leqslant x<2,\\ x+3, & x>2\end{cases}$ 的间断点.

解 因为 $f(x)$ 在点 $x=0$ 处没有定义，所以 $x=0$ 是 $f(x)$ 的间断点.

因为

$$\lim_{x\to 1^-}f(x)=\lim_{x\to 1^-}\frac{1}{x^2}=1,\quad \lim_{x\to 1^+}f(x)=\lim_{x\to 1^+}(2x+1)=3,$$

所以 $x=1$ 也是 $f(x)$ 的间断点.

虽然 $\lim\limits_{x\to 2}f(x)=5$，但 $f(x)$ 在点 $x=2$ 处没有定义，所以 $x=2$ 也是 $f(x)$ 的间断点.

四、闭区间上连续函数的性质

定理 2.4.5（有界性定理） **若函数 $f(x)$ 在闭区间 $[a,b]$ 上连续，则 $f(x)$ 在 $[a,b]$**

上有界，即存在两个实数 m 与 M，使得对于 $[a,b]$ 上的任一点 x，恒有

$$m \leqslant f(x) \leqslant M.$$

定理2.4.5的几何意义如图2.4.3所示，若函数 $y=f(x)$ 在闭区间 $[a,b]$ 上连续，则存在一对平行直线将其对应曲线夹在中间.

定理 2.4.6（最大值与最小值定理）　若函数 $f(x)$ 在闭区间 $[a,b]$ 上连续，则 $f(x)$ 必可在 $[a,b]$ 上取得最大值与最小值，即存在 $x_1,x_2 \in [a,b]$，使得对于 $[a,b]$ 上的任一点 x，恒有

$$f(x_1) \leqslant f(x) \leqslant f(x_2)$$

成立，其中 $M=f(x_2)$ 称为 $f(x)$ 在 $[a,b]$ 上的最大值，$m=f(x_1)$ 称为 $f(x)$ 在 $[a,b]$ 上的最小值.

定理2.4.6的几何意义如图2.4.4所示，其中最大值和最小值分别对应曲线的最高点和最低点.

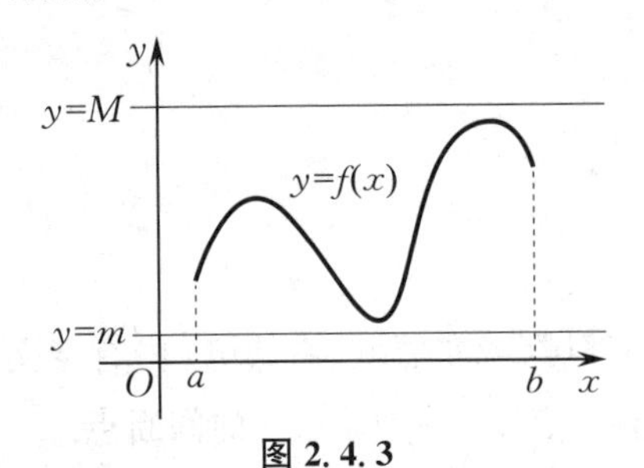

图 2.4.3

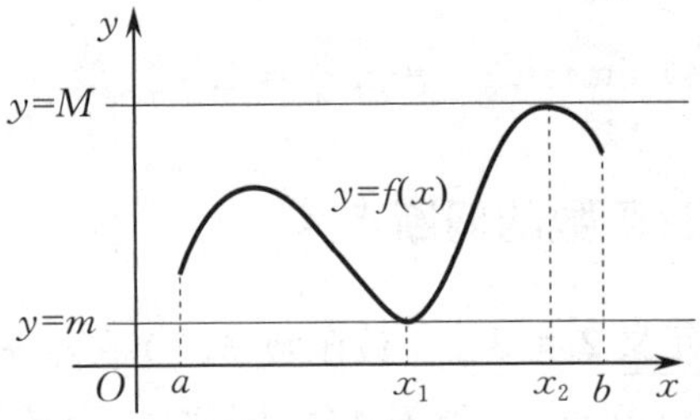

图 2.4.4

习题 2.4

1. 求下列极限：

(1) $\lim\limits_{x\to 0}\sin(2x+1)$；　　(2) $\lim\limits_{x\to 0}e^{2x^2+2}$；

(3) $\lim\limits_{x\to\infty}\log_2\left(2+\dfrac{1}{x}\right)$；　　(4) $\lim\limits_{x\to 2}e^x(x^2-1)$.

2. 设函数 $f(x)=\begin{cases}\dfrac{x+1}{x}, & x<1,\\ x^3+k, & x\geqslant 1,\end{cases}$ 问：当 k 为何值时，$f(x)$ 在点 $x=1$ 处连续？

3. 判断下列函数在点 $x=0$ 处的连续性，并说明理由：

(1) $f(x)=\begin{cases}(1+2x)^2, & x\leqslant 0,\\ \sin 2x, & x>0;\end{cases}$　　(2) $f(x)=\begin{cases}\dfrac{1}{e^{\frac{1}{x^2}}}, & x\neq 0,\\ 0, & x=0.\end{cases}$

4. 求下列函数的间断点：

(1) $f(x)=\dfrac{x^2-4}{x^2-3x+2}$；　　(2) $f(x)=\dfrac{x}{\sin x}$.

§2.5　极限应用案例

极限思想是社会实践的产物.所谓极限思想,是指用极限的概念分析问题和解决问题的一种数学思想,它揭示了变量与常量、无限与有限的对立统一关系,是唯物辩证法的对立统一规律在数学领域中的应用.借助极限思想,人们可以从有限认识无限,从量变认识质变,从不变认识变,从直线形认识曲线形,从近似认识精确.用极限思想解决问题的一般步骤为:对于被考察的未知量,先设法构造一个与它相关的变量,再确认这个变量通过无限变化过程的结果就是所求的未知量,最后用极限计算来得到这个结果.本节将用极限思想解决生活中的应用问题.

一、连续复利问题

利息是指借款者向贷款者支付的报酬,它是根据本金的数额和借款期限的长短按一定比例计算出来的.通常有单利、复利和连续复利等多种不同的支付方式,不同的支付方式下本息和的计算公式也是不同的.

(1) **单利计算公式**:设初始本金为 p 元,年利率为 r,则第 t 年末本息和(单位:元)为

$$A_t=p(1+tr).$$

(2) **复利计算公式**:设初始本金为 p 元,年利率为 r,则第 t 年末本息和(单位:元)为

$$A_t=p(1+r)^t.$$

(3) **连续复利计算公式**:连续复利是指计息的时间间隔可以任意短,前期的利息计入本期的本金进行重复计算.设初始本金为 p 元,年利率为 r,每年付息 n 次,每次利率为 $\frac{r}{n}$,则第 t 年末本息和(单位:元)为

$$A_t=p\left(1+\frac{r}{n}\right)^{tn}.$$

当计息的时间间隔任意小时,则令 $n\to\infty$ 对上式取极限,得$\left[\text{可用公式}\lim\limits_{x\to\infty}\left(1+\frac{1}{x}\right)^x=\mathrm{e}\text{ 或 MATLAB 计算}\right]$

$$A=\lim_{n\to\infty}A_t=\lim_{n\to\infty}p\left(1+\frac{r}{n}\right)^{tn}=p\mathrm{e}^{rt}.$$

例 2.5.1　某投资者将 10 000 元存入银行,存期 5 年.设年利率为 3%,试分别按单利、复利和连续复利计算,到第 5 年末,该投资者应得的本息和 A_5.

解　按单利计算:$A_5=10\,000(1+5\times0.03)$ 元 $=11\,500$ 元.

按复利计算：$A_5=10\,000(1+0.03)^5$ 元 $\approx 11\,592.74$ 元.

按连续复利计算：$A_5=10\,000\mathrm{e}^{0.03\times 5}$ 元 $\approx 11\,618.34$ 元.

二、二氧化碳的吸收

例 2.5.2 已知当空气通过盛有二氧化碳吸收剂的圆柱形器皿后，该器皿吸收二氧化碳的量与二氧化碳的百分浓度及吸收层的厚度成正比. 现有二氧化碳含量为 8% 的空气，通过厚度为 10 cm 的吸收层后，其二氧化碳含量变为 2%，问：

(1) 若通过的吸收层厚度为 20 cm，则出口处空气中的二氧化碳含量是多少？

(2) 若要使出口处空气中的二氧化碳含量为 0.125%，则吸收层的厚度应为多少？

解 设吸收层厚度为 d cm，现将吸收层分为 n 小段，则每小段吸收层的厚度为$\frac{d}{n}$ cm. 已知该器皿吸收二氧化碳的量与二氧化碳的百分浓度及吸收层的厚度成正比. 现有二氧化碳含量为 8% 的空气，通过第一小段吸收层后，吸收二氧化碳的量为 $0.08k\cdot\frac{d}{n}$($k>0$ 为比例常数)，此时空气中的二氧化碳含量为

$$0.08-0.08k\cdot\frac{d}{n}=0.08\left(1-\frac{kd}{n}\right).$$

通过第二小段吸收层后，吸收二氧化碳的量为 $k\cdot 0.08\left(1-\frac{kd}{n}\right)\cdot\frac{d}{n}$，此时空气中的二氧化碳含量为

$$0.08\left(1-\frac{kd}{n}\right)-k\cdot 0.08\left(1-\frac{kd}{n}\right)\cdot\frac{d}{n}=0.08\left(1-\frac{kd}{n}\right)^2.$$

以此类推，通过第 n 小段吸收层后，空气中的二氧化碳含量为

$$0.08\left(1-\frac{kd}{n}\right)^n.$$

当将吸收层无限细分，即令 $n\to\infty$ 时，通过厚度为 d cm 的吸收层后，空气中的二氧化碳含量为

$$y(d)=\lim_{n\to\infty}0.08\left(1-\frac{kd}{n}\right)^n=0.08\mathrm{e}^{-kd}.$$

已知通过厚度为 10 cm 的吸收层后，空气中的二氧化碳含量为 2%，即 $0.08\mathrm{e}^{-10k}=0.02$，解得

$$k=\frac{\ln 2}{5}.$$

(1) 若通过的吸收层厚度为 20 cm，则出口处空气中的二氧化碳含量为

$$0.08\mathrm{e}^{-\frac{\ln 2}{5}\times 20}=\frac{0.08}{2^4}=0.5\%.$$

(2) 若要使出口处空气中的二氧化碳含量为 0.125%，则 d 应满足

$$0.08\mathrm{e}^{-\frac{\ln 2}{5}d}=0.125\%,$$

解得 $d=30$，即此时吸收层的厚度为 30 cm.

口罩的工作原理类似于盛有二氧化碳吸收剂的圆柱形器皿. 正确地佩戴口罩可以有效预防疾病的传播.

三、垃圾填埋场废弃物的管理

例 2.5.3　据资料显示，某垃圾填埋场在 2016 年末已积攒废弃物 500 t. 通过大数据信息及预测，从 2017 年起，该垃圾填埋场还将以每年 10 t 的速度运入新的废弃物. 如果从 2017 年起该垃圾填埋场的处理能力为上一年堆积废弃物的 30%，按照这样的处理速度进行下去，该垃圾填埋场的废弃物最终是否会被全部处理完？

解　设从 2017 年起该垃圾填埋场的废弃物的数量(单位：t) 分别为 $y_1, y_2, \cdots, y_n$，则

$y_1=500\times 0.7+10$,

$y_2=0.7y_1+10=500\times 0.7^2+10\times 0.7+10$,

$y_3=0.7y_2+10=500\times 0.7^3+10\times 0.7^2+10\times 0.7+10$,

……

$$\begin{aligned}y_n&=0.7y_{n-1}+10=500\times 0.7^n+10\times 0.7^{n-1}+10\times 0.7^{n-2}+\cdots+10\times 0.7+10\\&=500\times 0.7^n+10\times\frac{1-0.7^n}{1-0.7}.\end{aligned}$$

当 $n\to\infty$ 时，有 $\lim\limits_{n\to\infty}y_n=\dfrac{100}{3}$，即按照设定的方案处理废弃物，该垃圾填埋场的废弃物将逐年减少，但不会少于 $\dfrac{100}{3}$ t.

生活垃圾和工业垃圾如果不能得到及时、有效的处理将会造成环境污染，进而影响生态平衡. 2022 年，党的二十大报告强调我们要坚持绿水青山就是金山银山的理念，坚持山水林田湖草沙一体化保护和系统治理，全方位、全地域、全过程加强生态环境保护，生态文明制度体系更加健全，污染防治攻坚向纵深推进，绿色、循环、低碳发展迈出坚实步伐，生态环境保护发生历史性、转折性、全局性变化，我们的祖国天更蓝、山更绿、水更清. 作为社会的一分子，我们要从自身做起，从小事做起，坚持垃圾分类，减少生活垃圾，坚持绿色出行，为生态环境保护奉献一份力量.

四、科赫雪花的周长和面积

科赫曲线是一种分形，其形态似雪花，故又称为科赫雪花、雪花曲线. 瑞典数学家科赫于 1904 年提出了著名的雪花曲线，这种曲线的作法是：从一个正三角形开始(见图 2.5.1)，把正三角形的每条边分成三等份，然后以各边的中间部分为底边，分别向外作正三角形，再把底边的线段抹掉，这样就得到一个六角形(见图 2.5.2)，它共有十二条边. 继续把六角形的

每条边分成三等份,然后以各边的中间部分为底边,分别向外作正三角形,再把底边的线段抹掉(见图 2.5.3).反复进行上述过程,就会得到一条雪花形状的曲线(见图 2.5.4),即科赫雪花.

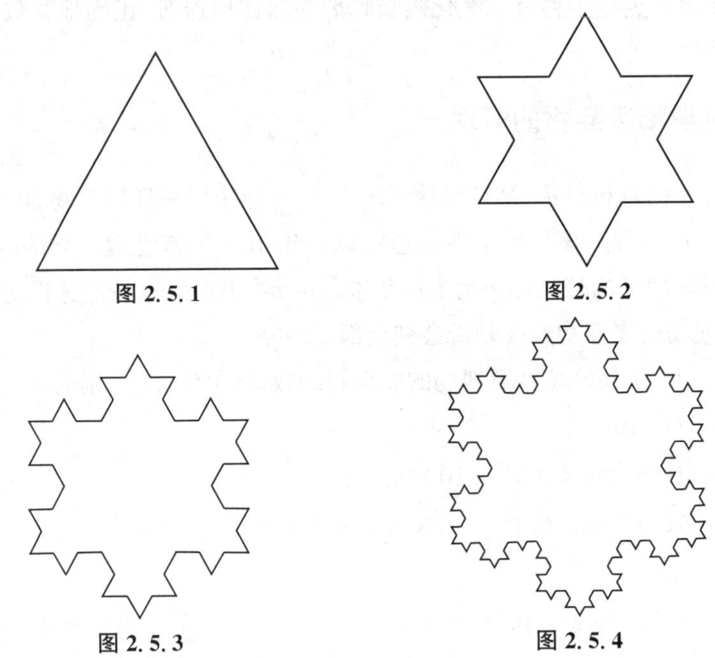

图 2.5.1　　图 2.5.2

图 2.5.3　　图 2.5.4

设图 2.5.1 中的正三角形边长为 1,记第 n 次向外作正三角形得到的图形的周长为 L_n,面积为 S_n,现在来计算科赫雪花的周长和面积.

在图 2.5.1 中,曲线的周长和面积分别为

$$L_0=3,\quad S_0=\frac{\sqrt{3}}{4}.$$

在图 2.5.2 中,曲线的周长和面积分别为

$$L_1=L_0+\frac{1}{3}L_0=\frac{4}{3}L_0,\quad S_1=S_0+3\cdot\frac{1}{9}S_0=\left(1+3\cdot\frac{1}{9}\right)S_0.$$

在图 2.5.3 中,曲线的周长和面积分别为

$$L_2=\frac{4}{3}L_1=\left(\frac{4}{3}\right)^2L_0,$$

$$S_2=S_1+3\cdot 4\left(\frac{1}{9}\right)^2S_0=\left[1+3\cdot\frac{1}{9}+3\cdot 4\left(\frac{1}{9}\right)^2\right]S_0.$$

第三次向外作正三角形得到的科赫雪花的周长和面积分别为

$$L_3=\frac{4}{3}L_2=\left(\frac{4}{3}\right)^3L_0,$$

$$S_3=S_2+3\cdot 4^2\left(\frac{1}{9}\right)^3S_0=\left[1+3\cdot\frac{1}{9}+3\cdot 4\left(\frac{1}{9}\right)^2+3\cdot 4^2\cdot\left(\frac{1}{9}\right)^3\right]S_0.$$

以此类推,第 n 次向外作正三角形得到的科赫雪花的周长和面积分别为

$$L_n = \frac{4}{3} L_{n-1} = \left(\frac{4}{3}\right)^n L_0,$$

$$S_n = S_{n-1} + 3 \cdot 4^{n-1} \left(\frac{1}{9}\right)^n S_0 = \left[1 + 3 \cdot \frac{1}{9} + 3 \cdot 4 \left(\frac{1}{9}\right)^2 + \cdots + 3 \cdot 4^{n-1} \cdot \left(\frac{1}{9}\right)^n\right] S_0.$$

由等比数列极限的结论可知，科赫雪花的周长为

$$L = \lim_{n\to\infty} L_n = +\infty,$$

科赫雪花的面积为

$$S = \lim_{n\to\infty} S_n = \frac{8}{5} S_0 = \frac{2\sqrt{3}}{5}.$$

由此可见，科赫雪花的周长是无穷大的，而面积却是有限值. 这说明了一个悖论："无限长度包围着有限面积".

五、路程问题

例 2.5.4　如图 2.5.5 所示，把一个小球从斜坡的点 B 处释放，小球经过点 A 并滑上点 C 处. 再由点 C 沿 CA 斜坡滑落，经点 A 滑到 AB 斜坡，在 AB 与 AC 斜坡来回振荡直至因摩擦力停止在点 A. 已知 $AB = 20$ m，由于受到摩擦力的作用，每一次滑上斜坡的长度是前一次滑下斜坡的长度的 $\frac{3}{5}$，求当小球静止不动时所经过的路程.

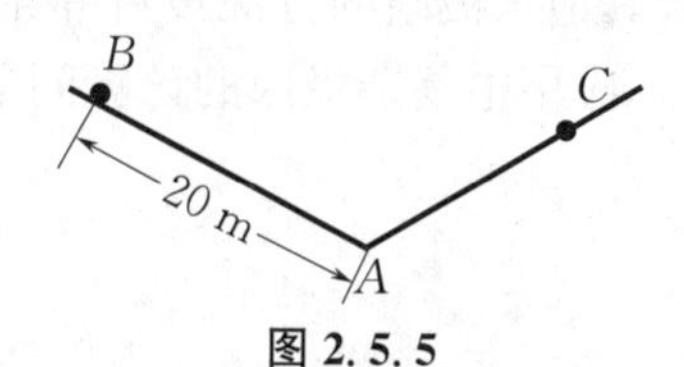

图 2.5.5

解　假设小球第 n 次滑上斜坡的长度为 h_n，依题意，有

$$h_1 = \frac{3}{5} \times 20 \text{ m}, \quad h_2 = \frac{3}{5} h_1 = \left(\frac{3}{5}\right)^2 \times 20 \text{ m}, \quad \cdots, \quad h_n = \left(\frac{3}{5}\right)^n \times 20 \text{ m},$$

则小球第 n 次滑上斜坡又滑下后的总路程为

$$S_n = 20 \text{ m} + 2(h_1 + h_2 + \cdots + h_n) = \left\{2 \times 20 \left[1 + \frac{3}{5} + \left(\frac{3}{5}\right)^2 + \cdots + \left(\frac{3}{5}\right)^n\right] - 20\right\} \text{ m}$$

$$= \left\{100 \left[1 - \left(\frac{3}{5}\right)^{n+1}\right] - 20\right\} \text{ m}.$$

令 $n \to \infty$，得小球静止不动时所经过的路程为

$$S = \lim_{n\to\infty} S_n = \lim_{n\to\infty} \left\{100 \left[1 - \left(\frac{3}{5}\right)^{n+1}\right] - 20\right\} \text{ m} = 80 \text{ m},$$

即小球静止不动时所经过的路程为 80 m.

习题 2.5

1. 用极限的方法求由曲线 $y = x^2$ 与直线 $x = 1$，x 轴所围成的曲边三角形的面积.

2. 一只皮球从 30 m 的高处自由落向地面，如果每次触地后均反弹至前一次下落高度的$\frac{2}{3}$处，求当皮球静止时总共经过的路程.

3. 许多药物进入人体后其药量 q 随时间 t(单位:h) 按指数规律减少，关系式为 $q(t)=q_0\mathrm{e}^{-kt}$，其中 $k(k>0)$ 为由具体药物确定的常数，t 为服药后经过的时间，q_0 为服药的剂量. 因此，若每次服药的剂量均为 q_0，两次服药之间的间隔时间为 T，则刚第 $n+1$ 次服下药物后人体内留存的药物总量为

$$Q_n=q_0+q_0\mathrm{e}^{-kT}+q_0\mathrm{e}^{-2kT}+\cdots+q_0\mathrm{e}^{-nkT}.$$

(1) 假如病人无次数限制地按上述方式服药，那么最终人体内所含的药物总量可达到多少?

(2) 假设某药物进入人体 6 h 后药量减少为原来的一半，求常数 k 的值.

§2.6 数学实验:利用 MATLAB 求函数的极限

在本章 §2.2 和 §2.3 中，我们分别介绍了用定义求极限、用代入法求极限和用极限的运算法则求极限，由于篇幅有限，其他求极限的方法没有介绍，因此许多更复杂的极限问题无法解决. 为了方便读者解决实际应用中复杂极限的计算问题，本节将介绍 MATLAB 软件在求极限中的应用.

一、命令介绍

MATLAB 求函数的极限的命令和实现的功能如表 2.6.1 所示.

表 2.6.1

命令	功能
`limit(f)`	求 $\lim\limits_{x\to 0}f(x)$
`limit(f,x,a)` 或 `limit(f,a)`	求 $\lim\limits_{x\to a}f(x)$
`limit(f,x,inf)`	求 $\lim\limits_{x\to \infty}f(x)$
`limit(f,x,+inf)`	求 $\lim\limits_{x\to +\infty}f(x)$
`limit(f,x,-inf)`	求 $\lim\limits_{x\to -\infty}f(x)$
`limit(f,x,a,'right')`	求 $\lim\limits_{x\to a^+}f(x)$
`limit(f,x,a,'left')`	求 $\lim\limits_{x\to a^-}f(x)$

二、应用举例

例 2.6.1 利用 MATLAB 求下列极限：

(1) $\lim\limits_{x\to 1}\dfrac{1+\cos \pi x}{(x-1)^2}$；

(2) $\lim\limits_{x\to +\infty} x(\sqrt{x^2+1}-x)$.

解 (1) 在命令行窗口输入代码如下：

```
clear
syms x
f = (1+cos(pi* x))/(x-1)^2;
a1 = limit(f,x,1)
```

运行结果如下：

```
a1 =
pi^2/2
```

(2) 在命令行窗口输入代码如下：

```
clear
syms x
g = x*(sqrt(x^2+1) -x);
a2 = limit(g,x,+inf)
```

运行结果如下：

```
a2 =
1/2
```

习题 2.6

1. 利用 MATLAB 求下列极限：

(1) $\lim\limits_{x\to 0}(1+\tan x)^{\cot x}$；

(2) $\lim\limits_{x\to \infty}\dfrac{2x^2-1}{3x+1}\sin\dfrac{1}{x}$；

(3) $\lim\limits_{x\to 0}\dfrac{\sin 3x}{\tan 5x}$；

(4) $\lim\limits_{x\to 0}\dfrac{x-\sin x}{x+\sin x}$；

(5) $\lim\limits_{x\to 0}\dfrac{\sqrt{1+x}-1}{\sin 4x}$；

(6) $\lim\limits_{x\to 0^+}\dfrac{x}{\sqrt{1-\cos x}}$；

(7) $\lim\limits_{x\to \infty}\dfrac{3x^2+5}{5x+3}\sin\dfrac{2}{x}$；

(8) $\lim\limits_{x\to 0}x\sin\dfrac{2x}{x^2+1}$；

(9) $\lim\limits_{x\to 0}\sqrt[x]{1+\sin 3x}$；

(10) $\lim\limits_{x\to 0}(\sin x+\cos x)^{\frac{1}{x}}$；

(11) $\lim\limits_{x\to 0}\cos x^{\frac{1}{1-\cos x}}$；

(12) $\lim\limits_{x\to 0}(\sec^2 x)^{\cot^2 x}$；

(13) $\lim\limits_{x\to \infty}\dfrac{\sqrt[3]{x}\cos x}{x+1}$；

(14) $\lim\limits_{x\to 0}\dfrac{\sin x\tan 2x}{\sqrt{1-\cos x^2}}$；

(15) $\lim\limits_{x\to 0}\dfrac{x^2\cos\dfrac{1}{x}}{\sin x}$；

(16) $\lim\limits_{x\to +\infty}(\sin\sqrt{x+1}-\sin\sqrt{x})$.

总习题 2

一、选择题

1. 下列数列是有界数列的为(　　).

A. $1,\frac{1}{2},\frac{1}{3},\cdots,\frac{1}{n},\cdots$

B. $\frac{2}{1},\frac{5}{2},\frac{10}{3},\cdots,\frac{n^2+1}{n},\cdots$

C. $1,2,3,\cdots,n,\cdots$

D. $1^2,2^2,3^2,\cdots,n^2,\cdots$

2. 等差数列 $1,-2,-5,\cdots$ 的通项公式为(　　).

A. $a_n=1+2n$

B. $a_n=1-2n$

C. $a_n=1-3n$

D. $a_n=4-3n$

3. 下列变量在给定变化过程中为无穷小的是(　　).

A. $\sin\frac{1}{x}\quad(x\to 0)$

B. $e^{\frac{1}{x}}\quad(x\to 0)$

C. $\ln(1+x^2)\quad(x\to 0)$

D. $\frac{x-3}{x^2-9}\quad(x\to 3)$

4. 函数 $f(x)$ 在点 x_0 处有定义是 $f(x)$ 在点 x_0 处连续的(　　).

A. 必要条件

B. 充分条件

C. 充要条件

D. 无关条件

5. 下列函数在定义域上有界的是(　　).

A. $f(x)=\frac{1}{x}$

B. $f(x)=x^4$

C. $f(x)=\sin x$

D. $f(x)=\tan x$

6. 下列数列中收敛的是(　　).

A. $x_n=(-1)^n\frac{n}{n+1}$

B. $1,2,1,2,\cdots$

C. $x_n=\begin{cases}1+\frac{1}{n}, & n=2k,\\ 1-\frac{1}{n}, & n=2k-1,\end{cases}\quad k\in\mathbf{N}^*$

D. $x_n=\begin{cases}\frac{n}{1+n}, & n=2k,\\ \frac{n}{1-n}, & n=2k-1,\end{cases}\quad k\in\mathbf{N}^*$

7. 函数 $f(x)$ 在点 x_0 处有定义是 $\lim\limits_{x\to x_0}f(x)$ 存在的(　　).

A. 充分条件

B. 必要条件

C. 充要条件

D. 无关条件

8. 设函数 $f(x)=\frac{|x-1|}{x-1}$,则 $\lim\limits_{x\to 1}f(x)$(　　).

A. 等于 0

B. 等于 -1

C. 等于 1

D. 不存在

9. 下列变量在给定变化过程中是无穷小的是(　　).

A. $\frac{1}{3^x-1}\quad(x\to 0)$

B. $\frac{\sin x}{x}\quad(x\to\infty)$

C. $\frac{x^2}{\sqrt{x^4+2x^2+3}}\quad(x\to\infty)$

D. $e^{\frac{1}{x}}\quad(x\to\infty)$

10. 若 $\lim\limits_{x\to x_0^+} f(x) = \lim\limits_{x\to x_0^-} f(x) = A$，则(　　).

A. 函数 $f(x)$ 在点 x_0 处有定义

B. $\lim\limits_{x\to x_0} f(x)$ 存在

C. $\lim\limits_{x\to x_0} f(x)$ 不一定存在

D. 函数 $f(x)$ 在点 x_0 处连续

二、计算题

1. 求下列极限：

(1) $\lim\limits_{x\to\infty} \dfrac{2x^2+1}{x^2-4}$；

(2) $\lim\limits_{x\to 3}(x^3-2x^2+5x-3)$；

(3) $\lim\limits_{x\to 1} \dfrac{x^2-1}{2x^2+x-3}$；

(4) $\lim\limits_{x\to 1}(x^2+2x-\sqrt{x}+3)$；

(5) $\lim\limits_{x\to 1} \dfrac{x-2\sqrt{x}-3}{x-1}$；

(6) $\lim\limits_{h\to 0} \dfrac{(x-h)^3-x^3}{h}$；

(7) $\lim\limits_{n\to\infty} \dfrac{3n+5}{\sqrt{n^2+n+4}}$；

(8) $\lim\limits_{x\to\infty} \dfrac{(x-1)^{10}(3x-1)^{10}}{(x+1)^{20}}$；

(9) $\lim\limits_{n\to\infty} \dfrac{2^n+3^n}{5^n}$；

(10) $\lim\limits_{n\to\infty}\left(\dfrac{2}{n^2}+\dfrac{3}{n^2}+\cdots+\dfrac{n-1}{n^2}\right)$；

(11) $\lim\limits_{x\to\infty} \dfrac{x^2-1}{2x^2-x-1}$；

(12) $\lim\limits_{x\to -\infty}\left(1+\dfrac{2}{x^3}\right)(3-\mathrm{e}^x)$；

(13) $\lim\limits_{x\to 0} \dfrac{\ln(x^2+1)}{\cos x}$；

(14) $\lim\limits_{x\to 0} \dfrac{\mathrm{e}^x+5}{1+x+\sin x}$；

(15) $\lim\limits_{x\to\infty} \dfrac{1}{1+\mathrm{e}^{\frac{1}{x}}}$；

(16) $\lim\limits_{x\to\infty} \dfrac{2}{x^3}\sin(2x-5)$.

2. 已知下列分段函数在分段点处连续，求 k 的值：

(1) $f(x)=\begin{cases} \dfrac{x-3}{x^2-9}, & x\neq 3, \\ k, & x=3; \end{cases}$

(2) $f(x)=\begin{cases} x^2+1, & x\geqslant 0, \\ \mathrm{e}^x+k, & x<0; \end{cases}$

(3) $f(x)=\begin{cases} 2, & x\geqslant 1, \\ \mathrm{e}^{\frac{1}{x-1}}+k, & x<1. \end{cases}$

三、操作题

1. 利用 MATLAB 求下列极限：

(1) $\lim\limits_{x\to 0^+} \dfrac{x}{\sqrt{1-\cos x}}$；

(2) $\lim\limits_{x\to\infty}\left(1+\dfrac{1}{x}\right)^{3x}$；

(3) $\lim\limits_{x\to\infty}\left(\dfrac{x}{x+3}\right)^{2x}$；

(4) $\lim\limits_{x\to 0}(1-2x)^{\frac{1}{x}}$；

(5) $\lim\limits_{x\to 0} \dfrac{\sin 3x}{\tan 7x}$；

(6) $\lim\limits_{x\to 0} \dfrac{\ln(1-2x)}{\mathrm{e}^x-1}$；

(7) $\lim\limits_{x\to 0} \dfrac{\tan x-\sin x}{\sqrt{x^3+1}-1}$；

(8) $\lim\limits_{x\to 0} \dfrac{\ln\cos x}{\sin x^2}$；

(9) $\lim\limits_{x\to 0} \dfrac{\mathrm{e}^{\sin x}-1}{\ln(1-3x)}$；

(10) $\lim\limits_{x\to 0} \dfrac{\sin x-\sin 3x}{\sin x}$.

第三章 一元函数微分学及其应用

一门科学只有在成功地运用数学时，才算达到了真正完善的地步.

—— 马克思

古希腊数学家芝诺曾提出过一个著名的“飞矢不动悖论”，即飞着的箭在任何瞬间都是既非静止又非运动的. 如果瞬间是不可分的，箭就不可能运动，因为如果它动了，瞬间就立即是可分的了. 但是时间是由瞬间组成的，如果箭在任何瞬间都是不动的，则箭总是保持静止，因此飞出的箭不能处于运动状态. 事实上，运动是绝对的，静止是相对的，这是变与不变的问题，但它们在一定条件下又可相互转化，这种转化是数学科学的有力杠杆之一. 在飞矢不动悖论中蕴含着“瞬时速度”问题. 要求变速直线运动物体的瞬时速度，用初等数学的方法是无法解决的，我们需要先在小范围内用匀速近似代替变速，并求其平均速度，而平均速度等于路程的增量比上时间的增量，则瞬时速度就定义为这个增量比的极限. 这就是本章要讨论的问题——函数的导数(微分)，前面学习的极限理论是研究微积分学的重要理论工具.

本章主要介绍导数与微分的概念，导数与微分的计算方法，如何利用导数判断函数的单调性，如何求函数的极值与最值，以及一元函数微分学在实际中的应用，对于复杂的导数和微分，最后介绍利用 MATLAB 去求解.

§3.1 导数的概念

微积分学主要解决三类具有代表性的问题：一是求已知曲线的切线；二是求函数的极值，从而解决函数最值的问题；三是计算平面图形的面积、立体的体积、曲线的弧长等. 本节将从研究第一类问题出发，引出导数的概念，并介绍导数的几何意义和单侧导数等相关知识.

一、引例

1. 平面曲线的切线

切线这一概念来源于古人研究任意曲线运动的瞬时方向问题，原意是想通过研究切线来确定处于曲线运动过程中的物体瞬时失去外力作用后保持的运动方向. 求任意曲线的切线问题是微分学思想的经典起源之一，费马等数学家都给出了各种用微分思想求切线的方法，只有莱布尼茨明确提到了切线斜率. 为了研究曲线的切线，我们首先介绍直线斜率的概念.

连接平面上两点可以确定一条直线 l. 直线 l 与 x 轴正半轴夹角 α 的正切值 $\tan\alpha$ 称为**直线的斜率**(见图 3.1.1).

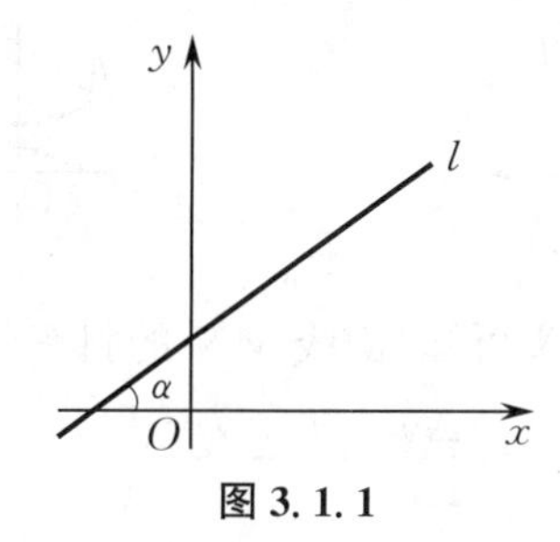

图 3.1.1

有了斜率的定义，就可以有多种方法来表示直线，一般来说，常用的直线的表示形式有四种，具体如表 3.1.1 所示.

表 3.1.1

名称	表达式	说明	适用情况
一般方程	$Ax+By+C=0$	A,B 不同时为 0	适用于所有直线
点斜式方程	$y-y_0=k(x-x_0)$	直线的斜率为 k，且过点 (x_0,y_0)	适用于不垂直于 x 轴的直线

续表

名称	表达式	说明	适用情况
斜截式方程	$y=kx+b$	直线的斜率为k，且在y轴上的截距为b	适用于不垂直于x轴的直线
两点式方程	$\dfrac{y-y_1}{y_2-y_1}=\dfrac{x-x_1}{x_2-x_1}$	直线过点(x_1,y_1)和(x_2,y_2)	适用于不垂直于x轴和y轴的直线

例 3.1.1 已知直线l过点$A(a,0)$和$B(0,b)$ $(a,b\neq 0)$，求直线l的方程.

解 因为$a,b\neq 0$，所以直线l的斜率存在且不为0. 由直线的两点式方程得直线l的方程为

$$\frac{y-0}{b-0}=\frac{x-a}{0-a},$$

化简得

$$\frac{x}{a}+\frac{y}{b}=1.$$

在初等数学里已经知道，通过曲线上任意两点的直线称为割线. 现在我们来定义切线.

给定平面曲线$C: y=f(x)$，设点$M(x_0,f(x_0))$是C上的一个定点，在C上任取一点$N(x,f(x))$，当点N沿C趋于点M时，割线MN趋于极限位置所确定的直线，即为曲线C在过点M处的切线MT(见图 3.1.2).

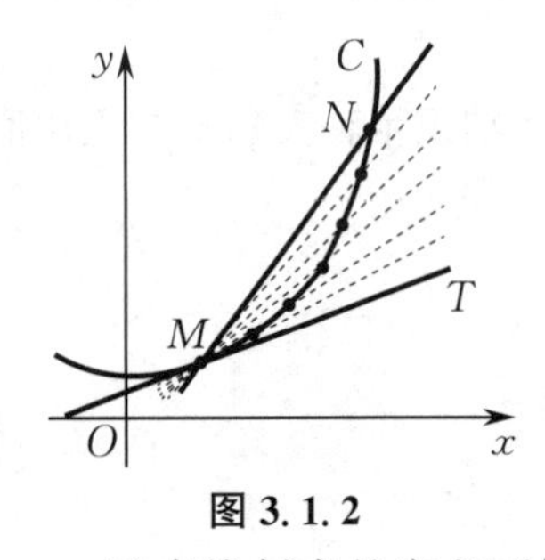

图 3.1.2

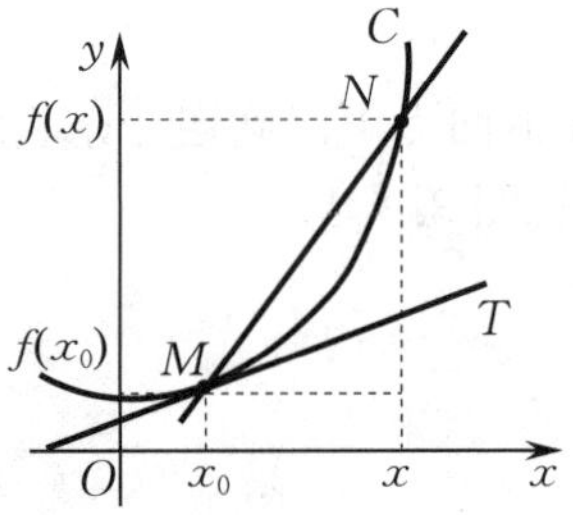

图 3.1.3

由图 3.1.3 及直线斜率的定义可知，割线MN的斜率可表示为

$$k_{MN}=\frac{\Delta y}{\Delta x}=\frac{f(x)-f(x_0)}{x-x_0}.$$

当点N趋于点M时，$\Delta x\to 0$(即$x\to x_0$)，割线MN趋于极限位置MT. 若极限$\lim\limits_{\Delta x\to 0}\dfrac{\Delta y}{\Delta x}$存在，则割线$MN$的斜率的极限就是切线$MT$的斜率$k$，即

$$k=\lim_{\Delta x\to 0}k_{MN}=\lim_{\Delta x\to 0}\frac{\Delta y}{\Delta x}=\lim_{x\to x_0}\frac{f(x)-f(x_0)}{x-x_0}.$$

根据直线的点斜式方程，切线MT的方程为

$$y-y_0=k(x-x_0).$$

2. 变速直线运动的瞬时速度

现在我们以一个具体的例子来解决芝诺的飞矢不动悖论中瞬时速度问题.

设一辆汽车在公路上做变速直线运动，它所经过的路程 s 是时间 t 的函数：$s=s(t)$. 公路上的摄像头测速有区间测速和定点测速两种模式，区间测速指的是在同一路段上布设两个相邻的测速点，通过测量车辆经过前后两个测速点的时间来计算车辆在该路段行驶的平均速度. 而定点测速也就是我们所说的瞬时速度. 现在来求汽车在时刻 t_0 的瞬时速度.

如图 3.1.4 所示，当时间由 t_0 变到 t 时，汽车在这段时间内所经过的路程为

$$\Delta s=s(t)-s(t_0),$$

于是汽车在这段时间内的平均速度可表示为

$$\bar{v}=\frac{\Delta s}{\Delta t}=\frac{s(t)-s(t_0)}{t-t_0}.$$

显然，Δt 越小，平均速度 $\bar{v}$ 就与时刻 t_0 的瞬时速度 v 越接近. 因此，当 $\Delta t\to 0$（即 $t\to t_0$）时，若极限 $\lim\limits_{\Delta t\to 0}\frac{\Delta s}{\Delta t}$ 存在，则平均速度 $\bar{v}$ 的极限就为时刻 t_0 的瞬时速度 v，即

$$v=\lim_{\Delta t\to 0}\bar{v}=\lim_{\Delta t\to 0}\frac{\Delta s}{\Delta t}=\lim_{t\to t_0}\frac{s(t)-s(t_0)}{t-t_0}.$$

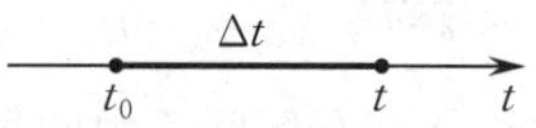

Δt

t_0　　t　　t

图 3.1.4

人们总说，十次事故九次快，超速行车会降低车辆操作的稳定性，从而增加交通事故发生的概率和事故的严重程度. 作为一名机动车驾驶人，为了自身和他人的安全，一定要遵守交通规则，在规定的速度范围内开车.

在上面两个引例中，虽然问题的背景不同，但是解决问题的方法（先在小范围内以不变近似代替变化，再取极限）是相同的，得到的结论（增量比的极限）也是相同的. 在自然科学和工程技术领域内，还有许多概念，如电流强度、角速度，线密度等，都可以归为这种数学形式. 因此，我们将这种特殊的极限

$$\lim_{\Delta x\to 0}\frac{\Delta y}{\Delta x}=\lim_{x\to x_0}\frac{f(x)-f(x_0)}{x-x_0} \tag{3.1.1}$$

抽象出来重新给一个定义，即为本节要学习的导数. 下面我们给出导数的定义.

二、导数的定义

定义 3.1.1　设函数 $y=f(x)$ 在点 x_0 的某邻域内有定义. 当自变量 x 在点 x_0 处取得增量 Δx（点 $x_0+\Delta x$ 仍在该邻域内）时，相应地，因变量取得增量 $\Delta y=f(x_0+\Delta x)-f(x_0)$，若极限

$$\lim_{\Delta x\to 0}\frac{\Delta y}{\Delta x}=\lim_{\Delta x\to 0}\frac{f(x_0+\Delta x)-f(x_0)}{\Delta x}$$

存在，则称**函数** $y=f(x)$ **在点** x_0 **处可导**，并称该极限值为 $y=f(x)$ 在点 x_0 处的**导数**，记作 $f'(x_0)$，即

$$f'(x_0)=\lim_{\Delta x\to 0}\frac{\Delta y}{\Delta x}=\lim_{\Delta x\to 0}\frac{f(x_0+\Delta x)-f(x_0)}{\Delta x}. \tag{3.1.2}$$

若极限 $\lim\limits_{\Delta x\to 0}\frac{\Delta y}{\Delta x}=\lim\limits_{\Delta x\to 0}\frac{f(x_0+\Delta x)-f(x_0)}{\Delta x}$ 不存在，则称函数 $y=f(x)$ 在点 x_0 处**不可导**

或没有导数.

函数 $y=f(x)$ 在点 x_0 处的导数也可记作 $y'\Big|_{x=x_0}$, $\dfrac{\mathrm{d}y}{\mathrm{d}x}\Big|_{x=x_0}$, $\dfrac{\mathrm{d}f(x)}{\mathrm{d}x}\Big|_{x=x_0}$.

注 (1) 因变量增量与自变量增量之比 $\dfrac{\Delta y}{\Delta x}$ 反映的是因变量 y 在以 x_0 和 $x_0+\Delta x$ 为端点的区间上的平均变化率,而导数 $f'(x_0)$ 反映的是函数 $y=f(x)$ 在点 x_0 处的瞬时变化率,即 $y=f(x)$ 在点 x_0 处的变化快慢程度.

(2) 函数 $y=f(x)$ 在点 x_0 处的导数本质上是在点 x_0 处的增量比的极限,因为增量的表示形式不是唯一的,所以导数的定义式也不唯一. 例如,在式(3.1.2)中,若令 $x=x_0+\Delta x$,则当 $\Delta x\to 0$ 时,$x\to x_0$,于是有

$$f'(x_0)=\lim_{x\to x_0}\frac{f(x)-f(x_0)}{x-x_0}; \tag{3.1.3}$$

或者若令 $h=\Delta x$,则有

$$f'(x_0)=\lim_{h\to 0}\frac{f(x_0+h)-f(x_0)}{h}. \tag{3.1.4}$$

定义 3.1.2 若函数 $y=f(x)$ 在开区间 I 内的每一点处都可导,则称 $y=f(x)$ 在开区间 I 内**可导**. 此时,对于任一 $x\in I$,都对应着 $y=f(x)$ 的一个确定的导数值,这样就构成了一个新的函数,称该函数为 $y=f(x)$ 的**导函数**,记作

$$f'(x),\quad y',\quad \frac{\mathrm{d}y}{\mathrm{d}x},\quad \frac{\mathrm{d}f(x)}{\mathrm{d}x}.$$

那么导函数 $f'(x)$ 如何表示呢? 根据导数与导函数的关系,我们只需将式(3.1.2)中的 x_0 换成 x,即可得到导函数的定义式为

$$f'(x)=\lim_{\Delta x\to 0}\frac{f(x+\Delta x)-f(x)}{\Delta x}. \tag{3.1.5}$$

显然,函数 $y=f(x)$ 在点 x_0 处的导数就是导函数 $f'(x)$ 在点 $x=x_0$ 处的函数值,即

$$f'(x_0)=f'(x)\Big|_{x=x_0}.$$

在不致引起混淆的情况下,导函数 $f'(x)$ 简称**导数**,$f'(x_0)$ 是函数 $f(x)$ 在点 x_0 处的导数或导数 $f'(x)$ 在点 x_0 处的值.

由此得到用定义求函数 $y=f(x)$ 的导数的步骤:

(1) 求函数增量 $\Delta y=f(x+\Delta x)-f(x)$;

(2) 计算比值 $\dfrac{\Delta y}{\Delta x}=\dfrac{f(x+\Delta x)-f(x)}{\Delta x}$;

(3) 取极限得导数 $y'=f'(x)=\lim\limits_{\Delta x\to 0}\dfrac{\Delta y}{\Delta x}$.

例 3.1.2 求函数 $f(x)=x^2$ 在点 $x=3$ 处的导数 $f'(3)$.

解 由导数的定义,得

$$f'(3)=\lim_{x\to 3}\frac{f(x)-f(3)}{x-3}=\lim_{x\to 3}\frac{x^2-3^2}{x-3}=\lim_{x\to 3}\frac{(x+3)(x-3)}{x-3}=\lim_{x\to 3}(x+3)=6.$$

例 3.1.3　求函数 $f(x)=C$（C 为常数）的导数.

解　由导数的定义,得

$$f'(x)=\lim_{\Delta x\to 0}\frac{f(x+\Delta x)-f(x)}{\Delta x}=\lim_{\Delta x\to 0}\frac{C-C}{\Delta x}=0,$$

即常数函数的导数为

$$(C)'=0.$$

根据导数的定义,我们可求得常用的基本初等函数的导数,整理如下：

(1) $(C)'=0$（C 为常数）；　　(2) $(x^{\mu})'=\mu x^{\mu-1}$（μ 为任意实数）；

(3) $(\sin x)'=\cos x$；　　(4) $(\cos x)'=-\sin x$；

(5) $(a^x)'=a^x\ln a$　（a 为常数且 $a>0, a\neq 1$）；

(6) $(e^x)'=e^x$；

(7) $(\log_a x)'=\dfrac{1}{x\ln a}$　（a 为常数且 $a>0, a\neq 1$）；

(8) $(\ln x)'=\dfrac{1}{x}$.

三、导数的几何意义

如图 3.1.5 所示,函数 $y=f(x)$ 在点 x_0 处可导,其导数 $f'(x_0)$ 的几何意义是曲线 $y=f(x)$ 在点 $M(x_0,f(x_0))$ 处的切线 MT 的斜率,即 $f'(x_0)=\tan\alpha$. 若 $f'(x_0)=0$,则曲线在点 $M(x_0,f(x_0))$ 处的切线平行于 x 轴;若 $f'(x_0)=\infty$,则曲线在点 $M(x_0,f(x_0))$ 处具有垂直于 x 轴的切线. 故曲线 $y=f(x)$ 在点 $M(x_0,f(x_0))$ 处的**切线方程**为

$$\begin{cases} y-y_0=f'(x_0)(x-x_0), & f'(x_0)\neq 0 \text{ 或 } \infty, \\ y=y_0, & f'(x_0)=0, \\ x=x_0, & f'(x_0)=\infty. \end{cases}$$

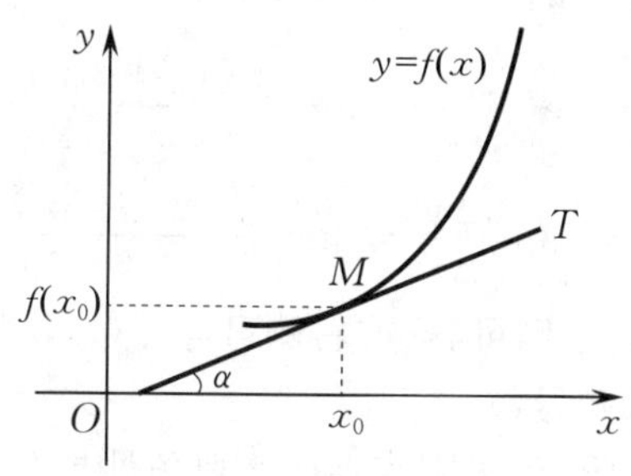

图 3.1.5

过切点 $M(x_0,f(x_0))$ 且与切线垂直的直线叫作曲线 $y=f(x)$ 在点 $M(x_0,f(x_0))$ 处的**法线**,故曲线 $y=f(x)$ 在点 $M(x_0,f(x_0))$ 处的**法线方程**为

$$\begin{cases} y-y_0=-\dfrac{1}{f'(x_0)}(x-x_0), & f'(x_0)\neq 0 \text{ 或 } \infty, \\ x=x_0, & f'(x_0)=0, \\ y=y_0, & f'(x_0)=\infty. \end{cases}$$

例 3.1.4 求曲线 $y=\frac{1}{x}$ 在点 $\left(\frac{1}{3},3\right)$ 处的切线方程与法线方程.

解 由直线的点斜式方程知，我们要求曲线的切线方程，需要先求斜率，而斜率即是函数在定点处的导数，所以问题最终转化为求函数在定点处的导数问题. 根据导数的几何意义可知，所求切线的斜率为

$$k_1=y'\Big|_{x=\frac{1}{3}},$$

由 $y'=\left(\frac{1}{x}\right)'=-\frac{1}{x^2}$，得

$$k_1=\left(-\frac{1}{x^2}\right)\Big|_{x=\frac{1}{3}}=-9,$$

从而所求切线方程为

$$y-3=-9\left(x-\frac{1}{3}\right),\quad 即\quad 9x+y-6=0.$$

所求法线的斜率为

$$k_2=-\frac{1}{k_1}=\frac{1}{9},$$

于是所求法线方程为

$$y-3=\frac{1}{9}\left(x-\frac{1}{3}\right),\quad 即\quad 3x-27y+80=0.$$

四、单侧导数

定义 3.1.3 设函数 $y=f(x)$ 在点 x_0 的某左邻域(或右邻域)内有定义. 若极限 $\lim\limits_{\Delta x\to 0^-}\frac{\Delta y}{\Delta x}\left(或\lim\limits_{\Delta x\to 0^+}\frac{\Delta y}{\Delta x}\right)$ 存在，则称此极限值为函数 $y=f(x)$ 在点 x_0 处的**左导数**(或**右导数**)，记作 $f'_-(x_0)$ [或 $f'_+(x_0)$]，即

$$f'_-(x_0)=\lim_{\Delta x\to 0^-}\frac{\Delta y}{\Delta x}=\lim_{\Delta x\to 0^-}\frac{f(x_0+\Delta x)-f(x_0)}{\Delta x} \tag{3.1.6}$$

$$\left[或\ f'_+(x_0)=\lim_{\Delta x\to 0^+}\frac{\Delta y}{\Delta x}=\lim_{\Delta x\to 0^+}\frac{f(x_0+\Delta x)-f(x_0)}{\Delta x}\right], \tag{3.1.7}$$

此时也称 $y=f(x)$ 在点 x_0 处**左侧可导**(或**右侧可导**).

左导数和右导数统称为**单侧导数**.

由于导数是特殊形式的极限，而极限存在的充要条件是左极限和右极限都存在且相等，因此导数存在的充要条件是左导数和右导数都存在且相等，即有下述定理.

定理 3.1.1 **函数 $y=f(x)$ 在点 x_0 处可导的充要条件是 $y=f(x)$ 在点 x_0 处的左导数和右导数都存在且相等，即**

$$f'(x_0)=A\Leftrightarrow f'_-(x_0)=f'_+(x_0)=A.$$

注 定理 3.1.1 常用于讨论分段函数在其分段点处的可导性.

定义 3.1.4 若函数 $y=f(x)$ 在开区间 (a,b) 内可导，且 $f'_+(a)$ 及 $f'_-(b)$ 都存在，

则称函数 $y=f(x)$ 在闭区间 $[a,b]$ 上可导.

例 3.1.5　讨论函数 $f(x)=|x|$ 在点 $x=0$ 处的可导性.

解　$f(x)=|x|=\begin{cases}-x, & x<0,\\ x, & x\geqslant 0,\end{cases}$ 它在点 $x=0$ 处左、右两侧的函数解析式不同,因此需要用单侧导数的定义分别求左导数和右导数,再判定它们是否相等,以此来判断函数 $f(x)=|x|$ 在点 $x=0$ 处的可导性.

由左导数和右导数的定义,得

$$f'_-(0)=\lim_{\Delta x\to 0^-}\frac{f(0+\Delta x)-f(0)}{\Delta x}=\lim_{\Delta x\to 0^-}\frac{|\Delta x|}{\Delta x}=\lim_{\Delta x\to 0^-}\frac{-\Delta x}{\Delta x}=-1,$$

$$f'_+(0)=\lim_{\Delta x\to 0^+}\frac{f(0+\Delta x)-f(0)}{\Delta x}=\lim_{\Delta x\to 0^+}\frac{|\Delta x|}{\Delta x}=\lim_{\Delta x\to 0^+}\frac{\Delta x}{\Delta x}=1,$$

即 $f'_-(0)\neq f'_+(0)$,由定理 3.1.1 知,函数 $f(x)=|x|$ 在点 $x=0$ 处不可导.

例 3.1.5 表明,函数 $y=f(x)$ 在点 x_0 处连续,但不一定可导. 如图 3.1.6 所示,曲线 $y=f(x)=|x|$ 在点 $x=0$ 处连续,但在该点处出现"尖点",故切线不存在,从而切线斜率[即 $f'(0)$]不存在. 那么若函数 $y=f(x)$ 在点 x_0 处可导,它在点 x_0 处一定连续吗? 下面的定理回答了该问题.

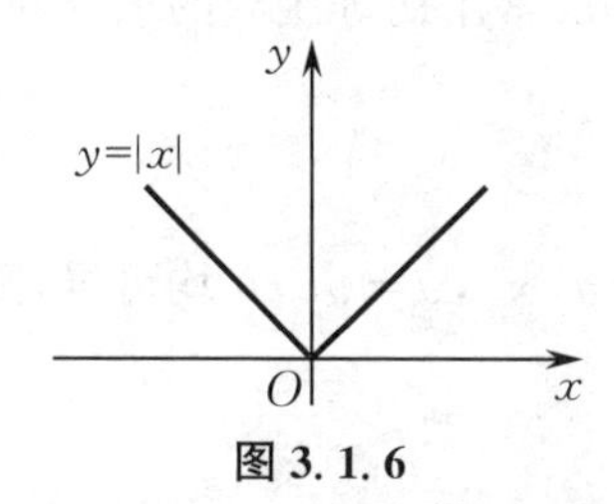

图 3.1.6

定理 3.1.2　**如果函数 $y=f(x)$ 在点 x_0 处可导,那么 $y=f(x)$ 在点 x_0 处必连续.**

习题 3.1

1. 设函数 $f(x)=\dfrac{1}{x}$,根据导数的定义求 $f'(3)$.

2. 设函数 $f(x)=3x^2$,根据导数的定义求 $f'(-1)$.

3. 求下列函数的导数:

(1) $y=x^5$;　　(2) $y=\dfrac{1}{x^2}$;

(3) $y=\log_3 x$;　　(4) $y=5^x$;

(5) $y=2^x e^x$;　　(6) $y=\sqrt{x\sqrt{x}}$.

4. 讨论函数

$$f(x)=\begin{cases}x^2\cos\dfrac{1}{x}, & x\neq 0,\\ 0, & x=0\end{cases}$$

在点 $x=0$ 处的连续性与可导性.

5. 已知函数 $f(x)=\begin{cases}x^3, & x\geqslant 0,\\ |x|, & x<0,\end{cases}$ 求 $f'_-(0)$ 和 $f'_+(0)$，并讨论 $f'(0)$ 是否存在.

6. 求曲线 $y=e^x$ 在点(0,1)处的切线方程.

7. 求曲线 $y=x^4$ 在点(1,1)处的法线方程.

§3.2 导数的运算

在§3.1中，我们介绍了导数的定义，并利用该定义求得了几个常用的基本初等函数的导数. 用定义求导数最终要归为极限的计算，因此当函数形式比较复杂时，计算难度较大. 为了解决求函数的导数问题，本节将介绍导数的四则运算法则和复合函数的求导法则，并完善基本初等函数的导数公式，进而解决常用初等函数的求导问题，最后简单介绍高阶导数.

一、导数的四则运算法则

定理 3.2.1 **设函数 $u=u(x)$，$v=v(x)$ 均可导，则它们的和、差、积、商(除分母为0的点外)仍然可导，且有**

(1) $(u\pm v)'=u'\pm v'$；

(2) $(uv)'=u'v+uv'$；

(3) $\left(\dfrac{u}{v}\right)'=\dfrac{u'v-uv'}{v^2}\quad(v\neq 0)$.

推论 3.2.1 设函数 $v=v(x)$ 可导，则有

(1) $(Cv)'=Cv'$ (C 为常数)；

(2) $\left(\dfrac{1}{v}\right)'=-\dfrac{v'}{v^2}\quad(v\neq 0)$.

注 导数的四则运算法则可推广到有限个函数的和、差或积的情形. 例如，设函数 $u=u(x)$，$v=v(x)$，$w=w(x)$ 均可导，则有

(1) $(u+v-w)'=u'+v'-w'$；

(2) $(uvw)'=u'vw+uv'w+uvw'$.

例 3.2.1 设函数 $y=3x^3-5x^2+7x-2$，求 y'.

解 函数 $y=3x^3-5x^2+7x-2$ 由基本初等函数通过加减法和数乘运算结合而成，因此求该函数的导数可运用导数的四则运算法则.

$$y'=3(x^3)'-5(x^2)'+7(x)'-(2)'=3\cdot 3x^2-5\cdot 2x+7-0=9x^2-10x+7.$$

例 3.2.2　设函数 $f(x)=x^3+3\cos x+\sin\frac{\pi}{2}$，求 $f'(x)$ 及 $f'\left(\frac{\pi}{2}\right)$.

解　函数 $f(x)=x^3+3\cos x+\sin\frac{\pi}{2}$ 由基本初等函数通过加法和数乘运算结合而成，因此求该函数的导数可运用导数的四则运算法则. 此处要特别注意特殊常数的导数为 0. 最后求函数在定点处的导数，只要将定点代入导数即可.

$$f'(x)=3x^2+3(-\sin x)-0=3x^2-3\sin x,$$

$$f'\left(\frac{\pi}{2}\right)=(3x^2-3\sin x)\Big|_{x=\frac{\pi}{2}}=3\left(\frac{\pi}{2}\right)^2-3\sin\frac{\pi}{2}=\frac{3}{4}\pi^2-3.$$

注　类似于 $\sin\frac{\pi}{2}$ 的常数还有 e^2，$\ln 3$，$\cos 2$ 等，它们均为特殊的常数，导数均为 0.

例 3.2.3　设函数 $y=e^x(\sin x+x)$，求 y'.

解　函数 $y=e^x(\sin x+x)$ 由基本初等函数通过加法和乘法运算结合而成，因此求该函数的导数需要先运用导数的四则运算法则的乘法法则，再运用加法法则.

$$\begin{aligned}y'&=(e^x)'(\sin x+x)+e^x(\sin x+x)'=e^x(\sin x+x)+e^x(\cos x+1)\\&=e^x(\sin x+\cos x+x+1).\end{aligned}$$

例 3.2.4　设函数 $y=\tan x$，求 y'.

解　函数 $y=\tan x=\frac{\sin x}{\cos x}$，因此求该函数的导数可运用导数的四则运算法则.

$$\begin{aligned}y'=(\tan x)'=\left(\frac{\sin x}{\cos x}\right)'&=\frac{(\sin x)'\cos x-\sin x(\cos x)'}{\cos^2 x}\\&=\frac{\cos^2 x+\sin^2 x}{\cos^2 x}=\frac{1}{\cos^2 x}=\sec^2 x,\end{aligned}$$

即

$$(\tan x)'=\frac{1}{\cos^2 x}=\sec^2 x.$$

类似地，还可以得到余切函数、正割函数和余割函数的导数公式：

$$(\cot x)'=-\frac{1}{\sin^2 x}=-\csc^2 x,$$

$$(\sec x)'=\sec x\tan x,$$

$$(\csc x)'=-\csc x\cot x.$$

二、复合函数的求导法则

通过常用的基本初等函数的导数公式和导数的四则运算法则，已经可以求很多简单函数的导数了，但是形如 $y=\ln\tan x$ 这样的复合函数，我们还不知道它是否可导，以及可导的话如何求它的导数. 这些问题借助下面的定理可以得到解决.

定理 3.2.2　**若函数 $u=g(x)$ 在点 x 处可导，函数 $y=f(u)$ 在对应点 $u=g(x)$**

处可导,则复合函数 $y=f[g(x)]$ 在点 x 处可导,且其导数为

$$\frac{dy}{dx}=f'(u)\cdot g'(x) \quad 或 \quad \frac{dy}{dx}=\frac{dy}{du}\cdot\frac{du}{dx}. \tag{3.2.1}$$

注 复合函数的求导法则可推广到函数有限次复合的情形.例如,设函数 $y=f(u)$, $u=g(v)$, $v=\varphi(x)$ 均可导,则复合函数 $y=f\{g[\varphi(x)]\}$ 也可导,且其导数为

$$\frac{dy}{dx}=f'(u)\cdot g'(v)\cdot\varphi'(x) \quad 或 \quad \frac{dy}{dx}=\frac{dy}{du}\cdot\frac{du}{dv}\cdot\frac{dv}{dx}.$$

例 3.2.5 设函数 $y=e^{x^2}$,求$\frac{dy}{dx}$.

解 函数 $y=e^{x^2}$ 由指数函数 $y=e^u$ 和幂函数 $u=x^2$ 复合而成,因此求该函数的导数可先把函数分解成基本初等函数,再运用式(3.2.1)求解即可.

$$\frac{dy}{dx}=\frac{dy}{du}\cdot\frac{du}{dx}=e^u\cdot 2x=2xe^{x^2}.$$

例 3.2.6 设函数 $y=\ln\cos x$,求$\frac{dy}{dx}$.

解 函数 $y=\ln\cos x$ 由对数函数 $y=\ln u$ 和三角函数 $u=\cos x$ 复合而成,因此求该函数的导数可先把函数分解成基本初等函数,再运用式(3.2.1)求解即可.

$$\frac{dy}{dx}=\frac{dy}{du}\cdot\frac{du}{dx}=\frac{1}{u}\cdot(-\sin x)=\frac{1}{\cos x}\cdot(-\sin x)=-\tan x.$$

当对复合函数的分解比较熟练后,就不必再写出中间变量,只需从外到内逐层求导数即可.例如,例 3.2.6 中函数的求导数过程可以写成以下形式:

$$\frac{dy}{dx}=\frac{1}{\cos x}\cdot(\cos x)'=\frac{1}{\cos x}\cdot(-\sin x)=-\tan x.$$

例 3.2.7 设函数 $y=\sqrt[3]{1-5x^2}$,求$\frac{dy}{dx}$.

解 函数 $y=\sqrt[3]{1-5x^2}$ 由幂函数 $y=\sqrt[3]{u}$ 和简单函数 $u=1-5x^2$ 复合而成,可运用复合函数从外到内逐层求导数的方式求该函数的导数.

$$\begin{aligned}\frac{dy}{dx}&=[(1-5x^2)^{\frac{1}{3}}]'=\frac{1}{3}(1-5x^2)^{-\frac{2}{3}}\cdot(1-5x^2)'\\&=\frac{1}{3}(1-5x^2)^{-\frac{2}{3}}\cdot(-10x)=\frac{-10x}{3\sqrt[3]{(1-5x^2)^2}}.\end{aligned}$$

例 3.2.8 设函数 $y=\ln\sin e^x$,求$\frac{dy}{dx}$.

解 函数 $y=\ln\sin e^x$ 由对数函数 $y=\ln u$、三角函数 $u=\sin v$ 和指数函数 $v=e^x$ 复合而成,可运用复合函数从外到内逐层求导数的方式求该函数的导数.

$$\begin{aligned}\frac{dy}{dx}&=(\ln\sin e^x)'=\frac{1}{\sin e^x}\cdot(\sin e^x)'=\frac{1}{\sin e^x}\cdot\cos e^x\cdot(e^x)'\\&=\frac{1}{\sin e^x}\cdot\cos e^x\cdot e^x=e^x\cot e^x.\end{aligned}$$

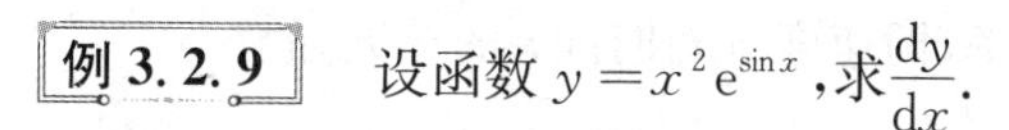

例 3.2.9　设函数 $y=x^2\mathrm{e}^{\sin x}$，求$\dfrac{\mathrm{d}y}{\mathrm{d}x}$.

解　函数 $y=x^2\mathrm{e}^{\sin x}$ 由幂函数$u=x^2$ 和复合函数 $v=\mathrm{e}^{\sin x}$ 的乘积构成，因此求该函数的导数需要运用导数的四则运算法则的乘法法则，其中函数 $v=\mathrm{e}^{\sin x}$ 的求导要运用复合函数的求导法则.

$$\begin{aligned}\frac{\mathrm{d}y}{\mathrm{d}x}&=(x^2\mathrm{e}^{\sin x})'=(x^2)'\mathrm{e}^{\sin x}+x^2(\mathrm{e}^{\sin x})'=2x\mathrm{e}^{\sin x}+x^2\mathrm{e}^{\sin x}(\sin x)'\\&=2x\mathrm{e}^{\sin x}+x^2\mathrm{e}^{\sin x}\cdot\cos x=2x\mathrm{e}^{\sin x}+x^2\cos x\,\mathrm{e}^{\sin x}.\end{aligned}$$

例 3.2.10　设函数 $y=\sin\dfrac{2x}{1+x^3}$，求$\dfrac{\mathrm{d}y}{\mathrm{d}x}$.

解　函数 $y=\sin\dfrac{2x}{1+x^3}$ 由三角函数 $y=\sin u$ 和简单函数$u=\dfrac{2x}{1+x^3}$ 复合而成，因此求该函数的导数需要运用复合函数的求导法则，其中简单函数 $u=\dfrac{2x}{1+x^3}$ 是分式，需要运用导数的四则运算法则的除法法则.

$$\begin{aligned}\frac{\mathrm{d}y}{\mathrm{d}x}&=\cos\frac{2x}{1+x^3}\cdot\left(\frac{2x}{1+x^3}\right)'=\cos\frac{2x}{1+x^3}\cdot\frac{(2x)'\cdot(1+x^3)-2x\cdot(1+x^3)'}{(1+x^3)^2}\\&=\cos\frac{2x}{1+x^3}\cdot\frac{2(1+x^3)-2x\cdot 3x^2}{(1+x^3)^2}=\cos\frac{2x}{1+x^3}\cdot\frac{2(1-2x^3)}{(1+x^3)^2}.\end{aligned}$$

三、基本导数公式

至此，我们已求出所有常用的基本初等函数的导数，为了便于记忆和使用，现将基本导数公式归纳如下：

(1) $(C)'=0$ （C 为常数）；　　(2) $(x^\mu)'=\mu x^{\mu-1}$ （μ 为任意实数）；

(3) $(a^x)'=a^x\ln a$ （a 为常数且 $a>0,a\neq 1$）；

(4) $(\mathrm{e}^x)'=\mathrm{e}^x$；

(5) $(\log_a x)'=\dfrac{1}{x\ln a}$ （a 为常数且 $a>0,a\neq 1$）；

(6) $(\ln x)'=\dfrac{1}{x}$；　　(7) $(\sin x)'=\cos x$；

(8) $(\cos x)'=-\sin x$；　　(9) $(\tan x)'=\dfrac{1}{\cos^2 x}=\sec^2 x$；

(10) $(\cot x)'=-\dfrac{1}{\sin^2 x}=-\csc^2 x$；　　(11) $(\sec x)'=\sec x\tan x$；

(12) $(\csc x)'=-\csc x\cot x$.

四、高阶导数

我们知道，变速直线运动的速度 $v(t)$ 是路程函数 $s(t)$ 对时间 t 的导数，即

$$v=\frac{\mathrm{d}s}{\mathrm{d}t}\quad 或\quad v=s',$$

而加速度 a 又是速度 v 在时间 t 的瞬时变化率，即速度 v 对时间 t 的导数，故

$$a=\frac{\mathrm{d}v}{\mathrm{d}t}=\frac{\mathrm{d}}{\mathrm{d}t}\left(\frac{\mathrm{d}s}{\mathrm{d}t}\right) \quad 或 \quad a=(s')'.$$

这种导数的导数 $\frac{\mathrm{d}}{\mathrm{d}t}\left(\frac{\mathrm{d}s}{\mathrm{d}t}\right)$ 或 $(s')'$ 叫作 s 对 t 的二阶导数，记作

$$\frac{\mathrm{d}^2 s}{\mathrm{d}t^2} \quad 或 \quad s''.$$

所以，变速直线运动的加速度就是路程函数 s 对时间 t 的二阶导数.

定义 3.2.1 若函数 $y=f(x)$ 的导数 $y'=f'(x)$ 在点 x 处仍然可导，则称 $y'=f'(x)$ 的导数为 $y=f(x)$ 的**二阶导数**，记作 y'' 或 $\frac{\mathrm{d}^2 y}{\mathrm{d}x^2}$，即

$$y''=(y')' \quad 或 \quad \frac{\mathrm{d}^2 y}{\mathrm{d}x^2}=\frac{\mathrm{d}}{\mathrm{d}x}\left(\frac{\mathrm{d}y}{\mathrm{d}x}\right).$$

相应地，把函数 $y=f(x)$ 的导数 $f'(x)$ 叫作 $y=f(x)$ 的**一阶导数**.

类似地，二阶导数的导数叫作三阶导数，三阶导数的导数叫作四阶导数…… 一般地，$n-1$ 阶导数的导数叫作 n **阶导数**，分别记作

$$y''', \quad y^{(4)}, \quad \cdots, \quad y^{(n)}$$

或

$$\frac{\mathrm{d}^3 y}{\mathrm{d}x^3}, \quad \frac{\mathrm{d}^4 y}{\mathrm{d}x^4}, \quad \cdots, \quad \frac{\mathrm{d}^n y}{\mathrm{d}x^n}.$$

二阶及二阶以上的导数统称为**高阶导数**.

例 3.2.11 设函数 $y=2x+3$，求 y''.

解 函数的二阶导数是一阶导数再求导的结果，因此要先求函数的一阶导数，再对一阶导数求导，即

$$y'=2, \quad y''=(2)'=0.$$

注 因为函数 $y=f(x)$ 的导数 $y'=f'(x)$ 仍然是 x 的函数，所以求二阶导数用到的公式和求导法则与求一阶导数相同.

例 3.2.12 设函数 $y=\mathrm{e}^{x^2}$，求 y''.

解 这里要先求函数的一阶导数，由于该函数是复合函数，要运用复合函数的求导法则求其一阶导数，得 $y'=2x\mathrm{e}^{x^2}$. 再对一阶导数求导，即可得二阶导数. 一阶导数是两个函数的乘积，其中一个是复合函数，所以要对该函数求导，既要运用导数的四则运算法则，又要运用复合函数的求导法则，即

$$y''=(2x\mathrm{e}^{x^2})'=(2x)'\mathrm{e}^{x^2}+2x(\mathrm{e}^{x^2})'=(2+4x^2)\mathrm{e}^{x^2}.$$

习题 3.2

1. 求下列函数的导数：

(1) $y=3x^4-\frac{1}{x^2}+10$；　　(2) $y=2\cos x+3^x-5\sin\frac{\pi}{3}$；

(3) $y=\frac{x^3-1}{\sqrt{x}}$；　　(4) $y=2^x(3^x-3)$；

(5) $y=x\mathrm{e}^x$；　　(6) $y=5^x\cos x$；

(7) $y=\frac{2}{\sin x}$；　　(8) $y=\frac{\ln x}{x}$；

(9) $y=x^2(\ln x+\sin x)$；　　(10) $y=\frac{3\sin x}{1+\cos x}$.

2. 求下列函数的导数：

(1) $y=\sin 3x$；　　(2) $y=\sqrt{5x}$；

(3) $y=\cos\ln x$；　　(4) $y=(2x+1)^5$；

(5) $y=\mathrm{e}^{\sin x}$；　　(6) $y=2^{x^2+1}$；

(7) $y=\ln(\sqrt{x}+1)$；　　(8) $y=(3^x)^2$；

(9) $y=\sin\mathrm{e}^{3x+2}$；　　(10) $y=\frac{1}{\cos 2x}$；

(11) $y=\frac{2}{x}+\mathrm{e}^{2x}$；　　(12) $y=\frac{\sin 2x}{x}$；

(13) $y=2\cos x^2+\sin^2 x$；　　(14) $y=x\sin x+\cos 2x$.

3. 设函数 $f(x)=\frac{\sqrt{x}}{2+\sqrt{x}}$，求 $f'(4)$.

4. 求曲线 $y=x+2\sin^2 x$ 在点 $\left(\frac{\pi}{2},2+\frac{\pi}{2}\right)$ 处的切线方程与法线方程.

5. 求下列函数的二阶导数：

(1) $y=\cos x$；　　(2) $y=2^x$；

(3) $y=2x^3+3x+5$；　　(4) $y=\sqrt{x}+\frac{2}{x}$；

(5) $y=\sin(2x+3)$；　　(6) $y=x\ln x$；

(7) $y=\frac{1}{1+2x}$.

6. 设函数 $y=\mathrm{e}^{1-x}$，求 $y''\big|_{x=2}$.

§3.3　函数的微分

前面学习的导数是表示函数 $y=f(x)$ 在点 x 处的变化率的概念. 但是在实际问题中，有时候需要考虑当函数的自变量在某一点处取得一个微小的增量时，函数取得的相应增量的大小,由此引入微分的概念.下面我们先看一个例子.

例 3.3.1 已知一块正方形金属薄片(见图 3.3.1)受温度变化的影响,其边长由 x_0 变到 $x_0+\Delta x$(Δx 很小),问:此薄片的面积改变了多少?

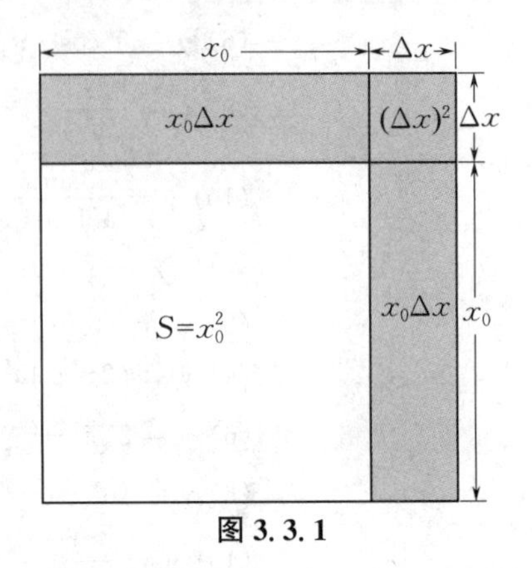

图 3.3.1

解 设此薄片的边长为 x,面积为 S,则 S 与 x 的函数关系为 $S=x^2$.当边长由 x_0 变到 $x_0+\Delta x$(Δx 很小)时,薄片面积的增量为

$$\Delta S=(x_0+\Delta x)^2-x_0^2=2x_0\Delta x+(\Delta x)^2,$$

即面积的增量可表示成两部分[Δx 的一次函数 $2x_0\Delta x$ 和 $(\Delta x)^2$]之和.当 Δx 很小(可认为是一个无穷小)时,$(\Delta x)^2$ 必定很小$\left[\text{当 } \Delta x \text{ 是一个无穷小,即 } \Delta x\to 0 \text{ 时,有} \lim\limits_{\Delta x\to 0}\dfrac{(\Delta x)^2}{\Delta x}=\lim\limits_{\Delta x\to 0}\Delta x=0\text{,我们称}(\Delta x)^2\text{ 为 }\Delta x\text{ 的高阶无穷小,记作 }o(\Delta x)\right]$,因此

$$\Delta S\approx 2x_0\Delta x.$$

这个近似公式表明,薄片面积的增量可以由 Δx 的一次函数 $2x_0\Delta x$ 来近似代替,而面积的增量等于 Δx 的一次函数加上 $o(\Delta x)$.那么对于一般的函数 $y=f(x)$ 是否也有这样的结论呢?这就是本节要讨论的问题,本节我们将学习微分的概念和微分的计算方法.

一、微分的定义

定义 3.3.1 设函数 $y=f(x)$ 在点 x_0 的某邻域内有定义.当自变量 x 在点 x_0 处取得增量 Δx($x_0+\Delta x$ 也在该邻域内),若相应的函数值的增量 Δy 可表示为

$$\Delta y=f(x_0+\Delta x)-f(x_0)=A\Delta x+o(\Delta x),$$

其中 A 是与 Δx 无关的常量,$o(\Delta x)$ 是当 $\Delta x\to 0$ 时 Δx 的高阶无穷小,则称函数 $y=f(x)$ 在点 x_0 处**可微**,$A\Delta x$ 称为 $y=f(x)$ 在点 x_0 处的**微分**,记作 $\mathrm{d}y$ 或 $\mathrm{d}f(x)$,即

$$\mathrm{d}y=\mathrm{d}f(x)=A\Delta x,$$

$\mathrm{d}y$ 也称为 Δy 的**线性主部**.

二、微分的计算

给出了函数可微的定义,那么函数 $y=f(x)$ 在什么情况下可微呢?定义 3.3.1 中的 A

和函数 $y=f(x)$ 以及点 x_0 有什么关系？当函数 $y=f(x)$ 可微时，由定义 3.3.1 去求微分可能很困难，是否有其他更简单的求微分的方法？下面的定理将告诉我们答案.

定理 3.3.1　**设函数 $y=f(x)$ 在点 x_0 的某邻域内有定义，则 $y=f(x)$ 在点 x_0 处可微的充要条件是 $y=f(x)$ 在点 x_0 处可导，且**

$$dy=f'(x_0)\Delta x.$$

函数 $y=f(x)$ 在任意点 x 处的微分称为 $y=f(x)$ 的微分，记作 dy 或 $df(x)$，即

$$dy=f'(x)\Delta x.$$

例 3.3.2　设函数 $y=x$，求 dy.

解　$dy=dx=(x)'\Delta x=\Delta x.$

注　自变量的增量等于自变量的微分，但函数的增量不一定等于函数的微分.

由例 3.3.2 的结果，函数 $y=f(x)$ 在点 x_0 处的微分可写成

$$dy=f'(x_0)dx,$$

函数 $y=f(x)$ 在任意点 x 处的微分可写成

$$dy=f'(x)dx,$$

从而有

$$\frac{dy}{dx}=f'(x).$$

不难看出，函数的导数等于函数的微分 dy 与自变量的微分 dx 之商，因此导数又称为**微商**.

例 3.3.3　当 x 由 1 变到 1.01 时，求函数 $y=x^3$ 的微分.

解　根据定理 3.3.1 可知，函数 $y=x^3$ 当 x 由 1 变到 1.01 时的微分等于点 $x=1$ 处的导数乘以自变量的增量. 因 $dy=y'\Delta x=3x^2\Delta x$，又由题设条件知

$$x=1,\quad \Delta x=1.01-1=0.01,$$

故所求微分为

$$dy\Big|_{\substack{x=1\\ \Delta x=0.01}}=(3x^2\Delta x)\Big|_{\substack{x=1\\ \Delta x=0.01}}=3\times1^2\times0.01=0.03.$$

例 3.3.4　求函数 $y=e^{3x}$ 在点 $x=0$ 处的微分.

解　根据定理 3.3.1 可知，函数 $y=e^{3x}$ 在点 $x=0$ 处的微分等于点 $x=0$ 处的导数乘以自变量的微分，则所求微分为

$$dy=(e^{3x})'\Big|_{x=0}dx=(3e^{3x})\Big|_{x=0}dx=3dx.$$

微分公式 $dy=f'(x)dx$ 表明，求函数的微分时只要先求出函数的导数 $f'(x)$，再用导数 $f'(x)$ 乘以 dx 即可.

例 3.3.5　求函数 $y=f(x)=\ln x$ 的微分.

解　函数 $y=f(x)=\ln x$ 的微分等于其导数 $f'(x)$ 乘以 dx，又 $f'(x)=(\ln x)'=\dfrac{1}{x}$，则所求微分为

$$dy=f'(x)dx=\frac{1}{x}dx.$$

例 3.3.6 求函数 $y=f(x)=\sin(2x+3)$ 的微分.

解 函数 $y=f(x)=\sin(2x+3)$ 的微分等于其导数 $f'(x)$ 乘以 dx，而 $y=\sin(2x+3)$ 是复合函数，因此可以运用复合函数的求导法则求出其导数，得

$$f'(x)=[\sin(2x+3)]'=\cos(2x+3)\cdot(2x+3)'=2\cos(2x+3).$$

故所求微分为

$$dy=f'(x)dx=2\cos(2x+3)dx.$$

习题 3.3

1. 在下列括号中填入适当的函数使得等式成立：

(1) $d(\quad)=3dx$； (2) $d(\quad)=2x\,dx$；

(3) $d(\quad)=-\cos x\,dx$； (4) $d(\quad)=\sec^2 2x\,dx$.

2. 当 x 由 1 变到 1.01 时，求函数 $y=\dfrac{1}{x}$ 的微分.

3. 求函数 $y=\sqrt{x}$ 在点 $x=1$ 处的微分.

4. 求下列函数的微分：

(1) $y=2x^2+\sqrt[3]{x}+3$； (2) $y=2\cos x+\dfrac{3}{x^2}+\cos\dfrac{\pi}{3}$；

(3) $y=\cos 2x$； (4) $y=\sin\dfrac{1}{x}$；

(5) $y=e^{2x+1}$； (6) $y=\ln(3x+2)$；

(7) $y=\sin e^{2x}$； (8) $y=2^{\sin x+x}$；

(9) $y=x\cos x^2$； (10) $y=\dfrac{2x}{1-x^2}$.

§3.4 函数的单调性

在第一章中，我们已经学习了函数单调性的定义，通过定义可判断简单函数的单调性，但对相对复杂的函数，用定义判断其单调性就比较困难，有些甚至无法判断. 因此，我们希望找到一个更简单的方法来判断函数的单调性. 如果函数不是单调的，那么函数在哪些区间有可能是单调的？例如函数 $y=f(x)=4x^3+3x^2-6x+1$，用定义很难判断它的单调性. 观察函数的图形(见图 3.4.1)，我们很容易看到，当 $x\leqslant a$ 时，函数是单调增加的；当 $a\leqslant x\leqslant b$ 时，函数是单调减少的；当 $x\geqslant b$ 时，函数是单调增加的. 现在我们要考虑的是 a 和 b 如何求得. 更进一步地，如果不清楚函数 $f(x)$ 的图形，又如何判断它的单调性呢？本节我们就来

解决这些问题.

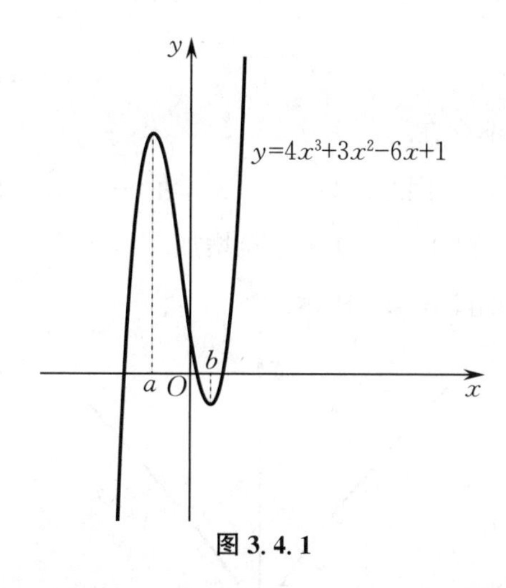

图 3.4.1

一、函数单调性的判定法

定理 3.4.1　**设函数 $y=f(x)$ 在闭区间 $[a,b]$ 上连续，在开区间 (a,b) 内可导.**

(1) 若在 (a,b) 内 $f'(x)>0$，则 $y=f(x)$ 在 $[a,b]$ 上单调增加；

(2) 若在 (a,b) 内 $f'(x)<0$，则 $y=f(x)$ 在 $[a,b]$ 上单调减少.

根据定理 3.4.1，我们可以通过导数的符号来判断函数的单调性，下面通过具体的例子来说明.

二、例题讲解

例 3.4.1　讨论函数 $y=x^2-x$ 的单调性.

解　函数 $y=x^2-x$ 的定义域为 $(-\infty,+\infty)$，而

$$y'=2x-1,$$

令 $y'=0$，得 $x=\dfrac{1}{2}$.

于是，当 $x<\dfrac{1}{2}$ 时，$y'<0$，由定理 3.4.1 知函数 $y=x^2-x$ 在 $\left(-\infty,\dfrac{1}{2}\right]$ 上单调减少；当 $x>\dfrac{1}{2}$ 时，$y'>0$，由定理 3.4.1 知函数 $y=x^2-x$ 在 $\left[\dfrac{1}{2},+\infty\right)$ 上单调增加.

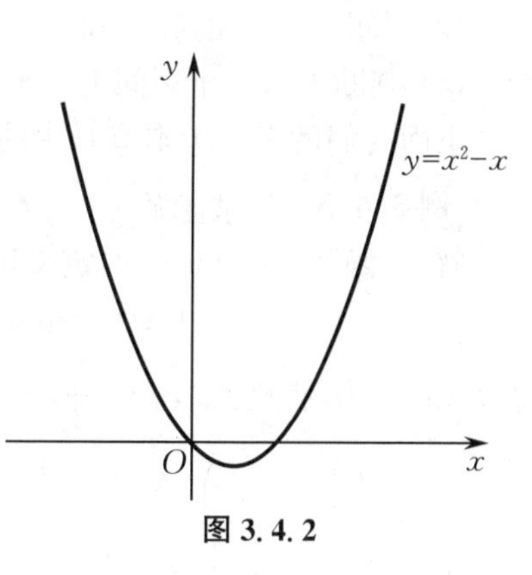

图 3.4.2

函数 $y=x^2-x$ 的图形如图 3.4.2 所示.

例 3.4.2　讨论函数 $y=\sqrt[5]{x^4}$ 的单调性.

解　函数 $y=\sqrt[5]{x^4}$ 的定义域为$(-\infty,+\infty)$. 当 $x\neq 0$ 时,该函数的导数为

$$y'=\frac{4}{5\sqrt[5]{x}};$$

当 $x=0$ 时,该函数的导数不存在.

于是,当 $x<0$ 时,$y'<0$,因此函数 $y=\sqrt[5]{x^4}$ 在$(-\infty,0]$上单调减少;当 $x>0$ 时,$y'>0$,因此函数 $y=\sqrt[5]{x^4}$ 在$[0,+\infty)$上单调增加.

函数 $y=\sqrt[5]{x^4}$ 的图形如图 3.4.3 所示.

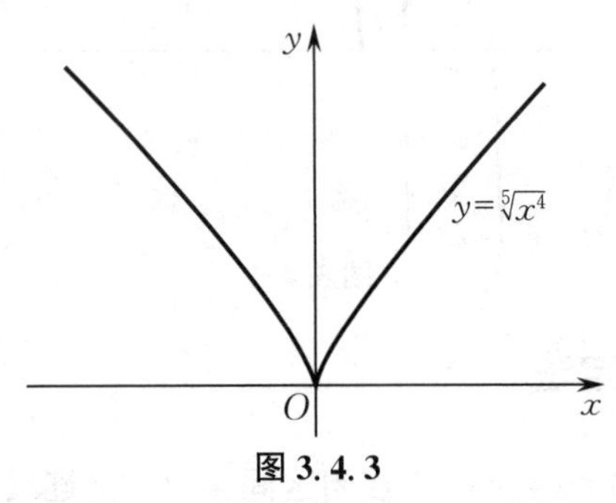

图 3.4.3

通过上面两个例子可以看到,有些函数在它的定义域上不是单调的,但利用某些特殊的点来划分函数的定义域以后,就可以使函数在各个子区间上单调. 在例 3.4.1 中,我们通过使得 $y'=0$ 的点 $x=\frac{1}{2}$[使得 $y'=0$ 的点叫作函数 $y=f(x)$ 的**驻点**]来划分该函数的定义域,从而得到单调区间$\left(-\infty,\frac{1}{2}\right]$和$\left[\frac{1}{2},+\infty\right)$;在例 3.4.2 中,我们通过函数 $y=\sqrt[5]{x^4}$ 的不可导点 $x=0$(导数不存在的点)来划分该函数的定义域,从而得到单调区间$(-\infty,0]$和$[0,+\infty)$. 综合上述两种情形,得到判断函数 $y=f(x)$ 的单调性的步骤:

(1) 确定 $f(x)$ 的定义域;

(2) 求出导数 $f'(x)$;

(3) 求出 $f(x)$ 的驻点和不可导点,用这些点将 $f(x)$ 的定义域划分成几个子区间;

(4) 判断出每个子区间上 $f'(x)$ 的符号,根据定理 3.4.1 确定 $f(x)$ 的单调性.

下面我们就来分析本节开头的问题.

例 3.4.3　求函数 $y=f(x)=4x^3+3x^2-6x+1$ 的单调区间.

解　函数 $y=f(x)$ 的定义域为$(-\infty,+\infty)$,而

$$f'(x)=12x^2+6x-6=6(2x-1)(x+1),$$

令 $f'(x)=0$,得驻点 $x_1=\frac{1}{2}$,$x_2=-1$. 它们把定义域分成了三个子区间$(-\infty,-1)$,$\left(-1,\frac{1}{2}\right)$,$\left(\frac{1}{2},+\infty\right)$.

于是,当 $x<-1$ 时,$f'(x)>0$,因此函数 $y=f(x)$ 在$(-\infty,-1]$上单调增加;当 $-1<x<\frac{1}{2}$ 时,$f'(x)<0$,因此函数 $y=f(x)$ 在$\left[-1,\frac{1}{2}\right]$上单调减少;当 $x>\frac{1}{2}$ 时,

$f'(x)>0$，因此函数 $y=f(x)$ 在 $\left[\frac{1}{2},+\infty\right)$ 上单调增加.

这时就完全解决了本节开头的问题. 函数 $y=4x^3+3x^2-6x+1$ 的图形如图 3.4.4 所示.

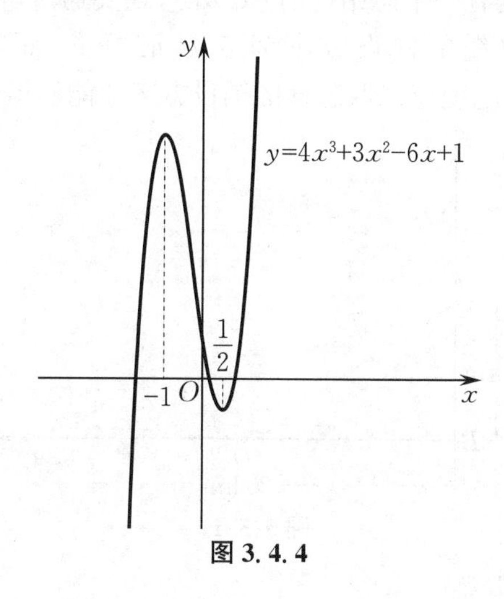

图 3.4.4

习题 3.4

1. 判断下列函数在其定义域上的单调性：

(1) $y=|x|$；　(2) $y=x^2$；

(3) $y=x^{\frac{1}{3}}$；　(4) $y=e^{-x}$.

2. 求下列函数的驻点：

(1) $y=x^2-4x+5$；　(2) $y=4x^3-9x^2+6x+1$.

3. 求下列函数的单调区间：

(1) $y=x^{\frac{2}{3}}$；　(2) $y=x+\frac{4}{x}\ (x>0)$；

(3) $y=e^x-x$；　(4) $y=x^2-8x+16$；

(5) $y=2x^3-9x^2+12x+1$；　(6) $y=x^3-3x^2-9x+5$.

§3.5　函数的极值与最值

在生活和实践研究中，人们经常遇到这样一些问题，如如何使产量最高、成本最低、利润最大、效率最高、用料最省、路程最短等. 这些问题往往可以归结为求某个函数 $f(x)$(通常称为目标函数)的最大值或最小值问题. 下面我们先来看一个引例.

引例 某海上观察站(在点 A 处)离岸边的垂直距离为 12 km,垂足点为 B,从点 B 沿岸边往正东方向 20 km 处有一个总站(在点 C 处),现要通过电缆把 A,C 两地连接起来(见图 3.5.1). 如果水下电缆的铺设成本为 5 万元 /km,而陆地电缆的铺设成本为 3 万元 /km,问:水下和陆地电缆应采取怎样的铺设方案才能使得连接的成本最低?

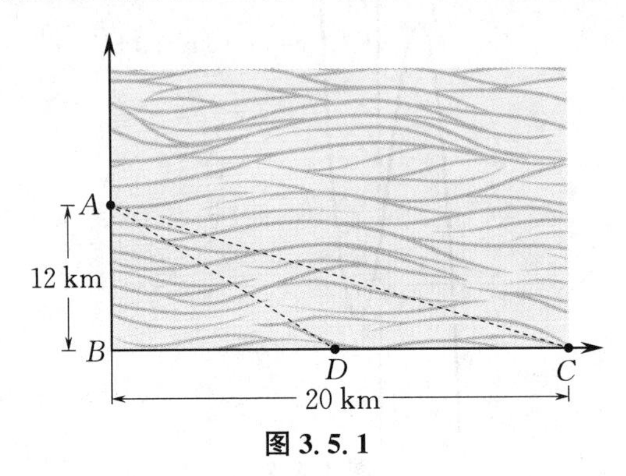

图 3.5.1

我们分析一下这个引例.

(1) 若采取水下电缆长度最短的铺设方案,这时 AB 段铺设水下电缆,BC 段铺设陆地电缆,则

$$总成本=(12\times 5+20\times 3)\ 万元=120\ 万元.$$

(2) 若采取总电缆长度最短的铺设方案,这时全部铺设水下电缆(连接 A,C 形成的线段),则

$$总成本=(5\times\sqrt{12^2+20^2})\ 万元\approx 116.6\ 万元.$$

显然,方案(2) 比方案(1) 成本更低些.

(3) 若采取折中的方案,先从水下点 A 处铺设到 BC 段中点 D 处(即 10 km 处),再从陆地点 D 处铺设到点 C 处,则

$$总成本=(5\times\sqrt{12^2+10^2}+3\times 10)\ 万元\approx 108.1\ 万元.$$

从上面的三个方案我们发现,两个极端的方案(1) 和(2) 都没有给出最优解,折中方案(3) 比较好一点. 方案(3) 中的点 D 是随便取的,那它是不是最优解呢? 如果不是,最优解是多少呢? 本节将学习极值的概念与求法、最值的概念与求法,以此来解答这个问题.

一、函数的极值及其求法

1. 极值的定义

定义 3.5.1 设函数 $y=f(x)$ 在点 x_0 的某邻域内有定义. 若在点 x_0 的某去心邻域内恒有 $f(x)<f(x_0)$[或 $f(x)>f(x_0)$],则称 $f(x_0)$ 是函数 $y=f(x)$ 的一个**极大值**(或**极小值**),点 x_0 称为 $y=f(x)$ 的**极大值点**(或**极小值点**).

如图 3.5.2 所示,x_1,x_3,x_5,x_7 都是函数 $y=f(x)$ 的极大值点,x_2,x_4,x_6 都是函数 $y=f(x)$ 的极小值点.

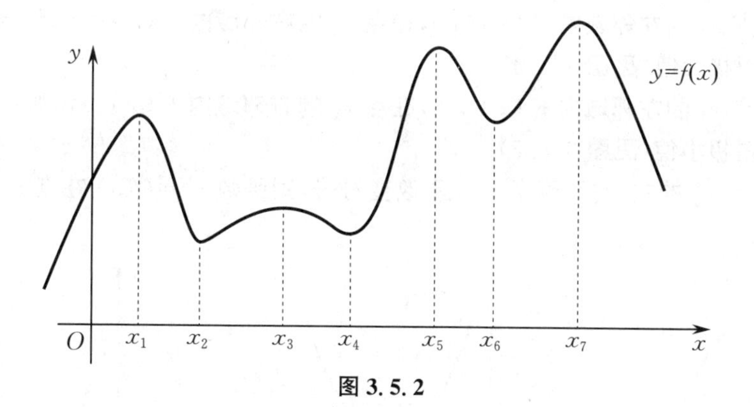

图 3.5.2

函数的极大值与极小值统称为函数的**极值**,使函数取得极值的点统称为**极值点**.

注 (1) 函数的极大值和极小值是一个局部概念.

(2) 函数的极值不一定存在,存在的话也不一定唯一(见图 3.5.2).

(3) 函数的极大值不一定就大于极小值,如图 3.5.2 中的 $f(x_3) < f(x_6)$.

2. 极值存在的条件

定理 3.5.1(必要条件) **设函数 $y=f(x)$ 在点 x_0 处取得极值,且在点 x_0 处可导,则 $y=f(x)$ 在点 x_0 处的导数为 0,即**

$$f'(x_0)=0.$$

例如,函数 $y=x^2$(见图 3.5.3) 在点 $x=0$ 处取得极小值且可导,此时有 $f'(0)=0$.

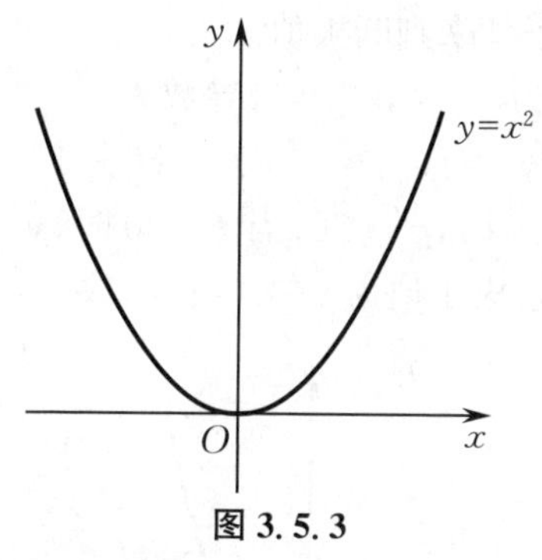

图 3.5.3

在 §3.4 中,我们已经知道使得导数等于 0 的点[即方程 $f'(x)=0$ 的实根] 叫作函数 $y=f(x)$ 的驻点. 定理 3.5.1 说明,可导函数 $f(x)$ 的极值点必定是函数的驻点. 反之,函数 $y=f(x)$ 的驻点却不一定是极值点. 例如,$x=0$ 是函数 $y=x^3$ 的驻点,但 $x=0$ 不是函数 $y=x^3$ 的极值点.

由定理 3.5.1 可知,极值点只能是不可导点或驻点. 因此,极值点要从不可导点和驻点中去寻找,这些点是否为极值点,我们还需要对它们进行判断. 接下来我们就来学习两个判断法则.

定理 3.5.2(第一充分条件) **设函数 $y=f(x)$ 在点 x_0 的某邻域内连续,在点 x_0 的某去心邻域内可导.**

(1) 若在点 x_0 的左邻域内 $f'(x)>0$,在点 x_0 的右邻域内 $f'(x)<0$,则函数 $y=f(x)$ 在点 x_0 处取得极大值(见图 3.5.4);

(2) 若在点 x_0 的左邻域内 $f'(x)<0$,在点 x_0 的右邻域内 $f'(x)>0$,则函数 $y=f(x)$ 在点 x_0 处取得极小值(见图 3.5.5);

(3) 若在点 x_0 的左、右两侧 $f'(x)$ 不改变符号,则函数 $y=f(x)$ 在点 x_0 处不是极值(见图 3.5.6).

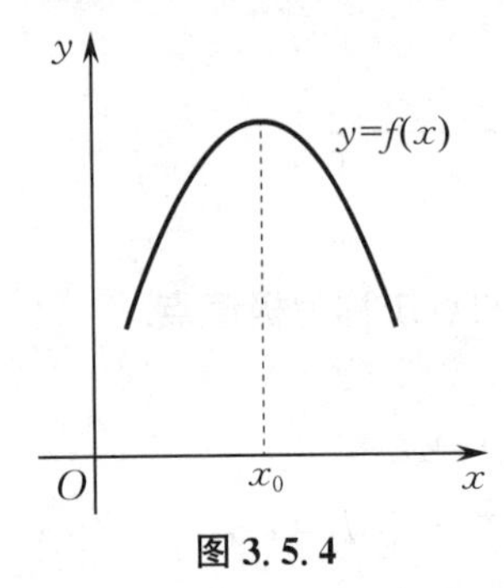

图 3.5.4

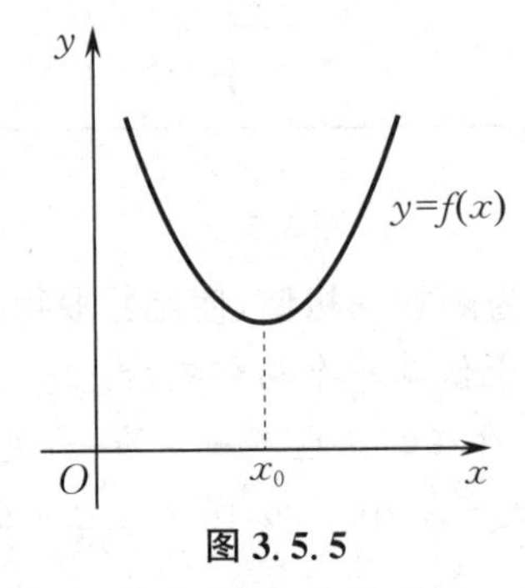

图 3.5.5

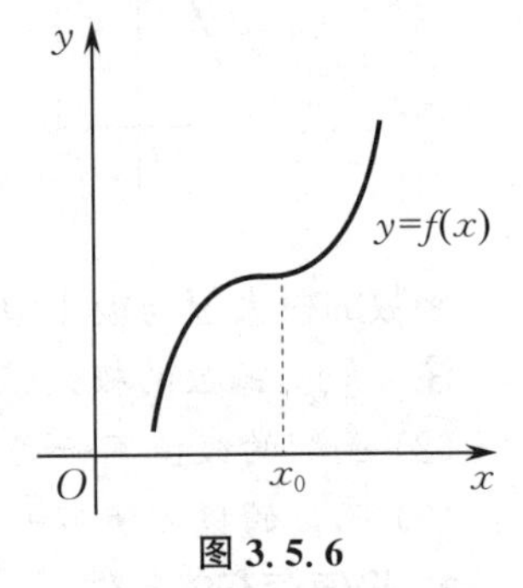

图 3.5.6

注 第一充分条件既可以判断驻点是否为极值点,也可以判断不可导点是否为极值点.

下面我们通过两个例子来看第一充分条件的具体应用.

例 3.5.1 求函数 $y=e^x-x$ 的极值.

解 因为极值点只能是不可导点或驻点,而该函数没有不可导点,所以应先求出其导数,再求驻点,最后用第一充分条件来判断极值.

函数 $y=e^x-x$ 的定义域为 $(-\infty,+\infty)$,导数为

$$y'=(e^x)'-(x)'=e^x-1,$$

令 $y'=0$,得驻点 $x=0$. 当 $x<0$ 时,$y'<0$;当 $x>0$ 时,$y'>0$,由第一充分条件知 $x=0$ 是函数 $y=e^x-x$ 的极小值点,且极小值为 $y(0)=1$. 函数 $y=e^x-x$ 的图形如图 3.5.7所示.

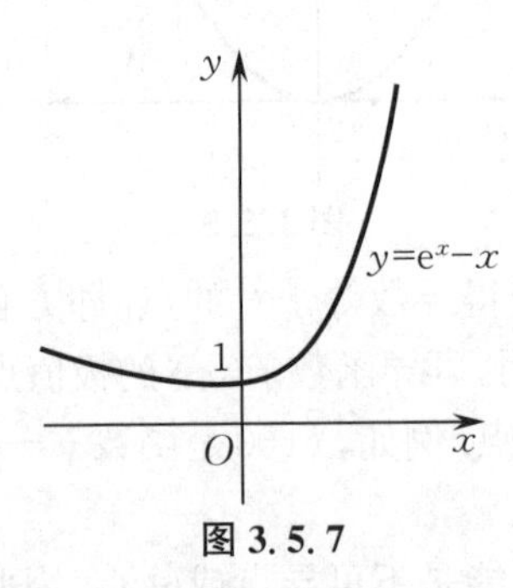

图 3.5.7

例 3.5.2 求函数 $y=f(x)=2x^3+3x^2-12x-8$ 的极值.

解 因为极值点只能是不可导点或驻点,而该函数没有不可导点,所以应先求出其导数,再求驻点,最后用第一充分条件来判断极值.

函数 $f(x)$ 的定义域为 $(-\infty,+\infty)$,导数为

$$f'(x)=6x^2+6x-12=6(x-1)(x+2),$$

令 $f'(x)=0$，得驻点 $x_1=-2$，$x_2=1$. 当 $x<-2$ 时，$f'(x)>0$；当 $-2<x<1$ 时，$f'(x)<0$，由第一充分条件知 $x=-2$ 是函数 $y=f(x)$ 的极大值点，且极大值为 $f(-2)=12$. 当 $x>1$ 时，$f'(x)>0$，由第一充分条件知 $x=1$ 是函数 $y=f(x)$ 的极小值点，且极小值为 $f(1)=-15$. 该函数的图形如图 3.5.8 所示.

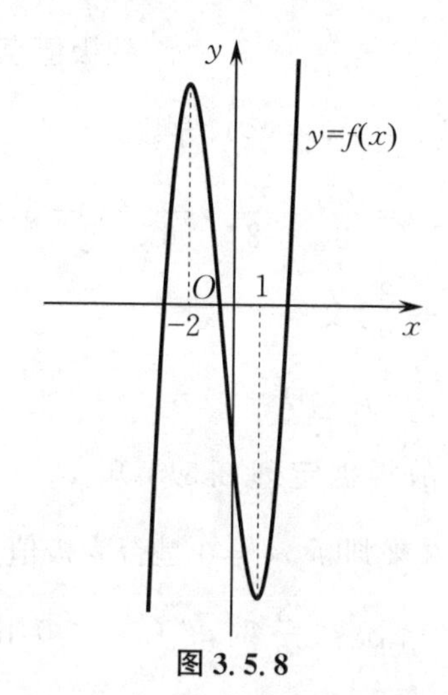

图 3.5.8

对于驻点，还可以通过二阶导数的符号来判断其是否为极值点.

定理 3.5.3（第二充分条件）　设 x_0 是函数 $y=f(x)$ 的驻点，$y=f(x)$ 在点 x_0 处具有二阶导数，且 $f''(x_0)\neq 0$，则

(1) 当 $f''(x_0)<0$ 时，函数 $y=f(x)$ 在点 x_0 处取得极大值；

(2) 当 $f''(x_0)>0$ 时，函数 $y=f(x)$ 在点 x_0 处取得极小值.

注　如果 $f''(x_0)=0$，就不能使用定理 3.5.3 判断 x_0 是否为极值点，而要通过其他方法(主要是第一充分条件)来判断.

例 3.5.3　用定理 3.5.3 判断例 3.4.3 中函数 $y=f(x)=4x^3+3x^2-6x+1$ 的驻点 $x_1=\dfrac{1}{2}$，$x_2=-1$ 是否为极值点.

解　容易求得 $f''(x)=24x+6$，则

$$f''(-1)=-24+6=-18<0,$$

由定理 3.5.3 知 $x_2=-1$ 是该函数的极大值点；

$$f''\left(\frac{1}{2}\right)=12+6=18>0,$$

由定理 3.5.3 知 $x_1=\dfrac{1}{2}$ 是该函数的极小值点.

综上所述，求函数 $y=f(x)$ 的极值点的步骤如下：

(1) 确定 $f(x)$ 的定义域；

(2) 求出导数 $f'(x)$；

(3) 求出 $f(x)$ 的全部驻点和不可导点，记为 $x_1,x_2,\cdots,x_n$；

(4) 以 $x_1, x_2, \cdots, x_n$ 划分 $f(x)$ 的定义域，判断在点 $x_i(1 \leqslant i \leqslant n)$ 处左、右两侧 $f'(x)$ 的符号，以便确定该点是否为极值点，如果是极值点，还可以进一步确定是极大值点还是极小值点. 对驻点 x_j，也可以通过 $f''(x_j)$ 的符号判断其是否为极值点，并进一步确定是极大值点还是极小值点.

例 3.5.4 求函数 $y=f(x)=\dfrac{x^4}{12}-\dfrac{x^3}{6}+1$ 的极值点.

解 函数 $f(x)$ 的定义域为 $(-\infty, +\infty)$，导数为

$$f'(x)=\frac{x^3}{3}-\frac{x^2}{2}=\frac{x^2}{6}(2x-3).$$

令 $f'(x)=0$，得驻点 $x_1=0, x_2=\dfrac{3}{2}$. 又

$$f''(x)=x^2-x,$$

因 $f''\left(\dfrac{3}{2}\right)=\dfrac{9}{4}-\dfrac{3}{2}=\dfrac{3}{4}>0$，故根据定理 3.5.3 知 $x_2=\dfrac{3}{2}$ 是 $f(x)$ 的极小值点；而 $f''(0)=0$，故不能通过定理 3.5.3 来判断 $x_1=0$ 是否为极值点，只能用第一充分条件来判断. 当 $x<0$ 时，$f'(x)<0$；当 $0<x<\dfrac{3}{2}$ 时，$f'(x)<0$，由第一充分条件知 $x_1=0$ 不是 $f(x)$ 的极值点. 该函数的图形如图 3.5.9 所示.

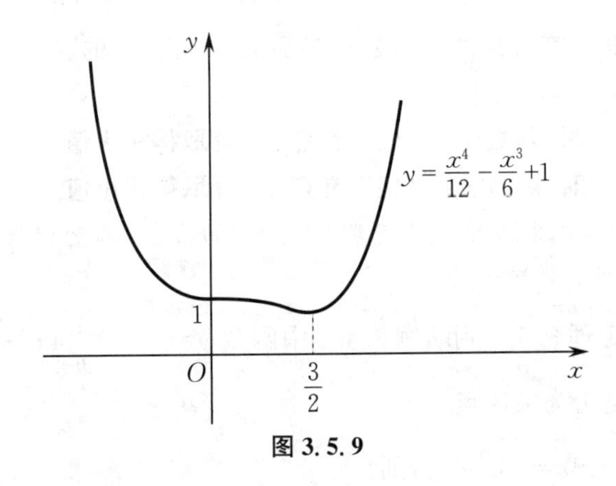

图 3.5.9

二、函数的最值及其求法

1. 最值的定义

在本节的前面我们已经学习了求函数极值的方法，接下来学习函数的最值的相关知识，这样我们就可以解决生活中一些实际问题的最值问题. 下面给出最值的定义.

定义 3.5.2 设函数 $y=f(x)$ 在区间 I 上连续. 若对任意 $x \in I$，都有 $f(x) \leqslant f(x_0)$ [或 $f(x) \geqslant f(x_0)$]，则称 $f(x_0)$ 为函数 $y=f(x)$ 在区间 I 上的一个**最大值**（或**最小值**），点 x_0 称为 $y=f(x)$ 的**最大值点**（或**最小值点**）.

如图 3.5.10 所示，函数 $y=f(x)$ 在闭区间 $[a,b]$ 上连续，则 $y=f(x)$ 在点 a 处取得最小值 $f(a)$，在点 x_7 处取得最大值 $f(x_7)$.

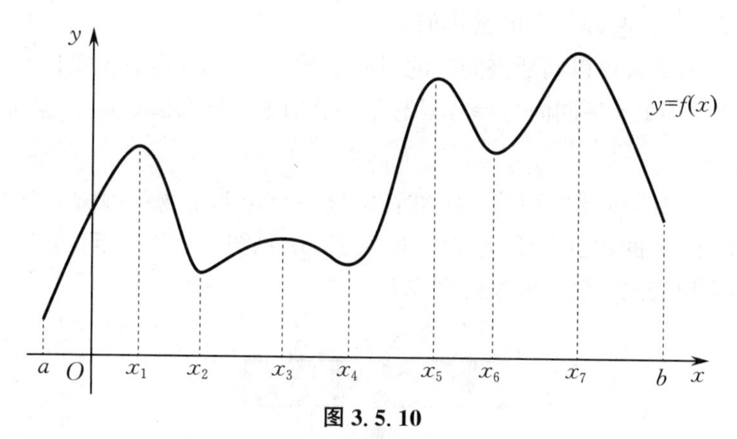

图 3.5.10

函数的最大值与最小值统称为函数的**最值**,使函数取得最值的点统称为**最值点**.

需要注意的是,函数 $y=f(x)$ 的最值存在是需要条件的,而 $y=f(x)$ 在闭区间$[a,b]$上连续就一定存在最大值和最小值,故在这个条件下可考虑求 $y=f(x)$ 的最值. 求连续函数 $y=f(x)$ 在闭区间$[a,b]$上的最值的步骤如下:

(1) 求出 $f(x)$ 在开区间(a,b)内的驻点和不可导点,记为 $x_1,x_2,\cdots,x_n$;

(2) 计算 $f(x_1),f(x_2),\cdots,f(x_n)$ 及 $f(a),f(b)$ 的值;

(3) 比较步骤(2) 中函数值的大小,其中最大者即为最大值,最小者即为最小值.

例 3.5.5 求函数 $f(x)=2x^3-9x^2+12x+5$ 在闭区间$[0,3]$上的最值.

解 $f(x)$ 的导数为

$$f'(x)=6x^2-18x+12=6(x-1)(x-2),$$

令 $f'(x)=0$,得驻点 $x_1=1,x_2=2$. 因 $f(x)$ 无不可导点,故只需要计算

$$f(1)=10,\quad f(2)=9,\quad f(0)=5,\quad f(3)=14.$$

比较这几个函数值,得 $f(x)$ 在闭区间$[0,3]$上的最小值为 $f(0)=5$,最大值为 $f(3)=14$.

2. 特殊情况下的最值

如果连续函数 $y=f(x)$ 在一个区间(有限或无限,开或闭)内可导且只有一个驻点 x_0,并且这个驻点 x_0 是 $y=f(x)$ 的极值点,那么点 x_0 一定是 $y=f(x)$ 的最值点,并且当 $f(x_0)$ 是极大值时,$f(x_0)$ 就是 $y=f(x)$ 在该区间上的最大值(见图 3.5.11);当 $f(x_0)$ 是极小值时,$f(x_0)$ 就是 $y=f(x)$ 在该区间上的最小值(见图 3.5.12).

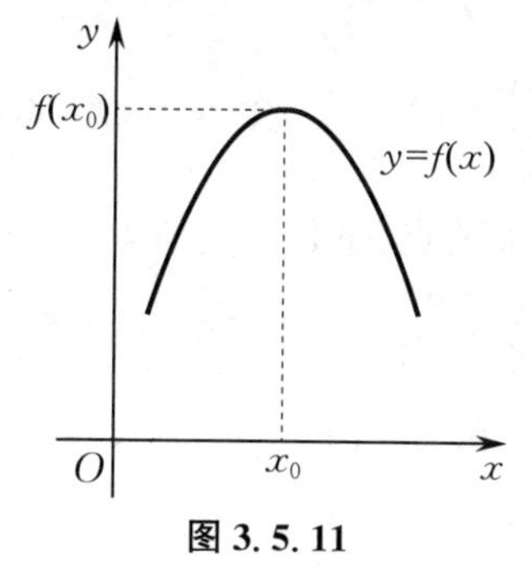

图 3.5.11

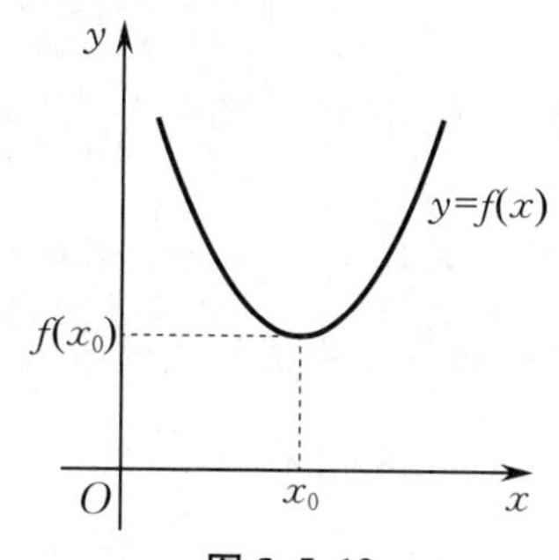

图 3.5.12

例如,函数 $y=x^2$ 在定义域 **R** 上只有一个驻点 $x=0$,而 $y''(0)=2>0$,所以 $x=0$ 是

$y=x^2$ 的极小值点，也是 $y=x^2$ 的最小值点.

在实际问题中，如果可以判断该问题的目标函数 $y=f(x)$ 在其定义区间内的确存在最值，而 $y=f(x)$ 在其定义区间内可导且只有唯一驻点 x_0，那么该驻点 x_0 就是最值点，而不需要再进行判断.

例 3.5.6 某学校课外活动小组准备围建一个矩形生物苗圃园，其中一边靠墙，另外三边用总长为 40 m 的篱笆围成. 已知墙长为 25 m(见图 3.5.13)，问：靠墙的一边长为多少时，苗圃园的面积最大？最大面积是多少？

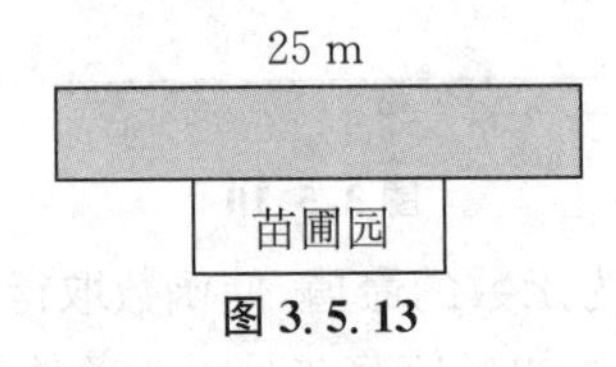

图 3.5.13

解 设靠墙的一边长为 x(单位：m，即苗圃园的长)，则苗圃园的宽为$\frac{40-x}{2}$，于是苗圃园的面积为

$$S(x)=x\cdot\frac{40-x}{2}=20x-\frac{x^2}{2},\quad 0<x\leqslant 25.$$

$S(x)$ 的导数为 $S'(x)=20-x$，令 $S'(x)=0$，解得 $x=20$(唯一驻点，且 $x<25$). 又 $S''(x)=-1<0$，则 $x=20$ 为极大值点，也是最大值点. 故当靠墙的一边长为 20 m 时，苗圃园的面积最大，最大面积为

$$S(20)=\left(20\times 20-\frac{20^2}{2}\right)\mathrm{m}^2=200\ \mathrm{m}^2.$$

例 3.5.7 某汽车租赁公司有 50 辆电动汽车可以出租，当租金定为每天 200 元时，汽车可全部租出去，当每天的租金每增加 10 元时，就有一辆汽车租不出去. 租出去的汽车每天需花费 20 元的维护费，问：每天的租金定为多少时，可使汽车租赁公司获得最大收入？

解 设租金定为每天 x 元，则租出去的汽车为$\left(50-\frac{x-200}{10}\right)$辆，每日总收入(单位：元)为

$$R(x)=(x-20)\left(50-\frac{x-200}{10}\right)=(x-20)\left(70-\frac{x}{10}\right).$$

$R(x)$ 的导数为 $R'(x)=\left(70-\frac{x}{10}\right)+(x-20)\left(-\frac{1}{10}\right)=72-\frac{x}{5}$，令 $R'(x)=0$，解得 $x=360$(唯一驻点). 又 $R''(x)=-\frac{1}{5}<0$，则 $x=360$ 为极大值点，也是最大值点. 故每天的租金定为 360 元时，该汽车租赁公司的收入最大，最大收入为

$$R(360)=\left[(360-20)\left(70-\frac{360}{10}\right)\right]\text{元}=11\,560\ \text{元}.$$

现在我们来解决本节开头提出的引例.

假设从点 A 处铺设水下电缆到达岸边的点 D 处，$BD=x$ km，则由勾股定理知，

$$AD=\sqrt{12^2+x^2}\ \text{km},\quad CD=(20-x)\ \text{km}.$$

设总的铺设成本为函数 $f(x)$(单位:万元),则

$$f(x)=5\cdot\sqrt{12^2+x^2}+3\cdot(20-x),\quad 0\leqslant x\leqslant 20,$$

化简得 $f(x)=5\sqrt{144+x^2}-3x+60$. 现在问题归结为求函数 $f(x)$ 在条件 $0\leqslant x\leqslant 20$ 下的最小值. 函数 $f(x)$ 的导数为

$$f'(x)=5\frac{x}{\sqrt{144+x^2}}-3,$$

令 $f'(x)=0$,解得 $x=9$(唯一驻点). 因为驻点是唯一的,而该实际问题必有最小值,所以 $x=9$ 就是函数 $f(x)$ 的最小值点.

由此可知,当水下铺设电缆长度为 $\sqrt{144+81}$ km $=15$ km,而陆地铺设电缆长度为 11 km 时,成本最低,且最低成本为

$$f(9)=(5\times 15+3\times 11)\text{万元}=108\text{万元}.$$

可以看到,本节开头引例中的折中方案(3)还不是最优解,但比较接近最优解了.

习题 3.5

1. 求下列函数的极值:

(1) $y=2x^2-8x+9$;　　(2) $y=5^x-x\ln 5$;

(3) $y=x^3-3x+1$;　　(4) $y=x^3+x^2-8x-3$;

(5) $y=(x-1)^{\frac{2}{3}}+3$;　　(6) $y=\sin x-\frac{x}{2},\ x\in[0,2\pi]$.

2. 求下列函数在给定区间上的最值:

(1) $y=x^2-4x+1$, $[-1,3]$;　　(2) $y=x^3-12x+1$, $[-3,1]$;

(3) $y=x+2\cos x$, $[0,2\pi]$;　　(4) $y=3x^4-4x^3-1$, $[-1,2]$.

3. 已知某工厂生产 x 件某产品的总成本是 $C(x)=\frac{x^2}{10}+200x+2\,500$(单位:元),该产品以500元/件售出,问:在产销平衡的情况下,要使得总利润最大,应生产多少件该产品?

4. 一个矩形内接于一个半径为 4 cm 的半圆,问:矩形的长、宽分别为多少时,可使矩形的面积最大?

5. 某学校计划用白漆靠墙壁画一个固定规格的长方形线框用来放置物资,现在白漆只够画 30 m 长的线,为了节省白漆,靠墙壁那一边不需要画线. 问:应该如何画线才能使得线框的面积最大?

§ 3.6　一元函数微分学应用案例

在现实生活中,很多问题都可以利用微分学的相关知识来解决,尤其是可以使用导数解

决生活中与最优化相关的许多问题,下面通过一些例子来说明.

例 3.6.1 某大学每年举行 1 000 m 学生跑步体测,现测量得到某学生跑过的路程 $s(t)$(单位:m) 与跑步的时间 t(单位:s) 的关系是 $s(t)=6t-\frac{t^2}{200}$,求该学生在第 120 s 时的瞬时速度.

解 由题意知,第 t s 时的瞬时速度(单位:m/s) 为

$$v(t)=s'(t)=6-\frac{t}{100},$$

则

$$v(120)=6-\frac{120}{100}=4.8,$$

即该学生在第 120 s 时的瞬时速度为 4.8 m/s.

例 3.6.2 根据环保部门测定:烟囱向其周围地区散落烟尘会造成环境污染. 已知落在地面某处的烟尘浓度与烟囱喷出的烟尘量成正比,而与此处到烟囱的距离的平方成反比. 现已知某城市有 A,B 两座烟囱,它们之间相距 20 km, 其中 B 烟囱喷出的烟尘量是 A 的 8 倍,试求出两座烟囱连线上的点 C,使该点的烟尘浓度最低.

解 不妨设 A 烟囱喷出的烟尘量为 1,则 B 烟囱喷出的烟尘量为 8. 又设 $AC=x$ km $(0<x<20)$,则 $BC=(20-x)$ km. 依题意得,点 C 处的烟尘浓度为

$$y=\frac{k}{x^2}+\frac{8k}{(20-x)^2}\quad(k\text{ 是比例系数,且 }k>0).$$

其导数为 $y'=-\frac{2k}{x^3}+\frac{16k}{(20-x)^3}$,令 $y'=0$,解得 $x=\frac{20}{3}$(唯一驻点).

因 $x=\frac{20}{3}$ 是函数 y 的唯一驻点,并在 $(0,20)$ 内取得,又烟尘浓度的最小值客观上存在,故知 $x=\frac{20}{3}$ 也是 y 的最小值点,即当点 C 位于距 A 烟囱 $\frac{20}{3}$ km 处时,烟尘浓度最低.

在经济高速发展的同时,人们也越来越关心赖以生存的环境质量,这提示我们不能仅仅追求经济效益,同时应当注意保护环境. 我们要响应国家节能减排的号召,在“十四五”期间进一步加强大气污染防治和二氧化碳排放控制工作的统筹,共同发力推动相关工作,以实现气候和环境效益最大化.

例 3.6.3 求例 1.6.1 中使得产品的总利润最大的销售价格.

解 总利润函数为

$$L=R-C=-740P^2+18\,700P-83\,000,$$

L 的导数为 $L'(P)=-1\,480P+18\,700$,令 $L'(P)=0$,解得 $P\approx 12.64$(唯一驻点). 又 $L''(P)=-1\,480<0$,于是 $P\approx 12.64$ 是极大值点,也是最大值点. 故当销售价格为 12.64 元 / 件时,产品的总利润最大.

例 3.6.4　某银行计划新设一种定期存款业务，经过市场调查可预测：存款量与存款利率的平方成正比，比例系数为 $k(k>0)$，贷款的利率为 4.8%. 假设银行吸收的存款能全部放贷出去，问：银行的存款利率为多少时，银行可获得最大收益？

解　设银行的存款利率为 x，则由题意知 $x\in(0,4.8\%)$，于是存款量为 kx^2，银行应支付的利息是 kx^3，贷款的收益是 $kx^2\cdot 4.8\%=0.048kx^2$. 由此可得，银行的收益为

$$y=0.048kx^2-kx^3,$$

y 的导数为 $y'=0.096kx-3kx^2$，令 $y'=0$，得 $x=0.032$ 或 $x=0$（舍去）.

因 $x=0.032$ 是收益函数 y 的唯一驻点，故 $x=0.032$ 也是 y 的最大值点. 因此，当银行的存款利率为 3.2% 时，银行可获得最大收益.

习题 3.6

1. 已知某生产厂家的年利润 y（单位：万元）与年产量 x（单位：万件）的函数关系式为 $y=-\frac{1}{3}x^3+81x-120$，问：当生产厂家的年产量为多少时，获得的年利润最大？

2. 已知曲线 C 的方程为 $y=x^3-3x^2+2x$，直线 l 的方程为 $y=kx$，且 l 与 C 相切于点 (x_0,y_0) $(x_0\neq 0)$，求直线 l 的方程及切点的坐标.

3. 已知某商品的生产成本 C 与产量 Q 的函数关系式为 $C=100+4Q$，价格 P 与产量 Q 的函数关系式为 $P=25-\frac{1}{8}Q$. 问：当产量 Q 为多少时，利润 L 最大？

4. 一工厂生产某种产品，已知该产品的月生产量 x（单位：t）与产品的价格 P（单位：元/t）之间的关系式为 $P=24\,200-\frac{1}{5}x^2$，且该产品的成本函数为 $C(x)=50\,000+200x$（单位：元）. 问：该产品月生产量为多少才能使利润 L 达到最大？最大利润是多少？

5. 甲、乙两个村子在一条河的同侧（见图 3.6.1），甲村位于河岸边点 A 处，乙村位于离河岸 40 km 的点 B 处，乙村到河岸的垂足点 D 与点 A 相距 50 km. 现两村要在河岸边合建一个供水站，设其在点 C 处，从供水站到甲村、乙村铺设水管的费用分别为 30 元/km，50 元/km，问：供水站建在何处才能使水管铺设费用最省？

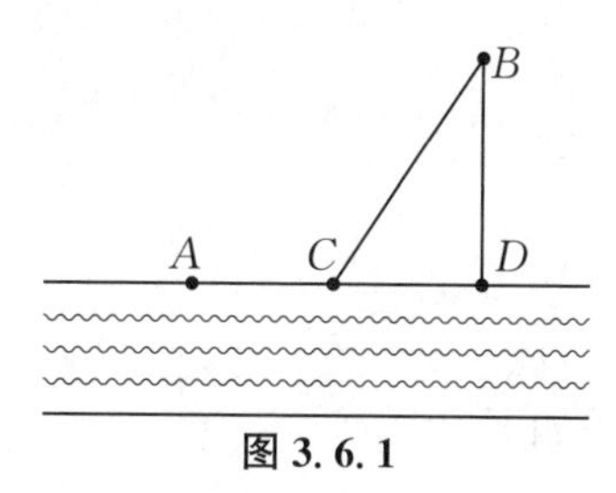

图 3.6.1

6. 甲、乙两地相距 400 km，汽车从甲地匀速行驶到乙地，速度不得超过 100 km/h. 已知汽车每小时的运输成本 P（单位：元）与速度 v（单位：km/h）的函数关系式为 $P=\frac{1}{19\,200}v^4-\frac{1}{160}v^3+15v$. 问：为使得全程运输成本最少，汽车应以多大速度行驶？并求全程运输成本的最小值.

§3.7 数学实验:利用 MATLAB 求函数的导数

一、命令介绍

MATLAB 求函数导数的命令和实现的功能如表 3.7.1 所示.

表 3.7.1

命令	功能
diff(f,x,n)	求函数 f 关于自变量 x 的 n 阶导数,其中 x 省略时,表示对函数 f 的独立变量求 n 阶导数;n 省略时,表示对函数 f 的自变量 x 求一阶导数

二、应用举例

例 3.7.1 利用 MATLAB 求下列函数的一阶导数和三阶导数:

(1) $y=x^3$;　　(2) $y=\cos^3 x\cos 3x$.

解 (1) 在命令行窗口输入代码如下:

```
clear
syms x y1
y1 = x^3;
dy1 = diff(y1,x,1)    %调用 diff( ) 命令对 y1 求 x 的一阶导数,将结果赋值给变量 dy1,并输出结果
dy3 = diff(y1,x,3)    %调用 diff( ) 命令对 y1 求 x 的三阶导数,将结果赋值给变量 dy3,并输出结果
```

运行结果如下:

```
dy1 =
3* x^2
dy3 =
6
```

(2) 在命令行窗口输入代码如下:

```
clear
syms x y2
y2 = cos(x)^3* cos(3* x);
dy1 = diff(y2,x,1);
```

```
dy1=simplify(dy1)   %调用simplify( )命令对导数dy1进行化简,将结果赋值给变量dy1,并
                     输出结果
dy3=diff(y2,x,3);
dy3=simplify(dy3)
```

运行结果如下：

```
dy1=
-12*cos(x)^3*sin(x)*(2*cos(x)^2-1)
dy3=
3*sin(2*x)+24*sin(4*x)+27*sin(6*x)
```

例 3.7.2　利用MATLAB讨论函数 $y=4x^3+3x^2-6x+1$ 的极值和图形,从图形上验证该函数的单调性.

解　在命令行窗口输入代码如下(求出函数的所有驻点)：

```
clear
syms x y dy
y(x)=4*x^3+3*x^2-6*x+1;
dy=diff(y);
solve(dy)        %得到函数y的驻点
```

运行结果如下：

```
ans=
-1
1/2
```

再在命令行窗口输入代码如下(计算函数的二阶导数在驻点处的函数值,判断是极大值还是极小值)：

```
clear
syms x y d2y(x)
y(x)=4*x^3+3*x^2-6*x+1;
d2y(x)=diff(y,2);
D1=d2y(-1)          %计算d2y在点x=-1处的值,根据其符号来判断是极大值还是极小值
f1=y(-1)            %计算y(-1)
D2=d2y(1/2)
f2=y(1/2)
```

运行结果如下：

```
D1=
-18
f1=
6
D2=
18
f2=
```

```
-3/4
```

继续在命令行窗口输入代码如下(画出函数在区间[-2,2]上的图形):

```
clear
syms x y
y=4*x^3+3*x^2-6*x+1;
fplot(y,[-2,2])          %画出函数 y 在区间[-2,2]上的图形,观察函数的单调性和极值
```

运行结果如下(见图 3.7.1).

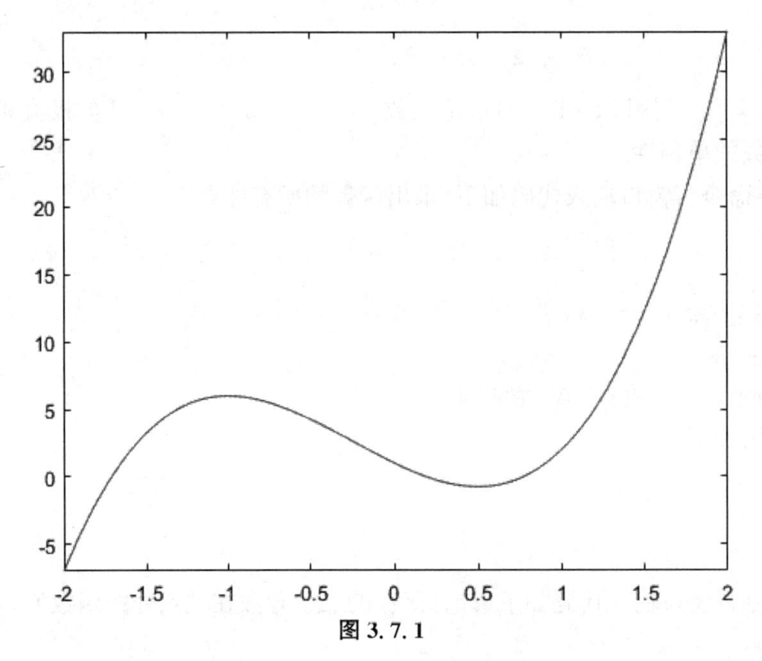

图 3.7.1

从图3.7.1中可以看到,在区间$(-\infty,-1]$上,函数y单调增加;在区间$\left[-1,\frac{1}{2}\right]$上,函数$y$单调减少;在区间$\left[\frac{1}{2},+\infty\right)$上,函数$y$单调增加,于是有极大值$y(-1)=6$,极小值$y\left(\frac{1}{2}\right)=-\frac{3}{4}$.

例 3.7.3 利用MATLAB讨论函数$y=\frac{2}{3}x-\sqrt[3]{x^2}$的极值和图形,从图形上验证该函数的单调性.

解 在命令行窗口输入代码如下(求出函数的所有驻点,通过导数找出不可导点):

```
clear
syms x y
y(x)=2/3*x-(x^2)^(1/3);   %注意输入方式,否则得不到完整的图形
dy(x)=diff(y)
solve(dy)
```

运行结果如下:

```
dy(x) =
2/3-(2*x)/(3*(x^2)^(2/3))
ans =
1
```

从上述运行结果可以看出，函数 y 有不可导点 $x=0$，再在命令行窗口输入代码如下（计算导数 y' 在不可导点 $x=0$ 和驻点 $x=1$ 左、右两侧的函数值）：

```
clear
syms x y
y(x) = 2/3*x-(x^2)^(1/3);
dy(x) = diff(y);
f1 = dy(-1)
f2 = dy(1/8)
f3 = dy(8)
```

运行结果如下：

```
f1 =
4/3
f2 =
-2/3
f3 =
1/3
```

继续在命令行窗口输入代码如下（画出函数在区间$[-2,6]$上的图形）：

```
clear
syms x y
y = 2/3*x-(x^2)^(1/3);
fplot(y,[-2,6])  %画出函数 y 在区间[-2,6]上的图形,观察函数的单调性和极值
```

运行结果如下（见图 3.7.2）.

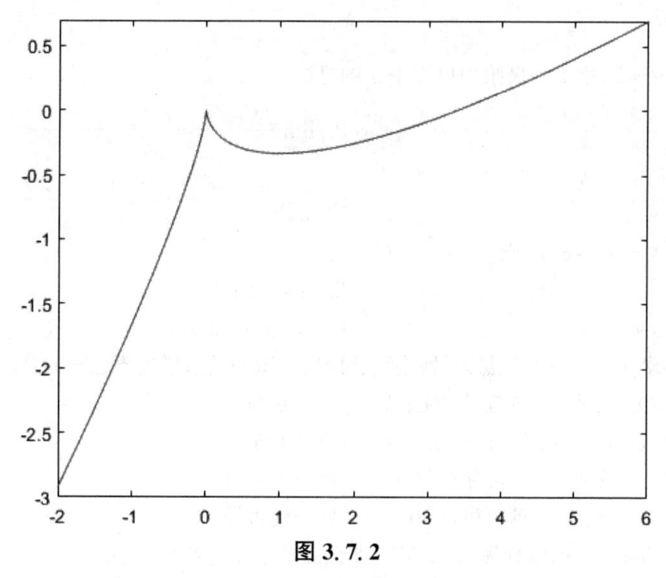

图 3.7.2

从图 3.7.2 中可以看到，在区间$(-\infty,0]$上，函数 y 单调增加；在区间$[0,1]$上，函数 y 单调减少；在区间$[1,+\infty)$上，函数 y 单调增加，于是有极大值 $y(0)=0$，极小值 $y(1)=-\frac{1}{3}$.

习题 3.7

1. 利用 MATLAB 求下列函数的一阶导数和四阶导数：

(1) $y=\cos(2x+3)$；

(2) $y=\ln(3x^2+1)$；

(3) $y=\sqrt{x\sqrt{x\sqrt{x}}}$；

(4) $y=5^{-\frac{1}{3}x^3}$；

(5) $y=\cot\frac{1}{5}x^5$；

(6) $y=\sin \mathrm{e}^{2x+1}$；

(7) $y=\ln\ln\ln x$；

(8) $y=\left(\frac{x}{1+x}\right)^x$；

(9) $y=\ln\sqrt{\frac{2-\sin x}{2+\sin x}}$；

(10) $y=x^a+a^x+x^x+a^a$ （a 为常数且$a>0, a\neq 1, x>0$）.

2. 利用 MATLAB 讨论下列函数的极值和图形，从图形上验证该函数的单调性：

(1) $y=x^2-4x+3$；

(2) $y=x^3-3x^2-9x+2$；

(3) $y=4x^3-3x^2-60x+4$；

(4) $y=2x-\mathrm{e}^{2x}-3$；

(5) $y=\frac{2x}{x^2+2}$；

(6) $y=\frac{x^2}{1+x}$.

总习题 3

一、选择题

1. 已知 $f'(x_0)=a$，则下列极限中也等于 a 的是（　　）.

A. $\lim\limits_{x\to 0}\frac{f(x_0-x)-f(x_0)}{x}$

B. $\lim\limits_{x\to 0}\frac{f(x_0+x)-f(x_0-x)}{x}$

C. $\lim\limits_{x\to 0}\frac{f(x_0-x)-f(x_0)}{-x}$

D. $\lim\limits_{x\to 0}\frac{f(x_0+x)-f(x_0-x)}{-x}$

2. 设函数 $f(x)=\sin\sin x$，则 $f'(x)=$（　　）.

A. $\cos\cos x$

B. $\cos\sin x$

C. $\cos x\cdot\cos\cos x$

D. $\cos x\cdot\cos\sin x$

3. 下列关于函数 $y=f(x)$ 在点 x_0 处连续、可导、可微的关系描述不正确的是（　　）.

A. 函数 $y=f(x)$ 在点 x_0 处连续，则在点 x_0 处一定可导

B. 函数 $y=f(x)$ 在点 x_0 处可导，则在点 x_0 处一定连续

C. 函数 $y=f(x)$ 在点 x_0 处可导，则在点 x_0 处一定可微

D. 函数 $y=f(x)$ 在点 x_0 处可微，则在点 x_0 处一定可导

4. 已知函数 $y=f(x)$ 的微分为 $\sin 2x\,\mathrm{d}x$，那么函数 $f(x)=$（　　）.

A. $\cos 2x$　　B. $-\cos 2x$

C. $\frac{1}{2}\cos 2x$　　D. $-\frac{1}{2}\cos 2x$

5. 关于函数 $y=x^2+2x-4$,下列说法中正确的是(　　).

A. $x=-1$ 是该函数的零点

B. $x=-1$ 是该函数的驻点,但不是极值点

C. $x=-1$ 是该函数的极小值点

D. $x=-1$ 是该函数的极大值点

6. 下列选项中函数(　　)在其定义域上不是单调的.

A. $y=3^{-x}$　　B. $y=x^2$

C. $y=x^{\frac{1}{3}}+1$　　D. $y=e^{2x}$

二、计算题

1. 求下列函数的导数:

(1) $y=3x^7+4x^3+x$;　　(2) $y=2\ln x+2^x-3\ln 3$;

(3) $y=\frac{2x^3+x+1}{\sqrt{x}}$;　　(4) $y=x^a+a^a$ (a 为常数且 $a>0,a\neq 1,x>0$);

(5) $y=x(\cos x+1)$;　　(6) $y=\frac{e^x}{x}$;

(7) $y=\ln(1-x)$;　　(8) $y=\tan x^2$;

(9) $y=\cos e^{\sqrt{x}}$;　　(10) $y=\frac{1}{\sin 2x}$;

(11) $y=\sin(e^{\sqrt{x}}+x)$;　　(12) $y=(5x+3)\ln 2x$.

2. 求下列函数的二阶导数:

(1) $y=x^7+3x^2$;　　(2) $y=\frac{2}{x^2}-\cos x$;

(3) $y=\ln(2x+5)$;　　(4) $y=e^{3x}+\sin x$;

(5) $y=x\ln x$;　　(6) $y=\frac{1}{\cos x}$.

3. 求下列函数的微分:

(1) $y=2\sqrt{x}+5$;　　(2) $y=3\sin x+\ln 2$;

(3) $y=2^x(3^x+5)$;　　(4) $y=\frac{\sqrt[3]{x}+1}{x}$;

(5) $y=e^{\frac{x^2}{2}}$;　　(6) $y=\tan 3x$;

(7) $y=2^{\sin x+1}$;　　(8) $y=\sqrt[5]{3x+1}$;

(9) $y=\ln\cos\frac{x}{2}$;　　(10) $y=\cos 3x+\sin x^2$;

(11) $y=(x^2+1)e^x$;　　(12) $y=\frac{2x}{\cos x}$.

4. 求下列函数的单调区间和极值:

(1) $y=-2x^2-4x+5$;　　(2) $y=\frac{2}{3}x+x^{\frac{2}{3}}$;

(3) $y=\cos x+\frac{x}{2}$, $x\in[0,2\pi]$;　　(4) $y=2x-e^{2x}$;

(5) $y=\sqrt{x^2+1}$；　　　　(6) $y=4x^3-3x^2-60x+2$.

三、应用题

1. 设函数 $f(x)=\begin{cases}x^2, & x\leqslant 2,\\ ax+b, & x>2,\end{cases}$ 问：当 a,b 为何值时，$f(x)$ 处处可导？

2. 已知函数 $f(x)=\begin{cases}2x, & x\leqslant 0,\\ x\mathrm{e}^x, & x>0,\end{cases}$ 求 $f'_-(0)$ 和 $f'_+(0)$，并讨论 $f'(0)$ 是否存在.

3. 求曲线 $y=\sin 2x$ 在点 $\left(\frac{\pi}{6},\frac{\sqrt{3}}{2}\right)$ 处的切线方程与法线方程.

4. 设某产品的价格函数为 $P(x)=100-\frac{x}{50}$(单位：万元/t)，总成本函数为 $C(x)=1\,000+50x+\frac{x^2}{200}$(单位：万元)，其中 x 为产量(单位：t). 假设产销平衡，问：要使总利润达到最大，应该生产多少该产品？

5. 求斜边为 5 cm 长的直角三角形的最大面积.

6. 一商店某商品的进价为每件 90 元，若售价定为每件 100 元，则每个月可卖出 1 000 件. 若每件售价上涨 5 元，则每个月少卖出 10 件. 问：每件商品的售价定为多少时，该商店每个月获得利润最大？最大利润是多少？

第四章 一元函数积分学及其应用

勤能补拙是良训，一分辛苦一分才.

——华罗庚

第三章主要介绍了一元函数微分学，若一个函数可导或可微，则我们可以求出该函数的导数或微分. 但在实际应用中，经常会遇到与此相反的问题，即已知某函数的导数，求该函数及其相关问题，这就是本章要研究的积分学问题. 不定积分和定积分是一元函数积分学中两个重要的基本概念.

本章主要介绍积分的概念、性质和积分方法，定积分在几何中的应用，积分在实际问题中的应用以及利用 MATLAB 求函数的积分.

§4.1 不定积分的概念与性质

司马光砸缸的故事给我们以启示，有人落水，常规的思维模式是救人离水，而司马光面对紧急情况，运用了逆向思维，果断地用石头把缸砸破，让水离人，救了小伙伴的性命. 同样，将逆向思维引入求导运算，就有了本节要讨论的不定积分. 不定积分又称为反导数，它是求导运算的逆运算. 本节主要介绍不定积分的概念、性质和直接计算方法. 下面先介绍原函数与不定积分的概念，它是积分学中最基本的概念，也是本节的重点内容之一.

一、原函数与不定积分的概念

定义 4.1.1 设函数 $f(x)$ 在区间 I 上有定义. 若对区间 I 上任一点 x，存在可导函数 $F(x)$ 满足

$$F'(x)=f(x) \quad 或 \quad \mathrm{d}F(x)=f(x)\mathrm{d}x,$$

则称 $F(x)$ 为 $f(x)$ 在区间 I 上的一个**原函数**.

例如，因为 $(x^2)'=2x$，所以 x^2 是 $2x$ 的一个原函数；又因为 $(x^2+1)'=2x$，所以 x^2+1 也是 $2x$ 的一个原函数. 不难得出，x^2+C（C 为任意常数）均是 $2x$ 的原函数. 推而广之，若 $F(x)$ 是 $f(x)$ 的一个原函数，则 $F(x)+C$（C 为任意常数）也是 $f(x)$ 的原函数. 由此可见，如果一个函数有原函数，那么它的原函数不是唯一的.

什么样的函数一定有原函数呢？这里先给出原函数存在定理.

定理 4.1.1（原函数存在定理） 如果函数 $f(x)$ 在区间 I 上连续，那么 $f(x)$ 在 I 上的原函数必存在，即在 I 上存在可导函数 $F(x)$，使得对于任意 $x\in I$，都有

$$F'(x)=f(x).$$

简单地说，连续函数一定有原函数. 于是，初等函数在其定义区间内的原函数必存在.

若 $F(x)$ 是 $f(x)$ 在区间 I 上的一个原函数，则 $F(x)+C$（C 为任意常数）表示 $f(x)$ 的全体原函数，即 $f(x)$ 的不定积分.

定义 4.1.2 函数 $f(x)$ 在区间 I 上的原函数的全体称为 $f(x)$ 的**不定积分**，记作 $\int f(x)\mathrm{d}x$，即

$$\int f(x)\mathrm{d}x=F(x)+C,$$

其中 $F(x)$ 是 $f(x)$ 的一个原函数，$\int$ 称为**积分号**，$f(x)$ 称为**被积函数**，$f(x)\mathrm{d}x$ 称为**被积表达式**，x 称为**积分变量**，C 称为**积分常数**.

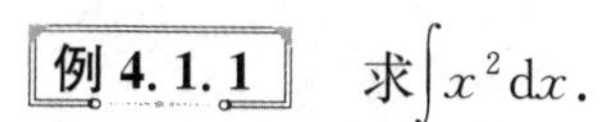

例 4.1.1　求$\int x^2 \mathrm{d}x$.

解　因为$\left(\frac{x^3}{3}\right)'=x^2$，即$\frac{x^3}{3}$是$x^2$的一个原函数,所以

$$\int x^2 \mathrm{d}x=\frac{x^3}{3}+C.$$

例 4.1.2　求$\int \sin x \mathrm{d}x$.

解　因为$(-\cos x)'=\sin x$,即$-\cos x$是$\sin x$的一个原函数,所以

$$\int \sin x \mathrm{d}x=-\cos x+C.$$

例 4.1.3　求$\int \mathrm{e}^x \mathrm{d}x$.

解　因为$(\mathrm{e}^x)'=\mathrm{e}^x$，即$\mathrm{e}^x$是$\mathrm{e}^x$的一个原函数,所以

$$\int \mathrm{e}^x \mathrm{d}x=\mathrm{e}^x+C.$$

例 4.1.4　求$\int \frac{1}{x}\mathrm{d}x$.

解　当$x>0$时,因为$(\ln x)'=\frac{1}{x}$,所以

$$\int \frac{1}{x}\mathrm{d}x=\ln x+C \quad (x>0);$$

当$x<0$时,因为$[\ln(-x)]'=\frac{1}{x}$,所以

$$\int \frac{1}{x}\mathrm{d}x=\ln(-x)+C \quad (x<0).$$

综上可知

$$\int \frac{1}{x}\mathrm{d}x=\ln|x|+C.$$

二、基本积分公式

因为积分运算是求导运算的逆运算,所以由导数公式就可相应地得到积分公式.根据基本导数公式可以得到基本积分公式,归纳如下：

(1) $\int k\mathrm{d}x=kx+C$ （k为常数）；

(2) $\int x^{\mu}\mathrm{d}x=\frac{1}{\mu+1}x^{\mu+1}+C$ （$\mu\neq-1$且为常数）；

(3) $\int a^x \mathrm{d}x=\frac{a^x}{\ln a}+C$ （a为常数且$a>0,a\neq1$）；

(4) $\int \mathrm{e}^x \mathrm{d}x=\mathrm{e}^x+C$；

(5) $\int \frac{1}{x}dx = \ln|x| + C$；

(6) $\int \cos x\,dx = \sin x + C$；

(7) $\int \sin x\,dx = -\cos x + C$；

(8) $\int \frac{1}{\cos^2 x}dx = \int \sec^2 x\,dx = \tan x + C$；

(9) $\int \frac{1}{\sin^2 x}dx = \int \csc^2 x\,dx = -\cot x + C$；

(10) $\int \sec x \tan x\,dx = \sec x + C$；

(11) $\int \csc x \cot x\,dx = -\csc x + C$.

例 4.1.5 求下列不定积分：

(1) $\int x^3 dx$；

(2) $\int 2^x dx$；

(3) $\int \frac{1}{x^2}dx$；

(4) $\int \frac{1}{\sqrt{x}}dx$；

(5) $\int \frac{x^2\sqrt{x}}{\sqrt[3]{x}}dx$；

(6) $\int 3^x e^x dx$.

解 (1) $\int x^3 dx = \frac{1}{3+1}x^{3+1} + C = \frac{1}{4}x^4 + C$.

(2) $\int 2^x dx = \frac{2^x}{\ln 2} + C$.

(3) $\int \frac{1}{x^2}dx = \int x^{-2}dx = \frac{1}{-2+1}x^{-2+1} + C = -\frac{1}{x} + C$.

(4) $\int \frac{1}{\sqrt{x}}dx = \int x^{-\frac{1}{2}}dx = \frac{1}{-\frac{1}{2}+1}x^{-\frac{1}{2}+1} + C = 2x^{\frac{1}{2}} + C = 2\sqrt{x} + C$.

(5) 对于被积函数 $\frac{x^2\sqrt{x}}{\sqrt[3]{x}}$，用幂函数的运算法则化简，得

$$\frac{x^2\sqrt{x}}{\sqrt[3]{x}} = \frac{x^2 x^{\frac{1}{2}}}{x^{\frac{1}{3}}} = x^{2+\frac{1}{2}-\frac{1}{3}} = x^{\frac{13}{6}},$$

则

$$\int \frac{x^2\sqrt{x}}{\sqrt[3]{x}}dx = \int x^{\frac{13}{6}}dx = \frac{1}{\frac{13}{6}+1}x^{\frac{13}{6}+1} + C = \frac{6}{19}x^{\frac{19}{6}} + C.$$

(6) 对于被积函数 $3^x e^x$，用指数函数的运算法则化简，得 $3^x e^x = (3e)^x$，则

$$\int 3^x e^x dx=\int(3e)^x dx=\frac{(3e)^x}{\ln(3e)}+C=\frac{3^x e^x}{1+\ln 3}+C.$$

注　例 4.1.5 中(3) 和(4) 的结果可作为结论用，即

$$\int\frac{1}{x^2}dx=-\frac{1}{x}+C,\quad \int\frac{1}{\sqrt{x}}dx=2\sqrt{x}+C.$$

三、不定积分的几何意义

若 $F(x)$ 是 $f(x)$ 的一个原函数，则函数 $y=F(x)$ 的图形是平面直角坐标系 xOy 中的一条曲线，称为 $f(x)$ 的一条**积分曲线**. 不定积分 $\int f(x)dx$ 是由无穷多条积分曲线构成的积分曲线族，它的特点是：在横坐标相同的各点处，各积分曲线的切线斜率都等于 $f(x)$，即各切线相互平行(见图 4.1.1). 若要求 $f(x)$ 的过点 (x_0,y_0) 的积分曲线，则为求满足条件 $y\big|_{x=x_0}=y_0$，即 $F(x_0)+C=y_0$ 的函数 $f(x)$ 的原函数.

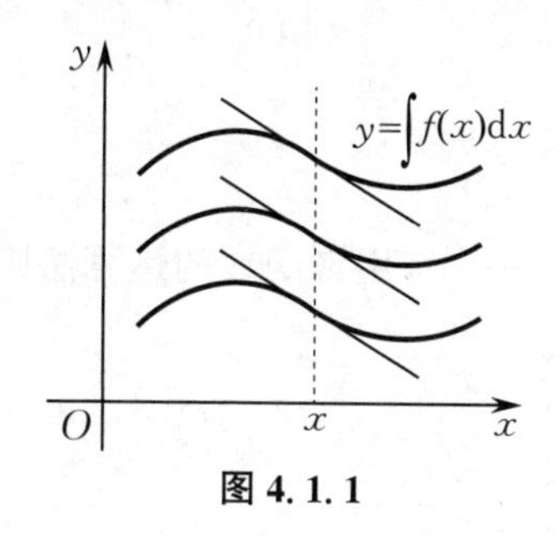

图 4.1.1

例 4.1.6　求函数 $f(x)=3x^2$ 的过点(1,3) 的积分曲线.

解　$y=\int 3x^2 dx=x^3+C$，代入初始条件 $y\big|_{x=1}=3$，解得 $C=2$. 因此，所求积分曲线为

$$y=x^3+2.$$

四、不定积分的性质

由不定积分的定义，可以得到如下三个性质.

(1) $\int kf(x)dx=k\int f(x)dx$　(k 是不为 0 的常数).

(2) $\int[f(x)\pm g(x)]dx=\int f(x)dx\pm\int g(x)dx$.

性质(2) 可推广到有限个函数的情况，即

$$\int[f_1(x)\pm f_2(x)\pm\cdots\pm f_n(x)]dx=\int f_1(x)dx\pm\int f_2(x)dx\pm\cdots\pm\int f_n(x)dx.$$

(3) 求不定积分与求微分(或导数) 是两种互逆的运算，它们的互逆关系是：

$$\left[\int f(x)dx\right]'=f(x)\quad 或\quad d\left[\int f(x)dx\right]=f(x)dx,$$

$$\int f'(x)\mathrm{d}x=f(x)+C \quad 或 \quad \int \mathrm{d}f(x)=\int f'(x)\mathrm{d}x=f(x)+C.$$

例 4.1.7 求$\int(\cos x-3\mathrm{e}^x)\mathrm{d}x$.

解 $\int(\cos x-3\mathrm{e}^x)\mathrm{d}x=\int\cos x\mathrm{d}x-3\int\mathrm{e}^x\mathrm{d}x=\sin x-3\mathrm{e}^x+C.$

例 4.1.8 求$\int(5x^4-\csc^2 x+3)\mathrm{d}x$.

解 $\int(5x^4-\csc^2 x+3)\mathrm{d}x=5\int x^4\mathrm{d}x-\int\csc^2 x\mathrm{d}x+\int 3\mathrm{d}x=x^5+\cot x+3x+C.$

例 4.1.9 求$\int(6^x+3\sec x\tan x+\sin x)\mathrm{d}x$.

解
$$\begin{aligned}\int(6^x+3\sec x\tan x+\sin x)\mathrm{d}x&=\int 6^x\mathrm{d}x+3\int\sec x\tan x\mathrm{d}x+\int\sin x\mathrm{d}x\\&=\frac{6^x}{\ln 6}+3\sec x-\cos x+C.\end{aligned}$$

例 4.1.10 求$\int\frac{1+2x^2-x^4}{x^2}\mathrm{d}x$.

解 对于被积函数$\frac{1+2x^2-x^4}{x^2}$,用幂函数的运算法则化简,得

$$\frac{1+2x^2-x^4}{x^2}=\frac{1}{x^2}+2-x^2,$$

则

$$\begin{aligned}\int\frac{1+2x^2-x^4}{x^2}\mathrm{d}x&=\int\left(\frac{1}{x^2}+2-x^2\right)\mathrm{d}x=\int\frac{1}{x^2}\mathrm{d}x+\int 2\mathrm{d}x-\int x^2\mathrm{d}x\\&=-\frac{1}{x}+2x-\frac{x^3}{3}+C.\end{aligned}$$

例 4.1.11 计算下列各式:

(1) $\left(\int\cos x^2\mathrm{d}x\right)'$; (2) $\mathrm{d}\left(\int 3^{x^2-1}\mathrm{d}x\right)$;

(3) $\int[\ln(x^2-1)]'\mathrm{d}x$; (4) $\int\mathrm{d}(\cot x)$.

解 (1) $\left(\int\cos x^2\mathrm{d}x\right)'=\cos x^2$.

(2) $\mathrm{d}\left(\int 3^{x^2-1}\mathrm{d}x\right)=3^{x^2-1}\mathrm{d}x$.

(3) $\int[\ln(x^2-1)]'\mathrm{d}x=\ln(x^2-1)+C$.

(4) $\int\mathrm{d}(\cot x)=\cot x+C$.

习题 4.1

1. 下列 8 个函数中，有 4 个是另外 4 个的原函数，指出它们的对应关系：

$1+\dfrac{2}{x}$，　$-\dfrac{2}{x^2}$，　$\dfrac{-3x^2}{2-x^3}$，　$-6x(1-x^2)^2$，　$\ln(2-x^3)$，　$\sin x^4$，　$(1-x^2)^3$，　$4x^3\cos x^4$.

2. 求下列不定积分：

(1) $\int 7x^6\mathrm{d}x$；　　(2) $\int (5^x+x^5)\mathrm{d}x$；

(3) $\int (1-\sin x+\cos x)\mathrm{d}x$；　　(4) $\int \left(\dfrac{6}{x^2}-5x^2\right)\mathrm{d}x$；

(5) $\int (x^2-1)^2\mathrm{d}x$；　　(6) $\int \dfrac{(x^3-2)(x+1)}{x^2}\mathrm{d}x$；

(7) $\int \dfrac{1-\mathrm{e}^{2x}}{1+\mathrm{e}^x}\mathrm{d}x$；　　(8) $\int \dfrac{x^2-1}{1+x}\mathrm{d}x$.

3. 计算下列各式：

(1) $\left(\int \ln x^4\mathrm{d}x\right)'$；　　(2) $\mathrm{d}\left[\int \cot(x^2+x)\mathrm{d}x\right]$；

(3) $\int [\sin(1-x^3)]'\mathrm{d}x$；　　(4) $\int \mathrm{d}(2^{\sin x})$.

4. 已知函数 $f(x)=3x^2+1$ 的一个原函数为 $F(x)$，且满足 $F(1)=3$，求 $F(x)$ 的解析式.

5. 已知曲线 $y=f(x)$ 在任意一点 x 处的切线斜率为 $3x^2$，且曲线过点(1,3)，求曲线的方程.

§4.2　定积分的概念与性质

定积分和不定积分是积分学的两个基本概念，不定积分是微分的逆运算，定积分则起源于求由曲线所围成的平面图形的面积等实际问题. 古希腊数学家阿基米德曾将“穷竭法”广泛应用于求曲面的面积和旋转体的体积，我国古代数学家刘徽也运用自身创立的“割圆术”计算过一些几何体的面积和体积，这些思想都是后来定积分思想的雏形. 直到 17 世纪中叶，牛顿和莱布尼茨先后提出定积分的概念，建立了牛顿-莱布尼茨公式以后，定积分才迅速建立和发展起来，成为解决相关实际问题的有力工具. 事实上，牛顿-莱布尼茨公式是联系微分学与积分学的桥梁，它是微积分学中最基本的公式之一，证明了微分与积分是可逆运算，同时在理论上标志着微积分学完整体系的形成，从此微积分学成为一门真正的学科.

本节将从几何问题和物理问题出发，引出定积分的概念，然后介绍定积分的性质.

一、引例

1. 曲边梯形的面积

通过初等数学的学习，我们已经知道如何利用公式计算三角形、矩形等规则平面图形的面积. 但在实际生活中，大多需要求不规则的平面图形的面积.

设 $y=f(x)$ 是区间 $[a,b]$ 上的连续函数，且 $f(x)\geqslant 0$. 如图 4.2.1 所示，由曲线 $y=f(x)$ 与直线 $x=a$，$x=b$ 及 x 轴所围成的图形，称为**曲边梯形**. 那么我们如何计算该曲边梯形的面积呢?

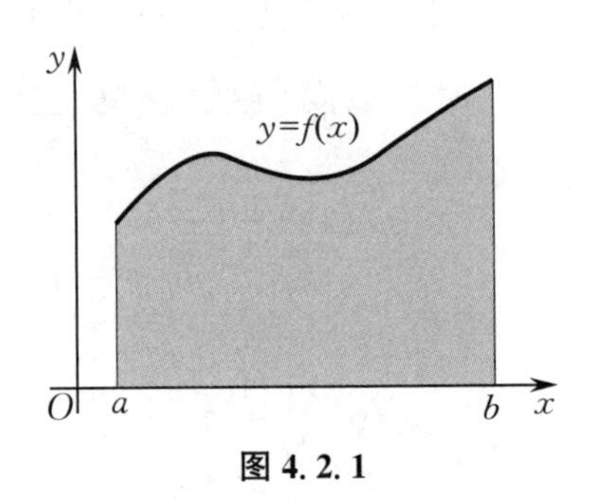

图 4.2.1

已知矩形的面积公式为

$$面积=底\times高,$$

而曲边梯形的面积不能直接用这个公式计算，因为它各处的高是不同的. 为了解决这个困难，用一组垂直于 x 轴的直线将曲边梯形分割成很多个足够小的小曲边梯形. 由于这些小曲边梯形的底很短，故在同一个小曲边梯形中，高 $f(x)$ 几乎没有变化，因此可将这些小曲边梯形近似看作小矩形，这样就可以利用矩形的面积公式计算每个小曲边梯形面积的近似值，再将所有小矩形的面积相加得到原曲边梯形面积的近似值. 显然，把曲边梯形分割得越细，近似程度就越高. 为了得到面积的精确值，需要将曲边梯形无限细分，即每个小矩形的底边长都无限趋于 0，这时所有小矩形的面积之和的极限就可定义为曲边梯形的面积. 下面具体分四步讨论.

(1) 分割：在区间 $[a,b]$ 内任意插入 $n-1$ 个分点

$$a=x_0<x_1<x_2<\cdots<x_{n-1}<x_n=b,$$

这些分点把区间 $[a,b]$ 分成 n 个小区间 $[x_{i-1},x_i]$，第 i 个小区间的长度为 $\Delta x_i=x_i-x_{i-1}$ $(i=1,2,\cdots,n)$. 相应地，曲边梯形被分为 n 个小曲边梯形.

(2) 近似代替：将每个小曲边梯形近似看作小矩形. 在第 i 个小区间 $[x_{i-1},x_i]$ 上任取一点 ξ_i，作以小区间 $[x_{i-1},x_i]$ 为底、$f(\xi_i)$ 为高的小矩形(见图 4.2.2)，利用小矩形的面积近似代替第 i 个小曲边梯形的面积 ΔS_i，即

$$\Delta S_i\approx f(\xi_i)\Delta x_i\quad(i=1,2,\cdots,n).$$

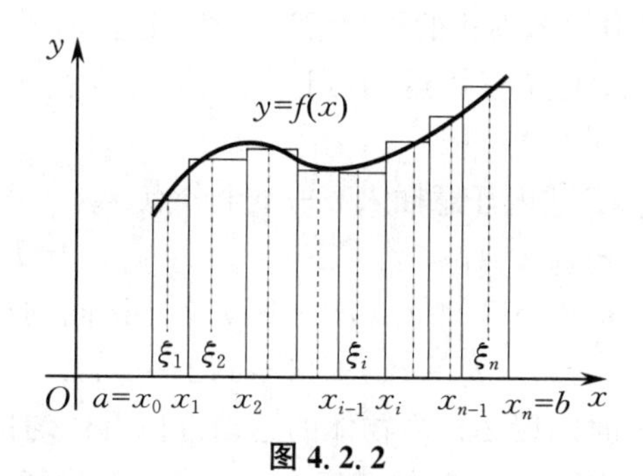

图 4.2.2

(3) 求和:将 n 个小矩形的面积相加,可得到曲边梯形面积 S 的近似值,即

$$S=\sum_{i=1}^{n}\Delta S_i\approx\sum_{i=1}^{n}f(\xi_i)\Delta x_i.$$

(4) 取极限:为使每个小矩形的底边长都趋于 0,即所有小区间的长度趋于 0,要求小区间长度中的最大值趋于 0.记 $\lambda=\max\{\Delta x_1,\Delta x_2,\cdots,\Delta x_n\}$,当 $\lambda\to 0$ 时,上述和式的极限就是所求曲边梯形的面积,即

$$S=\lim_{\lambda\to 0}\sum_{i=1}^{n}f(\xi_i)\Delta x_i.$$

事实上,上述"分割、近似代替、求和、取极限"四个步骤体现了"化整为零,积零为整"的重要思想方法,蕴含了丰富的人生哲理.分割是一种精细化思维,我们在处理复杂的问题时,要把整体问题分割成局部的问题,再逐个击破,并且要注重细节,一丝不苟.近似代替是一种创新思维,通过在局部上以直代曲,从而求出局部的近似值,它启发我们在遇到困难时,要大胆联想,勇于创新.创新始终是一个国家、一个民族发展的重要力量,也始终是推动人类社会进步的重要力量,"惟创新者进,惟创新者强,惟创新者胜".求和是一种积少成多的思想,千里之行,始于足下,想完成壮举一定要从点点滴滴的小事做起.养小德才能成大德,勿以善小而不为,勿以恶小而为之.取极限则是从量变到质变的思维,"不积跬步,无以至千里;不积小流,无以成江海""勤学如春起之苗,不见其增,日有所长;辍学如磨刀之石,不见其损,日有所亏",这些名言警句无时无刻不在提醒我们要重视微小变化,日积月累的变化终将带来显著的结果.例如,1.01 的 365 次方约等于 37.78,而 0.99 的 365 次方约等于 0.03,假如我们把"1"作为每天正常的学习状态,每天多一点惰性就变成"0.99",每天多一点努力就变成"1.01",那么一年后结果就会发生巨大的变化,每天多一点努力的成效几乎是每天多一点惰性的 1 260 倍.因此,我们在学习时需要持之以恒,哪怕是进步很小,也不要气馁,只要学习的方向是正确的,坚持下去总有开花结果的一天.要牢记,成功都是由一个个小小的成绩汇总起来的.

2. 变速直线运动的路程问题

已知匀速直线运动的路程公式为

$$路程=速度\times时间,$$

如果物体做变速直线运动,则上述的路程公式就不能直接使用了.设一物体做变速直线运动,已知速度 $v=v(t)$ 是时间间隔 $[T_1,T_2]$ 上的连续函数,且 $v(t)\geqslant 0$,现要求该物体在这段时间内所经过的路程 s.

同样利用类似于求曲边梯形面积的思想解决这个问题.由于物体运动速度的变化是连续的,当时间间隔足够短时,变速直线运动可近似看作匀速直线运动.下面也具体分四步讨论.

(1) 分割:在区间$[T_1,T_2]$内任意插入$n-1$个分点

$$T_1=t_0<t_1<t_2<\cdots<t_{n-1}<t_n=T_2,$$

这些分点把$[T_1,T_2]$分成n个小区间$[t_{i-1},t_i]$,第i个小区间的长度为

$$\Delta t_i=t_i-t_{i-1}\quad(i=1,2,\cdots,n).$$

(2) 近似代替:把每个时间段Δt_i内物体的运动近似看作匀速直线运动.在第i个小区间$[t_{i-1},t_i]$上任取一点τ_i,以$t=\tau_i$时的速度$v(\tau_i)$来近似代替$[t_{i-1},t_i]$上各时刻的速度,得到第i个小区间上路程Δs_i的近似值,即

$$\Delta s_i\approx v(\tau_i)\Delta t_i\quad(i=1,2,\cdots,n).$$

(3) 求和:将上述n段路程的近似值相加,得到物体在时间间隔$[T_1,T_2]$内路程s的近似值,即

$$s=\sum_{i=1}^{n}\Delta s_i\approx\sum_{i=1}^{n}v(\tau_i)\Delta t_i.$$

(4) 取极限:为了得到路程s的精确值,记$\lambda=\max\{\Delta t_1,\Delta t_2,\cdots,\Delta t_n\}$,令$\lambda\to0$,上述和式的极限就是物体的变速直线运动的路程,即

$$s=\lim_{\lambda\to0}\sum_{i=1}^{n}v(\tau_i)\Delta t_i.$$

虽然以上两个实际问题的意义不同,但解决问题的思想和方法相同,即都经过分割、近似代替、求和、取极限四步,最终结果都归结为相同结构和式的极限,即

曲边梯形的面积$S=\lim\limits_{\lambda\to0}\sum\limits_{i=1}^{n}f(\xi_i)\Delta x_i$;

变速直线运动的路程$s=\lim\limits_{\lambda\to0}\sum\limits_{i=1}^{n}v(\tau_i)\Delta t_i$.

通过这些具体问题,抓住它们的共同本质与特性进行研究,即可抽象出定积分的定义.

二、定积分的定义

定义 4.2.1 设$f(x)$是定义在区间$[a,b]$上的有界函数,在$[a,b]$内任意插入$n-1$个分点

$$a=x_0<x_1<x_2<\cdots<x_{n-1}<x_n=b,$$

这些分点把$[a,b]$分成n个小区间

$$[x_0,x_1],\quad[x_1,x_2],\quad\cdots,\quad[x_{n-1},x_n],$$

每个小区间的长度分别为$\Delta x_i=x_i-x_{i-1}(i=1,2,\cdots,n)$.在第$i(i=1,2,\cdots,n)$个小区间$[x_{i-1},x_i]$上任取一点$\xi_i$,做和式

$$S_n=\sum_{i=1}^{n}f(\xi_i)\Delta x_i.$$

记$\lambda=\max\limits_{1\leqslant i\leqslant n}\{\Delta x_i\}$,若当$\lambda\to0$时,上述和式的极限

$$\lim_{\lambda \to 0} \sum_{i=1}^{n} f(\xi_i) \Delta x_i$$

存在，且该极限值与$[a,b]$的划分和点ξ_i的取法无关，则称该极限值为函数$f(x)$在区间$[a,b]$上的**定积分**，记作$\int_a^b f(x)\mathrm{d}x$，即

$$\int_a^b f(x)\mathrm{d}x = \lim_{\lambda \to 0} \sum_{i=1}^{n} f(\xi_i) \Delta x_i ,$$

其中$\int$称为**积分号**，$f(x)$称为**被积函数**，$f(x)\mathrm{d}x$称为**被积表达式**，x称为**积分变量**，a称为**积分下限**，b称为**积分上限**，$[a,b]$称为**积分区间**.

根据定积分的定义，前面讨论的两个实际问题可表述如下.

(1) 以区间$[a,b]$为底边、曲线$y=f(x)$($f(x)\geqslant 0$)为曲边的曲边梯形的面积S等于$f(x)$在$[a,b]$上的定积分，即

$$S = \int_a^b f(x)\mathrm{d}x .$$

(2) 物体以速度$v=v(t)$($v(t)\geqslant 0$)做变速直线运动，在时间间隔$[T_1,T_2]$内所经过的路程s可表示为

$$s = \int_{T_1}^{T_2} v(t)\mathrm{d}t .$$

注　(1) 定积分是一个确定的数值，它只与被积函数$f(x)$和积分区间有关，与积分变量的记号无关，即

$$\int_a^b f(x)\mathrm{d}x = \int_a^b f(u)\mathrm{d}u = \int_a^b f(t)\mathrm{d}t .$$

(2) 当函数$y=f(x)$在区间$[a,b]$上的定积分存在时，称$y=f(x)$在$[a,b]$上**可积**，否则称为**不可积**.

下面的定理给出了函数可积的充分条件.

定理 4.2.1　**设函数$f(x)$在区间$[a,b]$上连续，则$f(x)$在$[a,b]$上可积.**

定理 4.2.2　**设函数$f(x)$在区间$[a,b]$上有界，且只有有限个间断点，则$f(x)$在$[a,b]$上可积.**

三、定积分的几何意义

设函数$y=f(x)$在区间$[a,b]$上连续，由曲线$y=f(x)$与直线$x=a$，$x=b$及x轴所围成的曲边梯形的面积为S.

(1) 当$f(x)\geqslant 0$时，$\int_a^b f(x)\mathrm{d}x$表示曲边梯形的面积，即$\int_a^b f(x)\mathrm{d}x=S$(见图 4.2.1).

(2) 当$f(x)\leqslant 0$时，$\int_a^b f(x)\mathrm{d}x$表示曲边梯形面积的相反数，即$\int_a^b f(x)\mathrm{d}x=-S$(见图 4.2.3).

(3) 当$f(x)$在$[a,b]$上的取值有正有负时，$\int_a^b f(x)\mathrm{d}x$等于由曲线$y=f(x)$与直线

$x=a, x=b$ 及 x 轴所围成的图形中位于 x 轴上方部分的面积减去位于 x 轴下方部分的面积. 例如,在图 4.2.4 中,有 $\int_a^b f(x)\mathrm{d}x=S_1-S_2+S_3$.

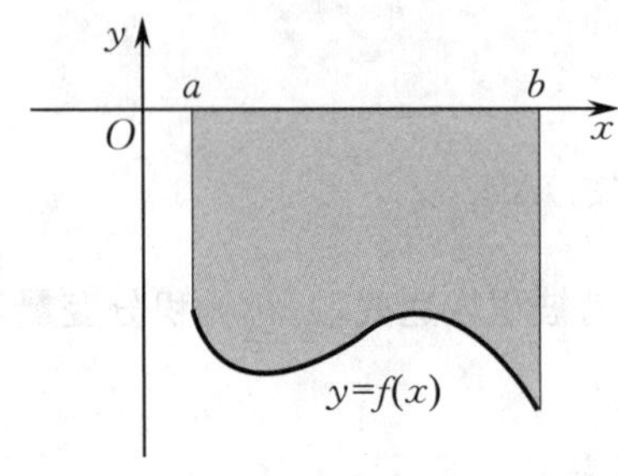

图 4.2.3

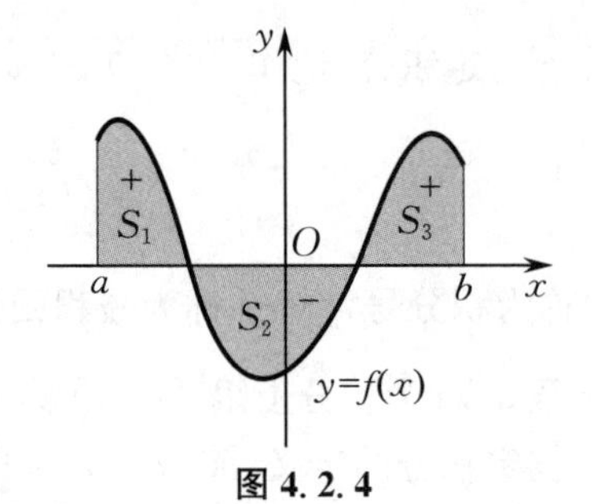

图 4.2.4

例 4.2.1 利用定积分的几何意义计算下列定积分:

(1) $\int_{-2}^{2}\sqrt{4-x^2}\,\mathrm{d}x$; (2) $\int_{-1}^{1}x^3\,\mathrm{d}x$.

解 (1) 根据定积分的几何意义可知,$\int_{-2}^{2}\sqrt{4-x^2}\,\mathrm{d}x$ 表示圆 $x^2+y^2=4$ 的上半部分与 x 轴所围成的图形的面积(见图 4.2.5),因此

$$\int_{-2}^{2}\sqrt{4-x^2}\,\mathrm{d}x=\frac{1}{2}\pi\cdot 2^2=2\pi.$$

(2) 如图 4.2.6 所示,x^3 是奇函数,根据定积分的几何意义可知,

$$\int_{-1}^{1}x^3\,\mathrm{d}x=0.$$

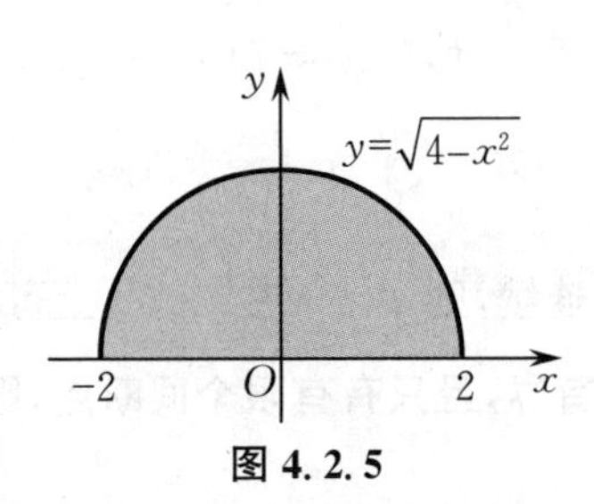

图 4.2.5

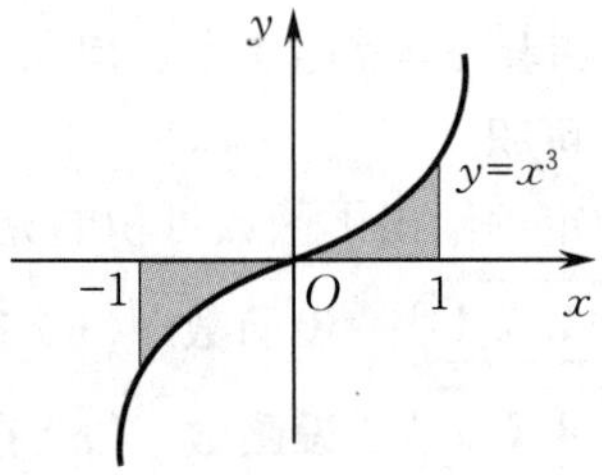

图 4.2.6

注 根据定积分的几何意义可知,若 $f(x)$ 为奇函数,则有 $\int_{-a}^{a}f(x)\mathrm{d}x=0$;若 $f(x)$ 为偶函数,则有 $\int_{-a}^{a}f(x)\mathrm{d}x=2\int_{0}^{a}f(x)\mathrm{d}x=2\int_{-a}^{0}f(x)\mathrm{d}x$,其中 a 为任意常数.

四、定积分的性质

下面研究定积分的一些性质,这些性质对定积分的计算很有用. 在接下来的讨论中均假设被积函数是可积的.

为了计算方便,对定积分做如下规定:

(1) 当 $a=b$ 时,$\int_a^b f(x)\mathrm{d}x=0$;

(2) 当 $a>b$ 时，$\int_a^b f(x)\mathrm{d}x=-\int_b^a f(x)\mathrm{d}x$.

由于交换定积分的积分上、下限时，定积分变号，因此在下面的讨论中若无特别规定，不限制定积分积分上、下限的大小.

定积分具有如下性质.

(1) $\int_a^b [f(x)\pm g(x)]\mathrm{d}x=\int_a^b f(x)\mathrm{d}x\pm\int_a^b g(x)\mathrm{d}x$.

性质(1) 可推广到有限个函数的情形.

(2) $\int_a^b kf(x)\mathrm{d}x=k\int_a^b f(x)\mathrm{d}x$　(k 是常数).

(3) (定积分区间可加性)

$$\int_a^b f(x)\mathrm{d}x=\int_a^c f(x)\mathrm{d}x+\int_c^b f(x)\mathrm{d}x.$$

(4) $\int_a^b 1\mathrm{d}x=\int_a^b \mathrm{d}x=b-a$.

(5) (保序性) 若在区间 $[a,b]$ 上有 $g(x)\leqslant f(x)$，则

$$\int_a^b g(x)\mathrm{d}x\leqslant\int_a^b f(x)\mathrm{d}x.$$

由性质(5) 可得下面两个推论.

推论 4.2.1(保号性)　如果在区间 $[a,b]$ 上有 $f(x)\geqslant 0$，则 $\int_a^b f(x)\mathrm{d}x\geqslant 0$.

推论 4.2.2　$\left|\int_a^b f(x)\mathrm{d}x\right|\leqslant\int_a^b |f(x)|\mathrm{d}x$　($a<b$).

例 4.2.2　比较定积分 $\int_0^1 x^2\mathrm{d}x$ 和 $\int_0^1 x\mathrm{d}x$ 的大小.

解　因为当 $x\in[0,1]$ 时，有 $x^2\leqslant x$，所以由性质(5) 可知，

$$\int_0^1 x^2\mathrm{d}x\leqslant\int_0^1 x\mathrm{d}x.$$

(6) (估值定理) 若在区间 $[a,b]$ 上有 $m\leqslant f(x)\leqslant M$($m$ 和 M 是常数)，则

$$m(b-a)\leqslant\int_a^b f(x)\mathrm{d}x\leqslant M(b-a).$$

例 4.2.3　估计定积分 $\int_0^1 x^2\mathrm{d}x$ 的范围.

解　因函数 $f(x)=x^2$ 在 $[0,1]$ 上连续，故在 $[0,1]$ 上可积，且 $0\leqslant x^2\leqslant 1$. 根据定积分的估值定理，有

$$0\leqslant\int_0^1 x^2\mathrm{d}x\leqslant 1.$$

(7) (积分中值定理) 若函数 $f(x)$ 在区间 $[a,b]$ 上连续，则在 $[a,b]$ 上至少存在一点 ξ，使得

$$\int_a^b f(x)\mathrm{d}x=f(\xi)(b-a)\quad(a\leqslant\xi\leqslant b).$$

积分中值定理的几何意义是：在区间 $[a,b]$ 上至少存在一点 ξ，使得以区间 $[a,b]$ 为底

边、连续曲线 $y=f(x)$ 为曲边的曲边梯形的面积，等于同一底边上高为 $f(\xi)$ 的矩形的面积（见图 4.2.7）. 也就是说，可以通过割补将曲边梯形变成一个有同一底边的矩形，曲边梯形的面积等于该矩形的面积.

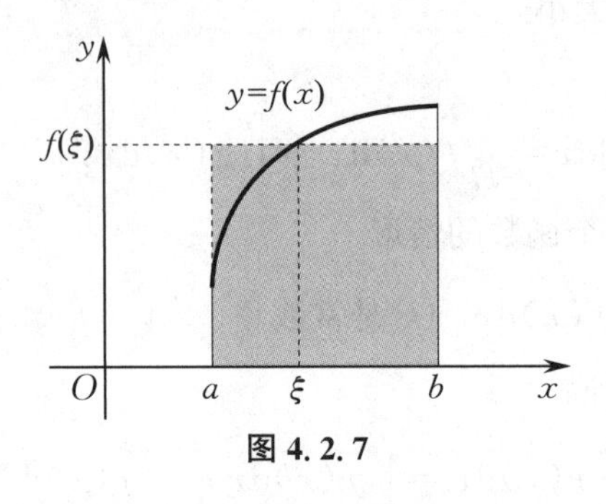

图 4.2.7

习题 4.2

1. 填空题：

(1) 定积分只与（　　）及（　　）有关，而与（　　）的记号无关；

(2) 若函数 $f(x)$ 在区间 $[a,b]$ 上连续且非负，则定积分 $\int_a^b f(x)\mathrm{d}x$ 的几何意义是（　　）.

2. 利用定积分的几何意义证明下列等式成立：

(1) $\int_0^1 \sqrt{1-x^2}\,\mathrm{d}x = \frac{\pi}{4}$；　　(2) $\int_{-\pi}^{\pi} \sin x\,\mathrm{d}x = 0$.

3. 根据定积分的性质比较下列各组定积分的大小：

(1) $\int_1^2 x\,\mathrm{d}x$ 与 $\int_1^2 x^3\,\mathrm{d}x$；　　(2) $\int_0^1 \mathrm{e}^x\,\mathrm{d}x$ 与 $\int_0^1 \mathrm{e}^{2x}\,\mathrm{d}x$；

(3) $\int_0^1 \sqrt{x}\,\mathrm{d}x$ 与 $\int_0^1 x\,\mathrm{d}x$；　　(4) $\int_0^{\pi} \sin x\,\mathrm{d}x$ 与 $\int_0^{\pi} \sin^2 x\,\mathrm{d}x$.

4. 估计下列定积分的范围：

(1) $\int_0^2 (x+1)\mathrm{d}x$；　　(2) $\int_0^{\pi} \sin x\,\mathrm{d}x$.

§4.3 微积分基本定理

在积分学中需要解决两个问题：第一个问题是求解被积函数的原函数，在 §4.1 中已经对该问题进行了讨论；第二个问题是计算定积分. 如果按照定义求定积分，那将是非常复杂和困难的. 因此，我们需要寻求一种有效计算定积分的简便方法，牛顿和莱布尼茨通过研究

定积分与原函数的内在联系，最终得到了微积分基本公式 —— 牛顿-莱布尼茨公式，这便是计算定积分的简便而有效的工具.

本节重点介绍牛顿-莱布尼茨公式，在此之前先介绍积分上限函数.

一、积分上限函数

设函数 $y=f(x)$ 在区间$[a,b]$上连续，则对任意 $x\in[a,b]$，积分

$$\int_a^x f(t)\mathrm{d}t$$

都存在(见图 4.3.1). 显然它是积分上限 x 的函数，记作

$$\Phi(x)=\int_a^x f(t)\mathrm{d}t,$$

并称为**积分上限函数**或**变上限的定积分**.

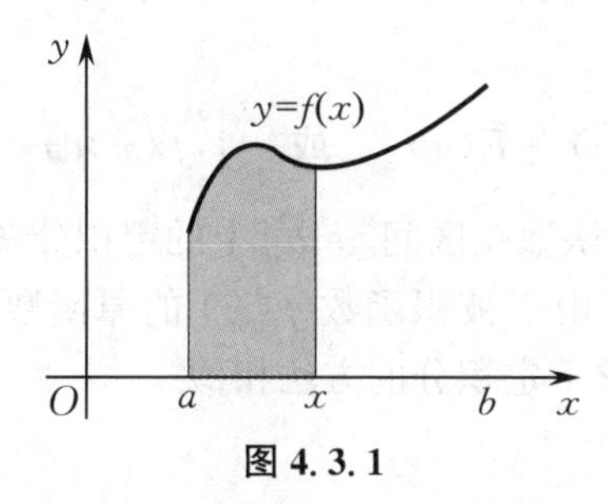

图 4.3.1

积分上限函数 $\Phi(x)$ 具有如下重要性质.

定理 4.3.1　**若函数 $y=f(x)$ 在区间$[a,b]$上连续，则积分上限函数**

$$\Phi(x)=\int_a^x f(t)\mathrm{d}t$$

在$[a,b]$上可导，并且

$$\Phi'(x)=\frac{\mathrm{d}}{\mathrm{d}x}\left[\int_a^x f(t)\mathrm{d}t\right]=f(x)\quad(a\leqslant x\leqslant b).$$

注　定理 4.3.1 揭示了微分(或导数)与定积分的内在关系，称为**微积分基本定理**，同时也揭示了定积分与原函数的联系，因此我们可以通过原函数来寻找计算定积分的简便方法.

例 4.3.1　求 $\frac{\mathrm{d}}{\mathrm{d}x}\left(\int_a^x \mathrm{e}^{t^2}\mathrm{d}t\right)$.

解　$\frac{\mathrm{d}}{\mathrm{d}x}\left(\int_a^x \mathrm{e}^{t^2}\mathrm{d}t\right)=\mathrm{e}^{x^2}$.

二、牛顿-莱布尼茨公式

定理 4.3.2　**若 $F(x)$ 是连续函数 $f(x)$ 在区间$[a,b]$上的一个原函数，则**

$$\int_a^b f(x)\mathrm{d}x=F(b)-F(a).\tag{4.3.1}$$

证　设 $F(x)$ 是连续函数 $f(x)$ 的一个原函数，又根据定理 4.3.1 知，积分上限函数

$\Phi(x)=\int_a^x f(t)\mathrm{d}t$ 也是 $f(x)$ 的一个原函数,因此有

$$F(x)=\Phi(x)+C \quad (a\leqslant x\leqslant b),$$

其中 C 为常数. 在上式中令 $x=a$,得 $F(a)=\Phi(a)+C$. 又因为 $\Phi(a)=\int_a^a f(t)\mathrm{d}t=0$,所以

$$F(a)=C.$$

于是

$$\Phi(x)=F(x)-F(a).$$

在上式中令 $x=b$,即得 $\Phi(b)=F(b)-F(a)$,而 $\Phi(b)=\int_a^b f(x)\mathrm{d}x$,所以

$$\int_a^b f(x)\mathrm{d}x=F(b)-F(a).$$

式(4.3.1)称为**牛顿-莱布尼茨公式**(或**微积分基本公式**),为方便描述,也可以将此式写成

$$\int_a^b f(x)\mathrm{d}x=\Big[F(x)\Big]_a^b=F(b)-F(a) \quad \text{或} \quad \int_a^b f(x)\mathrm{d}x=F(x)\Big|_a^b=F(b)-F(a).$$

由式(4.3.1)可知,求一个函数在区间 $[a,b]$ 上的定积分,需先求出被积函数的原函数,再求原函数在 $[a,b]$ 上的增量. 由于被积函数 $f(x)$ 的原函数 $F(x)$ 可通过求不定积分得到,因此计算定积分的方法与求不定积分的方法相似.

例 4.3.2 求 $\int_0^1 2x\,\mathrm{d}x$.

解 因为 $(x^2)'=2x$,即 x^2 是 $2x$ 的一个原函数,所以

$$\int_0^1 2x\,\mathrm{d}x=x^2\Big|_0^1=1-0=1.$$

例 4.3.3 求 $\int_0^{\frac{\pi}{2}}\cos x\,\mathrm{d}x$.

解 因为 $(\sin x)'=\cos x$,即 $\sin x$ 是 $\cos x$ 的一个原函数,所以

$$\int_0^{\frac{\pi}{2}}\cos x\,\mathrm{d}x=\sin x\Big|_0^{\frac{\pi}{2}}=1-0=1.$$

三、定积分的直接积分法

下面我们重点介绍定积分的直接积分法,即根据定积分的性质、§4.1的基本积分公式及牛顿-莱布尼茨公式计算定积分.

例 4.3.4 求 $\int_0^1 2x^2\mathrm{d}x$.

解 $\int_0^1 2x^2\mathrm{d}x=2\int_0^1 x^2\mathrm{d}x=\frac{2x^3}{3}\Big|_0^1=\frac{2}{3}.$

例 4.3.5 求 $\int_0^1(x^2+2x)\mathrm{d}x$.

解 $\int_0^1(x^2+2x)\mathrm{d}x=\left(\frac{x^3}{3}+x^2\right)\Big|_0^1=\frac{1}{3}+1=\frac{4}{3}.$

例 4.3.6　求$\int_1^2 x(x^2-1)\mathrm{d}x$.

解　$\int_1^2 x(x^2-1)\mathrm{d}x=\int_1^2(x^3-x)\mathrm{d}x=\left(\frac{x^4}{4}-\frac{x^2}{2}\right)\Big|_1^2=(4-2)-\left(\frac{1}{4}-\frac{1}{2}\right)=\frac{9}{4}$.

例 4.3.7　求$\int_0^1(\mathrm{e}^x-1)\mathrm{d}x$.

解　$\int_0^1(\mathrm{e}^x-1)\mathrm{d}x=(\mathrm{e}^x-x)\Big|_0^1=(\mathrm{e}-1)-(1-0)=\mathrm{e}-2$.

例 4.3.8　求$\int_1^2\frac{x^2+1}{x}\mathrm{d}x$.

解　
$$\int_1^2\frac{x^2+1}{x}\mathrm{d}x=\int_1^2\left(x+\frac{1}{x}\right)\mathrm{d}x=\left(\frac{x^2}{2}+\ln|x|\right)\Big|_1^2$$
$$=(2+\ln 2)-\left(\frac{1}{2}+0\right)=\frac{3}{2}+\ln 2.$$

习题 4.3

1. 计算下列定积分：

(1) $\int_0^1 4x^3\mathrm{d}x$；　(2) $\int_0^\pi \sin x\mathrm{d}x$；

(3) $\int_0^\pi \cos x\mathrm{d}x$；　(4) $\int_1^2\frac{1}{x^3}\mathrm{d}x$；

(5) $\int_1^2(x^2-2)\mathrm{d}x$；　(6) $\int_1^2\frac{x^2-2x}{x}\mathrm{d}x$；

(7) $\int_1^2\left(x+\frac{1}{x^2}\right)\mathrm{d}x$；　(8) $\int_0^{\frac{\pi}{2}}(3\cos x-2\sin x)\mathrm{d}x$；

(9) $\int_0^{\frac{\pi}{2}}(\sin x-1)\mathrm{d}x$；　(10) $\int_0^1(x+1)^2\mathrm{d}x$；

(11) $\int_1^2\left(\mathrm{e}^x-\frac{1}{x}\right)\mathrm{d}x$；　(12) $\int_1^2\frac{x^2-1}{x-1}\mathrm{d}x$；

(13) $\int_0^2 x(x-2)\mathrm{d}x$；　(14) $\int_0^1(x^3-\sqrt{x})\mathrm{d}x$；

(15) $\int_0^\pi\frac{\mathrm{e}^x+\cos x}{2}\mathrm{d}x$；　(16) $\int_0^1\frac{x}{x+1}\mathrm{d}x$.

§4.4　反常积分

前面所介绍的定积分需要满足两个基本条件：积分区间有限和被积函数有界. 但在实际

问题中,会遇到积分区间无限或被积函数无界的情况.例如,曲线$y=\frac{1}{x^2}$与直线$x=1$及x轴围成一个开口曲边梯形,求该开口曲边梯形的面积S(见图4.4.1),显然有$S=\int_1^{+\infty}\frac{1}{x^2}\mathrm{d}x$,此积分的积分区间是无限的.事实上,还会存在被积函数无界的积分,这两类积分称为反常积分,本节我们重点介绍无限区间的反常积分.

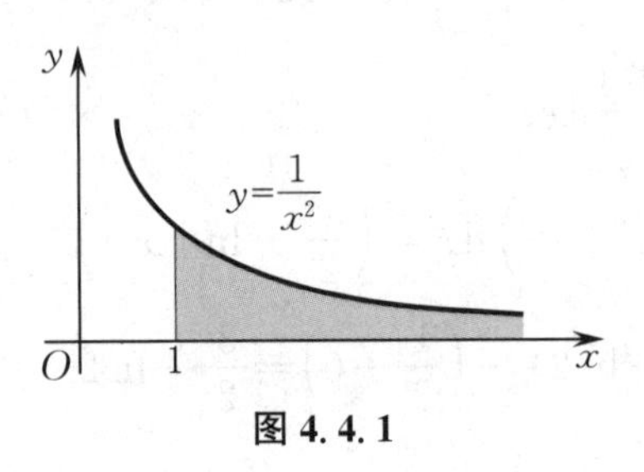

图 4.4.1

定义 4.4.1 设函数$f(x)$在无限区间$[a,+\infty)$上连续.任取$t>a$,若极限

$$\lim_{t\to+\infty}\int_a^t f(x)\mathrm{d}x$$

存在,则称此极限值为函数$f(x)$在无限区间$[a,+\infty)$上的**反常积分**,记作$\int_a^{+\infty}f(x)\mathrm{d}x$,即

$$\int_a^{+\infty}f(x)\mathrm{d}x=\lim_{t\to+\infty}\int_a^t f(x)\mathrm{d}x. \tag{4.4.1}$$

这时,也称反常积分$\int_a^{+\infty}f(x)\mathrm{d}x$**收敛**;若上述极限不存在,则称反常积分$\int_a^{+\infty}f(x)\mathrm{d}x$**发散**.

类似地,可定义函数$f(x)$在无限区间$(-\infty,b]$上的**反常积分**,即

$$\int_{-\infty}^b f(x)\mathrm{d}x=\lim_{t\to-\infty}\int_t^b f(x)\mathrm{d}x. \tag{4.4.2}$$

定义 4.4.2 设函数$f(x)$在无限区间$(-\infty,+\infty)$上连续,a为任意常数,函数$f(x)$在无限区间$(-\infty,+\infty)$上的**反常积分**定义为

$$\int_{-\infty}^{+\infty}f(x)\mathrm{d}x=\int_{-\infty}^a f(x)\mathrm{d}x+\int_a^{+\infty}f(x)\mathrm{d}x. \tag{4.4.3}$$

若反常积分$\int_{-\infty}^a f(x)\mathrm{d}x$和$\int_a^{+\infty}f(x)\mathrm{d}x$都收敛,则称反常积分$\int_{-\infty}^{+\infty}f(x)\mathrm{d}x$**收敛**;否则,称反常积分$\int_{-\infty}^{+\infty}f(x)\mathrm{d}x$**发散**.

上述反常积分(4.4.1),(4.4.2)和(4.4.3)统称为**无限区间的反常积分**.根据上述定义及牛顿-莱布尼茨公式,可得到如下无限区间的反常积分的计算公式.

设$F(x)$是连续函数$f(x)$在对应积分区间上的一个原函数,若极限$\lim\limits_{x\to-\infty}F(x)$和$\lim\limits_{x\to+\infty}F(x)$存在,则有

$$\int_{-\infty}^{b} f(x)\mathrm{d}x = F(x)\Big|_{-\infty}^{b} = F(b) - \lim_{x\to-\infty} F(x),$$

$$\int_{a}^{+\infty} f(x)\mathrm{d}x = F(x)\Big|_{a}^{+\infty} = \lim_{x\to+\infty} F(x) - F(a),$$

$$\int_{-\infty}^{+\infty} f(x)\mathrm{d}x = F(x)\Big|_{-\infty}^{+\infty} = \lim_{x\to+\infty} F(x) - \lim_{x\to-\infty} F(x).$$

现在可以根据无限区间的反常积分的计算公式求图 4.4.1 中开口曲边梯形的面积了.

例 4.4.1　求$\int_{1}^{+\infty} \frac{1}{x^2}\mathrm{d}x$.

解　$\int_{1}^{+\infty} \frac{1}{x^2}\mathrm{d}x = -\frac{1}{x}\Big|_{1}^{+\infty} = \lim_{x\to+\infty}\left(-\frac{1}{x}\right) - (-1) = 0 + 1 = 1.$

例 4.4.2　求$\int_{-\infty}^{1} \mathrm{e}^x\mathrm{d}x$.

解　$\int_{-\infty}^{1} \mathrm{e}^x\mathrm{d}x = \mathrm{e}^x\Big|_{-\infty}^{1} = \mathrm{e} - \lim_{x\to-\infty} \mathrm{e}^x = \mathrm{e} - 0 = \mathrm{e}.$

例 4.4.3　讨论反常积分$\int_{1}^{+\infty} \frac{1}{x^p}\mathrm{d}x$ 的敛散性.

解　当 $p \neq 1$ 时,有

$$\int_{1}^{+\infty} \frac{1}{x^p}\mathrm{d}x = \frac{x^{1-p}}{1-p}\Big|_{1}^{+\infty} = \begin{cases} +\infty, & p < 1, \\ \frac{1}{p-1}, & p > 1; \end{cases}$$

当 $p = 1$ 时,有

$$\int_{1}^{+\infty} \frac{1}{x^p}\mathrm{d}x = \int_{1}^{+\infty} \frac{1}{x}\mathrm{d}x = \ln|x|\Big|_{1}^{+\infty} = +\infty.$$

因此,当 $p > 1$ 时,反常积分$\int_{1}^{+\infty} \frac{1}{x^p}\mathrm{d}x$ 收敛,其值为$\frac{1}{p-1}$;当 $p \leqslant 1$ 时,反常积分$\int_{1}^{+\infty} \frac{1}{x^p}\mathrm{d}x$ 发散.

习题 4.4

1. 判断下列反常积分的敛散性,若收敛,计算其值:

(1) $\int_{1}^{+\infty} \frac{1}{x^4}\mathrm{d}x$;　　(2) $\int_{-\infty}^{1} \frac{1}{x^2}\mathrm{d}x$;

(3) $\int_{1}^{+\infty} \frac{1}{x}\mathrm{d}x$;　　(4) $\int_{1}^{+\infty} \mathrm{e}^{-x}\mathrm{d}x$.

2. 已知曲线 $y = \left(\frac{1}{2}\right)^x (x \geqslant 0)$ 与直线 $x = 0$ 及 x 轴围成一个开口曲边梯形,求其面积.

3. 已知曲线 $y = \mathrm{e}^{-x} (x \geqslant 0)$ 与直线 $x = 0$ 及 x 轴围成一个开口曲边梯形,求其面积.

§4.5 定积分在几何中的应用

定积分在几何中有着广泛的应用.本节将重点介绍利用定积分计算平面图形的面积.

由定积分的几何意义可知,若函数 $y=f(x)$ 在区间 $[a,b]$ 上连续且 $f(x)\geqslant 0$,则由曲线 $y=f(x)$ 与直线 $x=a,x=b$ 及 x 轴所围成的曲边梯形(见图 4.2.1)的面积等于 $\int_a^b f(x)\mathrm{d}x$.事实上,应用定积分不仅可以计算曲边梯形的面积,还可以计算比较复杂的平面图形的面积.下面我们介绍在平面直角坐标系下利用定积分计算由平面曲线所围成的平面图形的面积的方法.

(1) 由连续曲线 $y=f(x)$,$y=g(x)$ $[f(x)\geqslant g(x)]$ 与直线 $x=a,x=b(a<b)$ 所围成的平面图形有以下四种类型(见图 4.5.1 ~ 图 4.5.4).

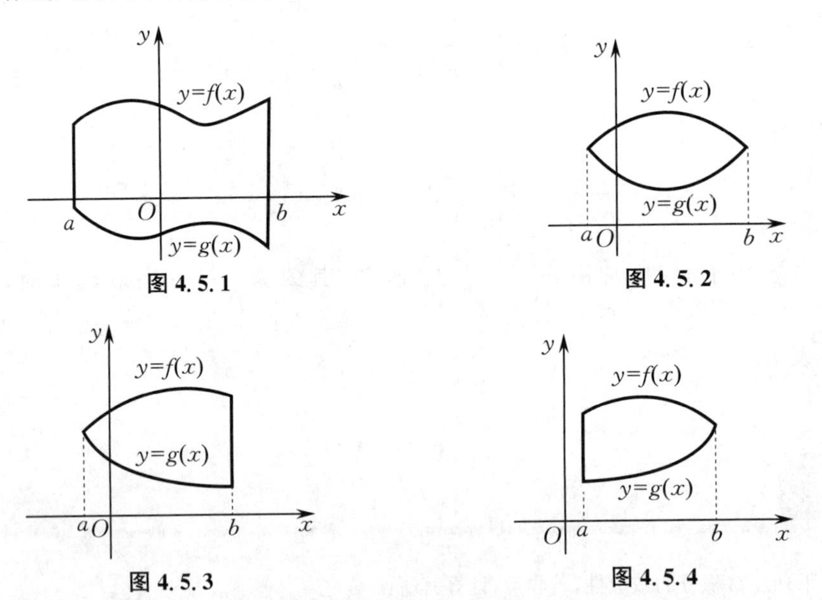

图 4.5.1　图 4.5.2　图 4.5.3　图 4.5.4

利用定积分计算以上平面图形的面积,取 x 为积分变量,则平面图形的面积为

$$S=\int_a^b[f(x)-g(x)]\mathrm{d}x.$$

显然,上述定积分的被积函数等于平面图形的上边界函数减去下边界函数.

(2) 由连续曲线 $x=\varphi(y)$,$x=\psi(y)$ $[\varphi(y)\geqslant\psi(y)]$ 与直线 $y=c,y=d(c<d)$ 所围成的平面图形有以下四种类型(见图 4.5.5 ~ 图 4.5.8).

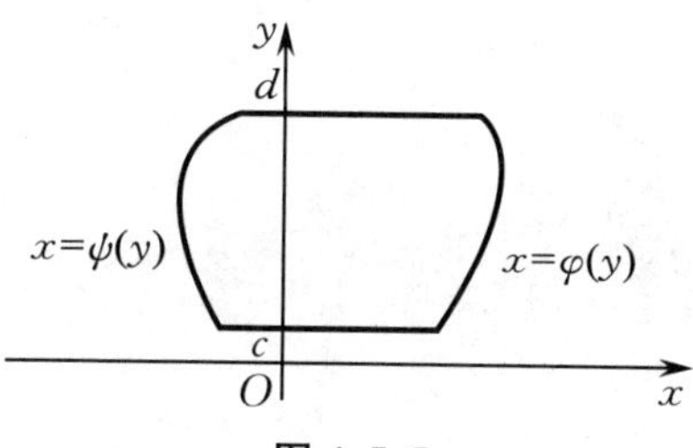

图 4.5.5

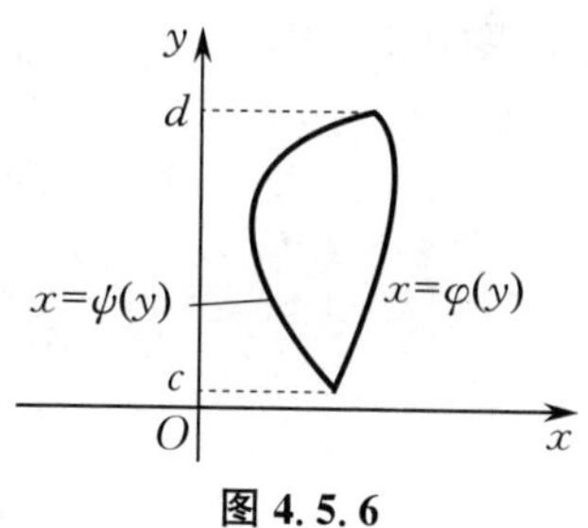

图 4.5.6

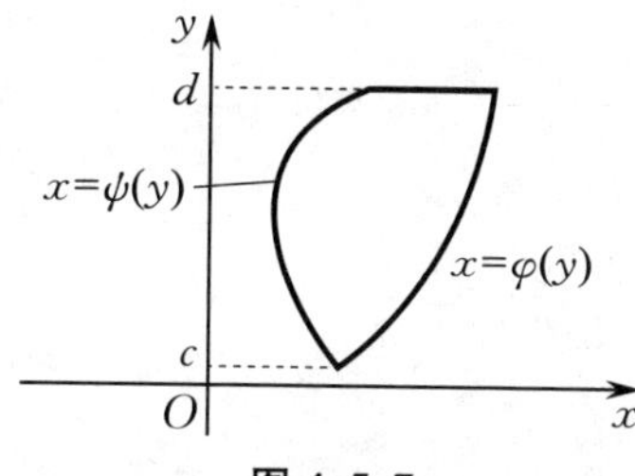

图 4.5.7

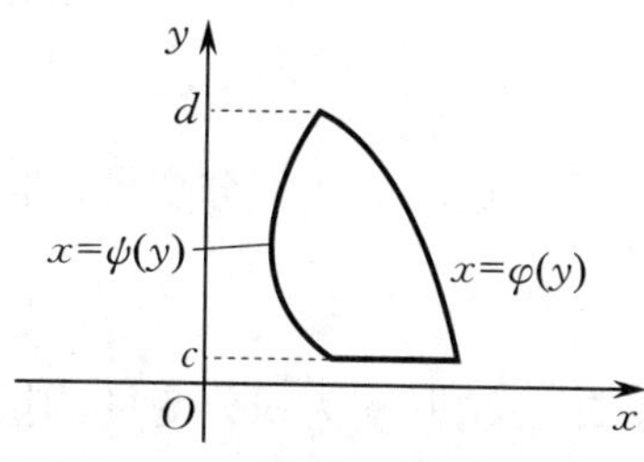

图 4.5.8

利用定积分计算以上平面图形的面积，取 y 为积分变量，则平面图形的面积为

$$S=\int_c^d[\varphi(y)-\psi(y)]\mathrm{d}y.$$

显然，上述定积分的被积函数等于平面图形的右边界函数减去左边界函数.

例 4.5.1　求由抛物线 $y=x^2$ 与直线 $y=x$ 所围成的平面图形的面积.

解　画出平面图形，如图 4.5.9 所示，解方程组

$$\begin{cases}y=x,\\y=x^2,\end{cases}$$

得到两个交点 $(0,0)$ 和 $(1,1)$.

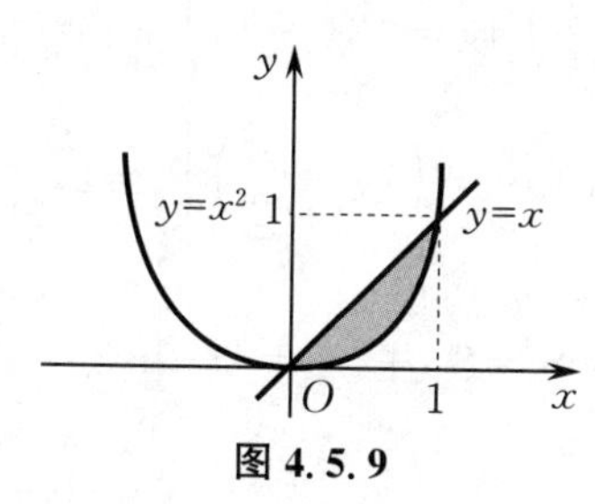

图 4.5.9

该平面图形可看成上、下两条曲线所围成的封闭图形，选取 x 为积分变量，则所求的面积为

$$S=\int_0^1(x-x^2)\mathrm{d}x=\left(\frac{x^2}{2}-\frac{x^3}{3}\right)\Big|_0^1=\frac{1}{6}.$$

例 4.5.2　求由曲线 $y^2=x$ 和 $y=x^2$ 所围成的平面图形的面积.

解　画出平面图形，如图 4.5.10 所示，解方程组

$$\begin{cases}y^2=x,\\y=x^2,\end{cases}$$

得到两个交点(0,0)和(1,1).

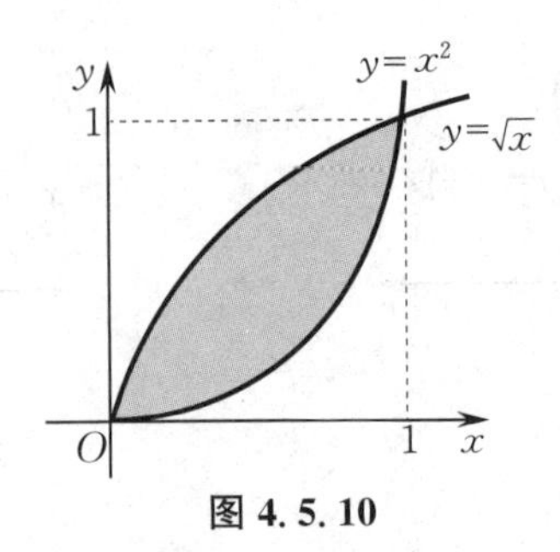

图 4.5.10

方法一 选取 x 为积分变量,则所求的面积为

$$S=\int_{0}^{1}(\sqrt{x}-x^{2})\mathrm{d}x=\left(\frac{2}{3}x^{\frac{3}{2}}-\frac{x^{3}}{3}\right)\Big|_{0}^{1}=\frac{1}{3}.$$

方法二 选取 y 为积分变量,则所求的面积为

$$S=\int_{0}^{1}(\sqrt{y}-y^{2})\mathrm{d}y=\left(\frac{2}{3}y^{\frac{3}{2}}-\frac{y^{3}}{3}\right)\Big|_{0}^{1}=\frac{1}{3}.$$

对于例 4.5.2 中的平面图形,无论是选取 x 为积分变量还是选取 y 为积分变量,计算难度没有差别.

例 4.5.3 求由曲线 $y=\frac{1}{x}$ 与直线 $y=x$ 及 $x=3$ 所围成的平面图形的面积.

解 **方法一** 选取 x 为积分变量,则所求图形(见图 4.5.11)的面积为

$$S=\int_{1}^{3}\left(x-\frac{1}{x}\right)\mathrm{d}x=\left(\frac{x^{2}}{2}-\ln|x|\right)\Big|_{1}^{3}=4-\ln 3.$$

方法二 选取 y 为积分变量,此时需分成两部分计算(见图 4.5.12):

$$S_{1}=\int_{\frac{1}{3}}^{1}\left(3-\frac{1}{y}\right)\mathrm{d}y=(3y-\ln|y|)\Big|_{\frac{1}{3}}^{1}=2-\ln 3,$$

$$S_{2}=\int_{1}^{3}(3-y)\mathrm{d}y=\left(3y-\frac{y^{2}}{2}\right)\Big|_{1}^{3}=2,$$

所以所求的面积为

$$S=S_{1}+S_{2}=4-\ln 3.$$

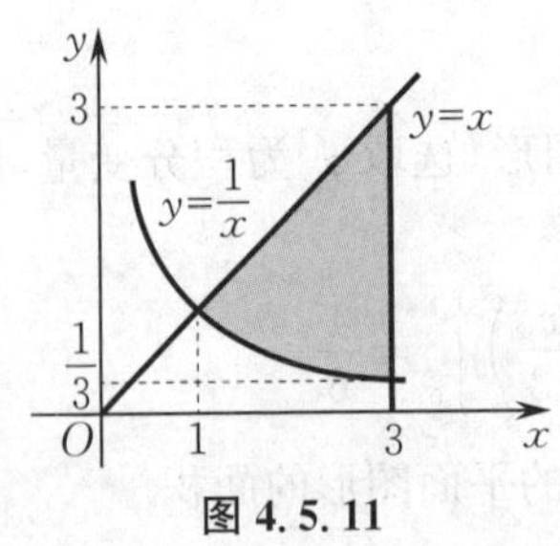

图 4.5.11

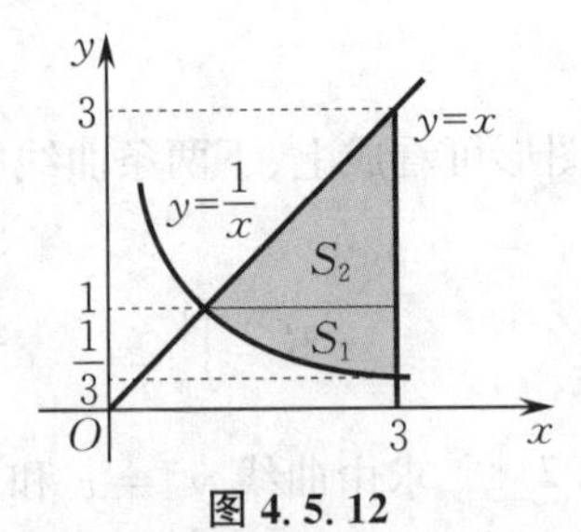

图 4.5.12

由例 4.5.3 可知,选取适当的积分变量,可以使计算更简便.

例 4.5.4 求由抛物线 $y=x^{2}$ 与直线 $y=x+2$ 所围成的平面图形的面积.

解 画出平面图形,如图 4.5.13 所示,解方程组

$$\begin{cases} y=x^2, \\ y=x+2, \end{cases}$$

得到两个交点$(-1,1)$和$(2,4)$.

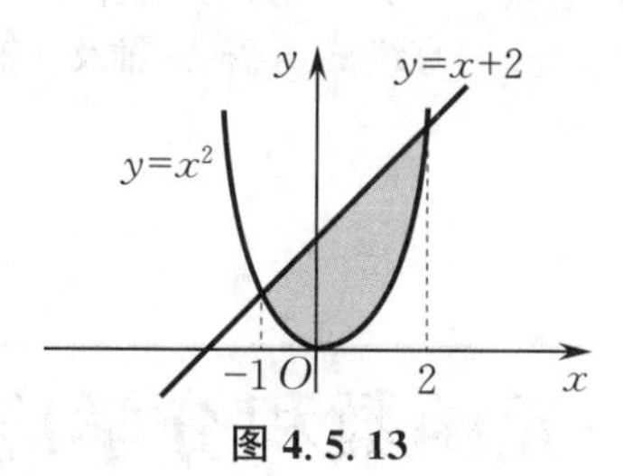

图 4.5.13

选取 x 为积分变量,则所求的面积为

$$S=\int_{-1}^{2}(x+2-x^2)\mathrm{d}x=\left(\frac{x^2}{2}+2x-\frac{x^3}{3}\right)\Big|_{-1}^{2}=\frac{9}{2}.$$

例 4.5.5　求由曲线 $y=x^3$ 与直线 $y=x$ 所围成的平面图形的面积.

解　画出平面图形,如图 4.5.14 所示,解方程组

$$\begin{cases} y=x^3, \\ y=x, \end{cases}$$

得到三个交点$(-1,-1)$,$(0,0)$和$(1,1)$.

根据对称性,所求平面图形的面积等于在第一象限围成的封闭图形面积的 2 倍. 选取 x 为积分变量,则所求的面积为

$$S=2\int_{0}^{1}(x-x^3)\mathrm{d}x=2\left(\frac{x^2}{2}-\frac{x^4}{4}\right)\Big|_{0}^{1}=\frac{1}{2}.$$

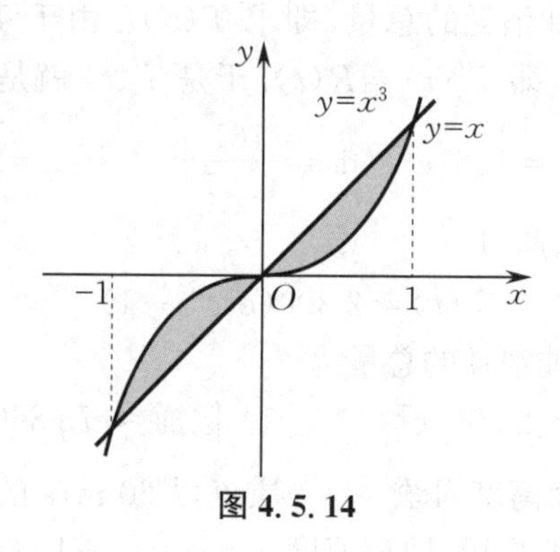

图 4.5.14

习题 4.5

1. 求由曲线 $y=x^2$ 与直线 $x=2$ 及 x 轴所围成的平面图形的面积.
2. 求由曲线 $y=\sqrt{x}$ 与直线 $y=x$ 所围成的平面图形的面积.
3. 求由曲线 $y=2-x^2$ 和 $y=x^2$ 所围成的平面图形的面积.

4. 求由曲线 $y=\dfrac{x^2}{2}$ 与直线 $y=2x$ 所围成的平面图形的面积.

5. 求由曲线 $y=e^x$,$y=e^{-x}$ 与直线 $x=1$ 所围成的平面图形的面积.

6. 求由曲线 $y=x^2$,$4y=x^2$ 与直线 $y=1$ 所围成的平面图形的面积.

7. 求由曲线 $y=\cos x(0\leqslant x\leqslant 2\pi)$ 与直线 $x=2\pi$,x 轴及 y 轴所围成的平面图形的面积.

§4.6 一元函数积分学应用案例

积分学的应用十分广泛,本节我们将运用所学的积分学相关知识来分析和解决一些实际问题.例如,运用不定积分解决石油消耗量的估计问题和质点的最大高度问题,运用定积分解决变速直线运动的路程问题和经济学中的产品需求量及成本问题.

例 4.6.1 (**石油消耗量的估计问题**) 20 世纪末期,世界范围内每年的石油消耗率呈指数增长,增长指数大约为 0.07.已知 1970 年,石油消耗率大约为 161 亿桶 / 年.设 $R(t)$ 表示从 1970 年起第 t 年的石油消耗率,则 $R(t)=161e^{0.07t}$(单位:亿桶 / 年).试用此式估算从 1970 年到 2020 年间石油消耗的总量$\left(注:\int e^{at}dt=\dfrac{1}{a}e^{at}+C,其中 a 为常数\right)$.

解 设 $T(t)$ 表示从 1970 年($t=0$)起直到第 t 年的石油消耗总量(单位:亿桶).我们要求从 1970 年到 2020 年间石油消耗的总量,即求 $T(50)$.由于 $T(t)$ 是石油消耗总量,因此 $T'(t)$ 就是石油消耗率 $R(t)$,即 $T'(t)=R(t)$.于是 $T(t)$ 就是 $R(t)$ 的一个原函数,故

$$T(t)=\int R(t)dt=\int 161e^{0.07t}dt=\frac{161}{0.07}e^{0.07t}+C=2\,300e^{0.07t}+C.$$

由 $T(0)=0$,得 $C=-2\,300$,所以

$$T(t)=2\,300(e^{0.07t}-1).$$

故从 1970 年到 2020 年间石油消耗的总量为

$$T(50)=2\,300(e^{0.07\times 50}-1)\text{ 亿桶}\approx 73\,866\text{ 亿桶}.$$

例 4.6.2 (**质点的最大高度问题**) 一质点以 60 m/s 的速度从地面垂直射向空中,若质点运动过程中只受重力的作用(即加速度 $a=-g=-10\text{ m/s}^2$,其中 g 为重力加速度),试求该质点能达到的最大高度[注:(1) 在匀变速直线运动中,物体在时刻 t 的瞬时速度 $v(t)=v_0+at$,其中 v_0 是初始速度,a 是加速度;(2) 设物体在时刻 t 的位移为 $h(t)$,则 $h'(t)=v(t)$].

解 设 $v(t)$ 为时刻 t 该质点的瞬时速度,$h(t)$ 为时刻 t 该质点的高度,则 $h'(t)=v(t)$.于是 $h(t)$ 就是 $v(t)$ 的一个原函数,所以

$$h(t)=\int v(t)dt=\int(60-10t)dt=-5t^2+60t+C.$$

由 $h(0)=0$，得 $C=0$，所以

$$h(t)=-5t^2+60t.$$

令 $h'(t)=-10t+60=0$，得唯一的驻点 $t=6$ s. 又 $h''(6)=-10<0$，故 $t=6$ s 为 $h(t)$ 的最大值点，最大值 $h(6)=180$ m，即该质点能达到的最大高度为 180 m.

例 4.6.3（**变速直线运动的路程问题**）　一辆货车从某工厂出发往公司送货，出发后发现忘记携带重要配送票据，于是要求工厂派一辆汽车送来票据. 已知汽车出发时货车已经驶出 10 km 的距离，且货车以 50 km/h 的速度沿直线匀速向前行驶，而汽车做变速直线运动，t（单位：h）后汽车的速度为 $(45+10t)$ km/h，问：至少经过多长时间汽车才能追上货车？

解　设经过 t（单位：h），汽车行驶的路程为 s（单位：km），则有

$$s=\int_0^t(45+10x)\mathrm{d}x=(45x+5x^2)\Big|_0^t=45t+5t^2.$$

当汽车追上货车时，有

$$45t+5t^2=10+50t,$$

解得 $t=2$ h. 由此可得，至少经过 2 h 汽车才能追上货车.

例 4.6.4（**经济学中的产品需求量问题**）　设某商品的需求量 Q 是价格 P 的函数 $Q(P)$，且需求量的变化率为 $Q'(P)=-5$. 已知该商品的最大需求量为 100，即当 $P=0$ 时，$Q=100$，问：当价格 $P=10$ 时，需求量 $Q(10)$ 为多少？

解　由已知可得

$$Q(10)=\int_0^{10}(-5)\mathrm{d}P+100=-5P\Big|_0^{10}+100=50.$$

例 4.6.5（**经济学中的成本问题**）　已知一企业生产某种农产品的可变成本是产量 x 的函数 $C(x)$，且可变成本的变化率为 $C'(x)=0.6x+4$，固定成本为 120. 问：当产量 $x=10$ 时，总成本为多少？

解　由已知可得总成本为

$$C(10)+120=\int_0^{10}(0.6x+4)\mathrm{d}x+120=(0.3x^2+4x)\Big|_0^{10}+120=190.$$

习题 4.6

1. 已知一口月产 20 t 铁的铁矿井在 27 年后将要枯竭. 预计从现在开始 t 个月后，铁矿的价格是 $T(t)=800+0.5\sqrt{t}$（单位：元 /t）. 现假定铁矿产销平衡，问：这口铁矿井共可创造多少收入？

2. 一质点从月球表面垂直射向空中，在运动过程中只受重力的作用. 若其初始速度为 40 m/s，运动过程中的重力加速度为 1.6 $\mathrm{m/s^2}$，试求该质点能达到的最大高度.

3. 一辆汽车在平直的道路上行驶. 由于遇到紧急情况，汽车以速度 $v(t)=108-4t^3$（单位：km/h）紧急刹车至停止，求紧急刹车后至停止时汽车行驶的路程.

4. 设某农产品的需求量 Q 是价格 P 的函数 $Q(P)$，其变化率 $Q'(P)=-2$. 已知该农产品的最大需求量为 500，即当 $P=0$ 时，$Q=500$，问：当价格 $P=20$ 时，需求量 $Q(20)$ 为多少？

§4.7 数学实验:利用 MATLAB 求函数的积分

本章前面只介绍了求不定积分的公式法,求定积分的直接积分法以及求反常积分,由于篇幅限制,其他求积分的方法没有涉及,因此很多类型的积分无法计算.本节主要介绍如何借助 MATLAB 求解更多复杂类型的积分.

一、命令介绍

MATLAB 求函数积分的命令和实现的功能如表 4.7.1 所示.

表 4.7.1

命令	功能
int (expr,var)	求函数 expr 对变量 var 的不定积分
int (expr,var,a,b)	求函数 expr 在区间$[a,b]$上对变量 var 的定积分

二、应用举例

例 4.7.1 利用 MATLAB 求下列不定积分:

(1) $\int \sin x \, dx$; (2) $\int \frac{x^2}{(x+2)^3} dx$; (3) $\int \frac{x^2+a^2}{x^2} dx$.

解 (1) 在命令行窗口输入代码如下:

```
clear
syms x
int (sin(x),x)
```

运行结果如下:

```
ans =
-cos(x)
```

因此,$\int \sin x \, dx = -\cos x + C$.

(2) 在命令行窗口输入代码如下:

```
clear
syms x
int(x^2/(x+2)^3,x)
```

运行结果如下:

```
ans =
```

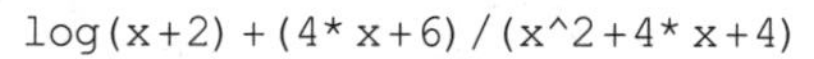

```
log(x+2)+(4*x+6)/(x^2+4*x+4)
```

因此，$\int \frac{x^2}{(x+2)^3}\mathrm{d}x = \ln(x+2) + \frac{4x+6}{x^2+4x+4} + C.$

(3) 在命令行窗口输入代码如下：

```
clear
syms a x
int((x^2+a^2)/x^2,x)
```

运行结果如下：

```
ans =
-a^2/x+x
```

因此，$\int \frac{x^2+a^2}{x^2}\mathrm{d}x = x - \frac{a^2}{x} + C.$

注　利用 MATLAB 求不定积分得到的结果需要再加上任意常数 C.

例 4.7.2　利用 MATLAB 求下列定积分：

(1) $\int_0^1 x^2 \mathrm{e}^x \mathrm{d}x$；　(2) $\int_1^{\sqrt{3}} \frac{1}{x^2\sqrt{1+x^2}}\mathrm{d}x$；　(3) $\int_0^1 \mathrm{e}^{\sqrt{x}}\mathrm{d}x$.

解　(1) 在命令行窗口输入代码如下：

```
clear
syms x
int(x^2*exp(x),x,0,1)
```

运行结果如下：

```
ans =
exp(1)-2
```

因此，$\int_0^1 x^2\mathrm{e}^x\mathrm{d}x = \mathrm{e} - 2.$

(2) 在命令行窗口输入代码如下：

```
clear
syms x
int (1/(x^2*sqrt(1+x^2)),x,1,sqrt(3))
```

运行结果如下：

```
ans =
2^(1/2)-(2*3^(1/2))/3
```

因此，$\int_1^{\sqrt{3}} \frac{1}{x^2\sqrt{1+x^2}}\mathrm{d}x = \sqrt{2} - \frac{2\sqrt{3}}{3}.$

(3) 在命令行窗口输入代码如下：

```
clear
syms x
int(exp(sqrt(x)),x,0,1)
```

运行结果如下：

```
ans =
```

```
2
```

因此，$\int_0^1 e^{\sqrt{x}} dx = 2$.

例 4.7.3 利用 MATLAB 求由曲线 $y=x^2$ 和 $y=\sqrt{x}$ 所围成的平面图形的面积.

解 (1) 作图. 在命令行窗口输入代码如下：

```
clear
close all
x=0:0.001:1.2;
y=x.^2;
y1=x.^(1/2);
plot(x,y,'b')
hold on
plot(x,y1,'r')
xlabel('x'); ylabel('y');
legend('y=x^2','y=sqrt(x)')
```

运行得到所围成的平面图形如图 4.7.1 所示.

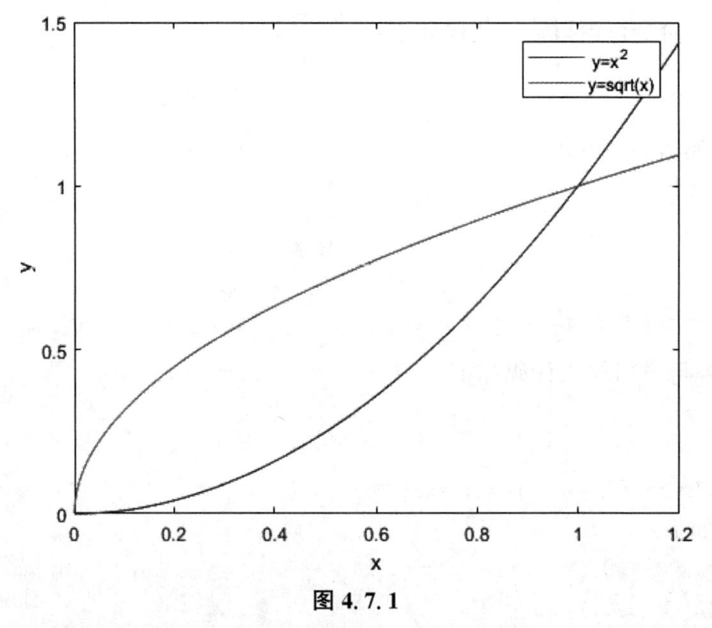

图 4.7.1

(2) 求交点. 在命令行窗口输入代码如下：

```
clear
syms x
jdx=solve(x^2-x^(1/2),x)
```

运行结果如下：

```
jdx=
0
1
```

因此，两曲线的交点的横坐标为 $x=0$ 和 $x=1$，将它们代入所给曲线方程，求出两个交点为(0,0) 和(1,1).

(3) 求面积. 所求面积为 $S=\int_0^1(\sqrt{x}-x^2)\mathrm{d}x$，在命令行窗口输入代码如下：

```
clear
syms x
int (sqrt(x) -x^2,x,0,1)
```

运行结果如下：

```
ans =
1/3
```

因此，所求的面积为 $S=\dfrac{1}{3}$.

习题 4.7

1. 利用 MATLAB 求下列不定积分：

(1) $\int\dfrac{1}{1+\sqrt{2x}}\mathrm{d}x$；

(2) $\int \mathrm{e}^x\sin x\,\mathrm{d}x$；

(3) $\int\dfrac{1}{\sqrt{2x-3}+1}\mathrm{d}x$；

(4) $\int\dfrac{\sqrt{x+1}-1}{\sqrt{x+1}+1}\mathrm{d}x$；

(5) $\int\dfrac{1}{\sqrt{x^2+1}}\mathrm{d}x$；

(6) $\int -x^2\mathrm{e}^{-x}\,\mathrm{d}x$；

(7) $\int x\cos x\,\mathrm{d}x$；

(8) $\int x^2\ln x\,\mathrm{d}x$；

(9) $\int x^2\mathrm{e}^x\,\mathrm{d}x$；

(10) $\int\left(\dfrac{1}{x}+\ln x\right)\mathrm{e}^x\,\mathrm{d}x$；

(11) $\int(3x-4)^4\mathrm{d}x$；

(12) $\int\dfrac{1}{\sqrt{2-5x}}\mathrm{d}x$；

(13) $\int x^2\sqrt{4-3x^3}\,\mathrm{d}x$；

(14) $\int x^3\sin(5-x^4)\mathrm{d}x$；

(15) $\int\dfrac{\mathrm{e}^{\frac{1}{x}}}{x^2}\mathrm{d}x$；

(16) $\int\dfrac{\mathrm{e}^x}{\sqrt{1-\mathrm{e}^{2x}}}\mathrm{d}x$；

(17) $\int\dfrac{x^2}{4+x^2}\mathrm{d}x$；

(18) $\int\dfrac{x}{\sqrt{x^2-1}}\mathrm{d}x$；

(19) $\int\dfrac{1}{\sqrt{x^2-2x+2}}\mathrm{d}x$；

(20) $\int\dfrac{3}{\sqrt{9x^2+6x+2}}\mathrm{d}x$.

2. 利用 MATLAB 求下列定积分：

(1) $\int_{\frac{\pi}{3}}^{\pi}\sin\left(x+\dfrac{\pi}{3}\right)\mathrm{d}x$；

(2) $\int_0^{\frac{\pi}{2}}\sin\varphi\cos^3\varphi\,\mathrm{d}\varphi$；

(3) $\int_0^{\pi}\sqrt{\sin x-\sin^3 x}\,\mathrm{d}x$；

(4) $\int_{\frac{\pi}{6}}^{\frac{\pi}{2}}\cos^2 u\,\mathrm{d}u$；

(5) $\int_{-1}^{1}\frac{x}{(x^2+1)^2}\mathrm{d}x$；

(6) $\int_1^{e^2}\frac{1}{x\sqrt{1+\ln x}}\mathrm{d}x$；

(7) $\int_0^1 t\mathrm{e}^{-\frac{t^2}{2}}\mathrm{d}t$；

(8) $\int_0^{\sqrt{2}}\sqrt{2-x^2}\,\mathrm{d}x$；

(9) $\int_1^{\sqrt{3}}\frac{1}{x^2\sqrt{1+x^2}}\mathrm{d}x$；

(10) $\int_{\frac{1}{\sqrt{2}}}^{1}\frac{\sqrt{1-x^2}}{x^2}\mathrm{d}x$；

(11) $\int_{-1}^{1}\frac{x}{\sqrt{5-4x}}\mathrm{d}x$；

(12) $\int_{\frac{3}{4}}^{1}\frac{1}{\sqrt{1-x}-1}\mathrm{d}x$.

3. 利用 MATLAB 求下列平面图形的面积：

(1) 由曲线 $y=\sqrt{x}$ 与直线 $y=x$ 所围成的平面图形；

(2) 由曲线 $y=3-x^2$ 与直线 $y=2x$ 所围成的平面图形；

(3) 由曲线 $y=x^2, 4y=x^2$ 与直线 $y=1$ 所围成的平面图形；

(4) 由曲线 $y=\sqrt{x}$ 与直线 $y=2-x$ 及 x 轴所围成的平面图形；

(5) 由曲线 $y=\sin x, y=\cos x$ 与直线 $x=0, x=\frac{\pi}{4}$ 所围成的平面图形.

总习题 4

一、选择题

1. $\int f'(x)\mathrm{d}x=$（　　）.

A. $f(x)$

B. $\int f(x)\mathrm{d}x+C$

C. $f(x)+C$

D. $f'(x)+C$

2. $\left[\int f(x)\mathrm{d}x\right]'=$（　　）.

A. $f'(x)$

B. $\int f'(x)\mathrm{d}x$

C. $f(x)+C$

D. $f(x)$

3. 若函数 $f(x)$ 的一个原函数是 $\cos x$，则 $f'(x)=$（　　）.

A. $\sin x$

B. $\cos x$

C. $-\sin x$

D. $-\cos x$

4. 函数 $f(x)=\mathrm{e}^{-2x}$ 的不定积分是（　　）.

A. $\frac{1}{2}\mathrm{e}^{-2x}$

B. $-\frac{1}{2}\mathrm{e}^{-2x}$

C. $\frac{1}{2}\mathrm{e}^{-2x}+C$

D. $-\frac{1}{2}\mathrm{e}^{-2x}+C$

5. 若 $f'(x)=\frac{1}{x}$，则函数 $f(x)=$（　　）.

A. $-\frac{1}{x^2}+C$　　B. $\frac{1}{x}+C$

C. $\ln|x|+C$　　D. $-\ln x+C$

6. 定积分$\int_0^{2\pi}\cos x\,dx=$(　).

A. 0　　B. 1

C. 2　　D. 4

7. 定积分$\int_{-1}^{1}x^5\,dx=$(　　).

A. 0　　B. $2\int_0^1 x^5\,dx$

C. 2　　D. 1

8. 若定积分$\int_0^1(2x+a)\,dx=3$,则$a=$(　　).

A. 3　　B. 0

C. 2　　D. 4

9. 设函数e^x+x是$f(x)$的一个原函数,则$\int_0^1 f(x)\,dx=$(　　).

A. 0　　B. e

C. 2　　D. 4

10. 若$f'(x)=x$,且$f(0)=0$,则$\int_0^1 f(x)\,dx=$(　　).

A. 1　　B. $\frac{1}{6}$

C. $\frac{1}{2}$　　D. 2

二、填空题

1. 设函数$f(x)$的一个原函数是$e^{\cos x}$,则$\int f(x)\,dx=$________.

2. 若$\int f(x)\,dx=\log_3 x+C$,则$f(x)=$________.

3. 设函数$f(x)=e^{3x}$,则$\int f'(x)\,dx=$________.

4. $\int(5^x+x^5)\,dx=$________.

5. $\int(x^2+\sin x)'\,dx=$________.

6. $\int d(8^{\cos x})=$________.

7. $d\left[\int\ln(5x^9+1)\,dx\right]=$________.

8. 设函数$f(x)$的一个原函数是e^{2x},则$\int_0^1 f(x)\,dx=$________.

9. 若$\int f(x)\,dx=xe^x-e^x+C$,则$\int_0^1 f(x)\,dx=$________.

10. $\int_1^2 dx=$________.

11. $\int_0^1 3x\,dx =$ ________.

12. $\int_0^2 (x^2-1)\,dx =$ ________.

13. 由曲线 $y = x^3 (x \geqslant 0)$ 与直线 $x = 1$ 及 x 轴所围成的平面图形的面积等于________.

三、计算题.

1. 求下列积分：

(1) $\int (3^x - 2\cos x)\,dx$；

(2) $\int (3x^2 - 5\csc x\cot x)\,dx$；

(3) $\int \left(\frac{2}{\sqrt{x}} - \frac{x\sqrt{x}}{2}\right) dx$；

(4) $\int \sec x(\sec x - \tan x)\,dx$；

(5) $\int \frac{1}{(3x)^2}\,dx$；

(6) $\int \left(2\sec^2 x - \frac{1}{x}\right) dx$；

(7) $\int \frac{x^2+2x-3}{x^2}\,dx$；

(8) $\int (e^x + 2\sin x - 4)\,dx$；

(9) $\int_0^2 (x-1)^2\,dx$；

(10) $\int_0^2 x(3x-1)\,dx$；

(11) $\int_0^1 \frac{1}{x+1}\,dx$；

(12) $\int_0^1 \frac{1-e^{2x}}{1-e^x}\,dx$；

(13) $\int_{-\pi}^{\pi} (x^2 + \sin x)\,dx$；

(14) $\int_1^e \frac{x^4-1}{x}\,dx$；

(15) $\int_1^{+\infty} \frac{1}{x^3}\,dx$；

(16) $\int_{-\infty}^0 e^x\,dx$.

2. 已知函数 $f(x) = 3x^2 - 1$ 的一个原函数为 $F(x)$，且满足 $F(1) = 3$，求 $F(x)$.

四、应用题

1. 求下列平面图形的面积：

(1) 由曲线 $y = \frac{x^2}{2}$ 与直线 $y = 1$ 所围成的平面图形；

(2) 由曲线 $y = e^x$ 与直线 $x = 1$，x 轴及 y 轴所围成的平面图形；

(3) 由曲线 $xy = 1$ 与直线 $y = x$，$x = 2$ 所围成的平面图形；

(4) 由曲线 $y = x^2$ 与直线 $y = 2x$ 所围成的平面图形；

(5) 由曲线 $y = \sqrt{x}$ 与直线 $y = \frac{x}{2}$ 所围成的平面图形；

(6) 由曲线 $y = \sin x (x \geqslant 0)$ 与直线 $y = \frac{x}{\pi}$ 所围成的平面图形.

2. 求函数 $f(x) = 4x^3 - 3x^2 + 1$ 的过点(1,5)的积分曲线.

五、操作题

1. 利用 MATLAB 求下列积分：

(1) $\int \frac{1}{\sqrt{2x-1}(2x-1)}\,dx$；

(2) $\int \frac{e^{\sqrt{x}} + \cos\sqrt{x}}{\sqrt{x}}\,dx$；

(3) $\int x^3 \sin(5 - x^4)\,dx$；

(4) $\int_0^1 x e^{-x}\,dx$；

(5) $\int_1^{e} x\ln x\,dx$；　　(6) $\int_1^4 \frac{\ln x}{\sqrt{x}}dx$；

(7) $\int_{-\pi}^{\pi} x^4\sin x\,dx$；　　(8) $\int_0^{\frac{\pi}{2}} x\sin 2x\,dx$；

(9) $\int_0^{\frac{\pi}{2}} e^{2x}\cos x\,dx$.

2. 利用 MATLAB 求由曲线 $y=\frac{x^2}{2}$ 和 $x^2+y^2=8(y>0)$ 所围成的平面图形的面积.

3. 利用 MATLAB 求由曲线 $y=e^x$，$y=e^{-x}$ 与直线 $x=1$ 所围成的平面图形的面积.

4. 利用MATLAB求由曲线 $xy=2$ 与直线 $y=x$，$y=2x$ 所围成的平面图形在第一象限部分的面积.

第五章 微分方程及其应用

读书之法，在循序而渐进，熟读而精思.

——朱熹

在实际问题中，存在许多由自变量、未知函数及其导数(或微分)组成的关系式模型，即微分方程模型. 通过求解微分方程，我们可以了解到未知函数的更多性质. 微分方程的应用十分广泛，很多问题都可以用微分方程进行求解. 因此，微分方程是进行科学研究和解决实际问题的强有力工具. 微分方程的建模就是利用相关的物理、化学、生物等有关规律建立反映实际问题的模型.

本章主要介绍微分方程的基本概念和几种常见的微分方程的求解方法，并给出微分方程在实际问题中的应用案例，最后介绍如何利用 MATLAB 求解微分方程.

§5.1　微分方程的基本概念

本节通过引例，引出微分方程的定义，同时给出微分方程的阶、微分方程的解、初值问题等概念.

一、引例

例 5.1.1　一曲线通过点(0,0)，且在曲线上任一点 $M(x,y)$ 处的切线斜率为 2，求该曲线的方程.

解　设所求曲线的方程为 $y=y(x)$，根据导数的几何意义，可知未知函数 $y=y(x)$ 应满足关系式

$$\frac{\mathrm{d}y}{\mathrm{d}x}=2. \tag{5.1.1}$$

此外，未知函数 $y=y(x)$ 还应满足条件

$$y\Big|_{x=0}=0. \tag{5.1.2}$$

根据导数与积分的关系，式(5.1.1) 的解为

$$y=\int 2\mathrm{d}x=2x+C\quad(C\text{ 为任意常数}). \tag{5.1.3}$$

将条件 $y\Big|_{x=0}=0$ 代入式(5.1.3)，解得 $C=0$，于是求得该曲线的方程为

$$y=2x.$$

例 5.1.2　设销售某种商品的边际收益函数为 $R'(x)=8-x$[边际收益函数等于收益函数的导数，它表示当销量为 x 时，再多销售一单位商品，则收益增加 $R'(x)$ 单位]，且 $R(0)=0$，求收益函数 $R(x)$.

解　由题意可知，边际收益函数为

$$R'(x)=8-x. \tag{5.1.4}$$

根据导数与积分的关系，式(5.1.4) 的解为

$$R(x)=\int(8-x)\mathrm{d}x=8x-\frac{x^2}{2}+C\quad(C\text{ 为任意常数}). \tag{5.1.5}$$

将条件 $R(0)=0$ 代入式(5.1.5)，解得 $C=0$，则收益函数为

$$R(x)=8x-\frac{x^2}{2}. \tag{5.1.6}$$

上述引例中的关系式$\frac{\mathrm{d}y}{\mathrm{d}x}=2$和$R'(x)=8-x$都含有未知函数的导数，我们把具有该特点的等式称为微分方程. 下面给出微分方程的基本概念.

二、基本概念

定义 5.1.1 含有未知函数及其导数(或微分)的等式称为**微分方程**.

根据微分方程中未知函数自变量的个数可将微分方程分为两类：自变量的个数只有一个的微分方程称为**常微分方程**(简称**微分方程**)；自变量的个数有两个或两个以上的微分方程称为**偏微分方程**.

此外，根据未知函数及其导数的特点也可将微分方程分为两类：若一个微分方程中的未知函数及其各阶导数都是一次幂，则称其为**线性微分方程**；否则，称其为**非线性微分方程**.

例如，$\frac{\mathrm{d}y}{\mathrm{d}x}=2$是常微分方程，$y'+3y-8=0$是线性微分方程，$y'-3xy=xy^2$是非线性微分方程.

定义 5.1.2 微分方程中出现的未知函数的最高阶导数(或微分)的阶数称为微分方程的**阶**.

例如，$R'(x)=8-x$是一阶微分方程，$(y'')^2+y'-\cos x=0$是二阶微分方程，$y^{(5)}=\mathrm{e}^x+1$是五阶微分方程.

定义 5.1.3 把函数代入微分方程中，若能使方程成为恒等式，则称这个函数为该微分方程的**解**.

例如，函数$y=2x$，$y=2x+1$，$y=2x+C$(C为任意常数)都是微分方程$\frac{\mathrm{d}y}{\mathrm{d}x}=2$的解；函数$y=\mathrm{e}^x$，$y=C\mathrm{e}^x$($C$为任意常数)都是微分方程$y''-y=0$的解. 由此可见，微分方程的解可能含有任意常数，也可能不含有任意常数. 下面根据微分方程的解是否含有任意常数对其进行分类.

(1) 通解. 若微分方程的解中含有相互独立的任意常数，且任意常数的个数与微分方程的阶数相等，则称此解为微分方程的**通解**. 例如，函数$y=\frac{2}{3}x^3+C$(C为任意常数)是微分方程$y'-2x^2=0$的通解.

通解中相互独立的任意常数是指不能通过合并减少通解中任意常数的个数. 另外，通解不一定包含微分方程的全部解. 例如，函数$y=\frac{1}{x+C}$是微分方程$y'+y^2=0$的通解，而函数$y=0$也是该微分方程的解，但$y=0$不包含在通解中. 不包含在微分方程通解中的解称为**奇解**.

此外，若函数$y=\varphi(x)$是微分方程的通解，且该函数由关系式$\varphi(x,y)=0$所确定，则称$\varphi(x,y)=0$为该微分方程的**隐式通解**，函数$y=\varphi(x)$称为该微分方程的**显式通解**. 例如，$\ln|y|=x+C_1$(C_1为任意常数)和$y=C\mathrm{e}^x$(C为任意常数)分别为微分方程$\frac{\mathrm{d}y}{\mathrm{d}x}=y$的隐式

通解和显式通解.

（2）特解.微分方程的不含任意常数的解称为微分方程的**特解**.例如，函数 $y=5x$ 是微分方程 $y''-y=-5x$ 的特解.

定义 5.1.4　用来确定 n 阶微分方程的通解中任意常数的条件

$$y\Big|_{x=x_0}=y_0,\quad y'\Big|_{x=x_0}=y'_0,\quad \cdots,\quad y^{(n-1)}\Big|_{x=x_0}=y_0^{(n-1)}$$

称为微分方程的**初始条件**，其中 $x_0,y_0,y'_0,\cdots,y_0^{(n-1)}$ 都是给定的常数.

特别地，带有初始条件的微分方程称为微分方程的**初值问题**.

求微分方程的特解的步骤如下：

（1）求出该微分方程的通解；

（2）根据实际情况给出确定通解中 n 个任意常数的条件（即初始条件）

$$y\Big|_{x=x_0}=y_0,\quad y'\Big|_{x=x_0}=y'_0,\quad \cdots,\quad y^{(n-1)}\Big|_{x=x_0}=y_0^{(n-1)}.$$

（3）根据初始条件求出满足条件的特解.

例 5.1.3　设函数 $y=x^2+C$（C 为任意常数）是微分方程 $\frac{\mathrm{d}y}{\mathrm{d}x}=2x$ 的通解，求满足初始条件 $y\Big|_{x=0}=1$ 的特解.

解　由题意知 $y=x^2+C$ 是微分方程的通解，且满足初始条件 $y\Big|_{x=0}=1$，即 $1=0+C$，故 $C=1$.因此，满足初始条件 $y\Big|_{x=0}=1$ 的特解为

$$y=x^2+1.$$

习题 5.1

1. 指出下列微分方程的阶数，并判断该微分方程是否为线性微分方程：

（1）$x\frac{\mathrm{d}^2y}{\mathrm{d}x^2}-\frac{\mathrm{d}y}{\mathrm{d}x}+3xy=0$；　　（2）$xy'-2y+4x=0$；

（3）$xy^{(4)}+y^5y'-x^4y=0$；　　（4）$\sin y''+\mathrm{e}^y=x$.

2. 判断下列给定函数是否为其对应微分方程的解：

（1）$\frac{\mathrm{d}y}{\mathrm{d}x}=\cos x+2x,\ y=\sin x+x^2+C$　（C 为任意常数）；

（2）$y'-y=\mathrm{e}^x,\ y=x\mathrm{e}^x$；

（3）$y''+y'+y=x^2,\ y=x^2+2x$；

（4）$\mathrm{d}y-\left(\frac{1}{x}+1\right)\mathrm{d}x=0,\ y=\ln x+x+C$　（C 为任意常数）.

3. 设函数 $y=C\mathrm{e}^{x^2}$（C 为任意常数）是微分方程 $\frac{\mathrm{d}y}{\mathrm{d}x}=2xy$ 的通解，求满足初始条件 $y\Big|_{x=0}=1$ 的特解.

4. 设函数 $y=x^3+3x^2+C$（C 为任意常数）是微分方程 $3x^2+6x-y'=0$ 的通解，求满足初始条件 $y\Big|_{x=1}=0$ 的特解.

§5.2 一阶微分方程

一阶微分方程广泛应用于物理学和几何学中，求该微分方程的通解对解释实际问题具有重要作用. 本节主要针对不同类型的一阶微分方程，归纳出其通解的求法.

一阶微分方程的一般形式为 $F(x,y,y')=0$，其等价形式为

$$\frac{\mathrm{d}y}{\mathrm{d}x}=F(x,y) \quad 或 \quad P(x,y)\mathrm{d}x=Q(x,y)\mathrm{d}y. \tag{5.2.1}$$

本节主要介绍可分离变量的微分方程和一阶线性微分方程的解法.

一、可分离变量的微分方程

形如

$$\frac{\mathrm{d}y}{\mathrm{d}x}=f(x)g(y) \tag{5.2.2}$$

的微分方程称为**可分离变量的微分方程**.

例如，$\frac{\mathrm{d}y}{\mathrm{d}x}=2^x$，$y'=2x^2y$ 都是可分离变量的微分方程，$y'=\frac{y}{x}\ln\frac{y}{x}$，$y'+y=\mathrm{e}^{-x}$ 都不是可分离变量的微分方程. 为方便计算，归纳可分离变量的微分方程的解法如下.

(1) 设 $g(y)\neq 0$，分离变量，将方程(5.2.2)写成如下形式：

$$\frac{\mathrm{d}y}{g(y)}=f(x)\mathrm{d}x.$$

(2) 对上式两边同时积分，得

$$\int\frac{\mathrm{d}y}{g(y)}=\int f(x)\,\mathrm{d}x.$$

记 $G(y)$ 和 $F(x)$ 分别是 $\frac{1}{g(y)}$ 和 $f(x)$ 的一个原函数，则 $G(y)=F(x)+C$（C 为任意常数）就是方程(5.2.2)的通解.

(3) 若存在 y_0，使得 $g(y_0)=0$，则常数函数 $y=y_0$ 为方程(5.2.2)的特解.

例 5.2.1 求下列微分方程的通解：

(1) $\frac{\mathrm{d}y}{\mathrm{d}x}=2x$； (2) $\frac{\mathrm{d}y}{\mathrm{d}x}=\frac{1}{x^2y}$； (3) $\frac{\mathrm{d}y}{\mathrm{d}x}=y(1+\sin x)$.

解 (1) 该方程为可分离变量的微分方程. 分离变量，得

$$\mathrm{d}y=2x\,\mathrm{d}x,$$

对上式两边同时积分,得

$$\int dy=\int 2x\,dx,$$

即

$$y=x^2+C.$$

故原微分方程的通解为 $y=x^2+C$(C 为任意常数).

(2) 该方程为可分离变量的微分方程. 分离变量,得

$$y\,dy=\frac{1}{x^2}dx,$$

对上式两边同时积分,得

$$\int y\,dy=\int \frac{1}{x^2}dx,$$

即

$$\frac{y^2}{2}=-\frac{1}{x}+C.$$

故原微分方程的通解为 $\frac{y^2}{2}=-\frac{1}{x}+C$($C$ 为任意常数).

(3) 该方程为可分离变量的微分方程. 当 $y\neq 0$ 时,分离变量,得

$$\frac{1}{y}dy=(1+\sin x)dx,$$

对上式两边同时积分,得

$$\int \frac{1}{y}dy=\int(1+\sin x)dx,$$

即

$$\ln|y|=-\cos x+x+C.$$

故原微分方程的通解为 $\ln|y|=-\cos x+x+C$(C 为任意常数). 显然,$y=0$ 是原微分方程的特解.

例 5.2.2　求微分方程 $\frac{dy}{dx}=2+x+\cos x$ 满足初始条件 $y\Big|_{x=0}=1$ 的特解.

解　该方程为可分离变量的微分方程. 分离变量,得

$$dy=(2+x+\cos x)dx,$$

对上式两边同时积分,得

$$\int dy=\int(2+x+\cos x)\,dx,$$

即

$$y=2x+\frac{x^2}{2}+\sin x+C.$$

故原微分方程的通解为 $y=2x+\frac{x^2}{2}+\sin x+C$($C$ 为任意常数). 将初始条件 $y\Big|_{x=0}=1$ 代

入上述通解,解得 $C=1$,故原微分方程的特解为

$$y=2x+\frac{x^2}{2}+\sin x+1.$$

例 5.2.3 求下列微分方程的通解:

(1) $2y\,dy=x\left(1-\frac{1}{x^2}\right)dx$; (2) $\frac{dy}{dx}=\frac{x^2-4}{x-2}$; (3) $2^y dy-(3+\cos x)dx=0$.

解 (1) 该方程为可分离变量的微分方程.对方程两边同时积分,得

$$\int 2y\,dy=\int x\left(1-\frac{1}{x^2}\right)dx=\int\left(x-\frac{1}{x}\right)dx,$$

即

$$y^2=\frac{x^2}{2}-\ln|x|+C.$$

故原微分方程的通解为 $y^2=\frac{x^2}{2}-\ln|x|+C$($C$ 为任意常数).

(2) 该方程为可分离变量的微分方程.分离变量,得

$$dy=\frac{x^2-4}{x-2}dx,$$

对上式两边同时积分,得

$$\int dy=\int\frac{x^2-4}{x-2}dx=\int(x+2)dx,$$

即

$$y=\frac{x^2}{2}+2x+C\quad(x\neq 2).$$

故原微分方程的通解为 $y=\frac{x^2}{2}+2x+C$($x\neq 2$,C 为任意常数).

(3) 原微分方程可化为 $2^y dy=(3+\cos x)dx$,该方程为可分离变量的微分方程.对方程两边同时积分,得

$$\int 2^y dy=\int(3+\cos x)dx,$$

即

$$\frac{2^y}{\ln 2}=3x+\sin x+C.$$

故原微分方程的通解为$\frac{2^y}{\ln 2}=3x+\sin x+C$($C$ 为任意常数).

二、一阶线性微分方程

形如

$$\frac{dy}{dx}+P(x)y=Q(x) \tag{5.2.3}$$

的微分方程称为**一阶线性微分方程**,其中 $P(x)$,$Q(x)$ 是某一区间 I 上的连续函数.

(1) 当 $Q(x)\equiv 0$ 时,方程(5.2.3)变为

$$\frac{\mathrm{d}y}{\mathrm{d}x}+P(x)y=0, \tag{5.2.4}$$

称方程(5.2.4)为**一阶齐次线性微分方程**.

一阶齐次线性微分方程是可分离变量的微分方程.当 $y\neq 0$ 时,分离变量,得

$$\frac{1}{y}\mathrm{d}y=-P(x)\mathrm{d}x,$$

对上式两边同时积分,得

$$\ln|y|=\int -P(x)\mathrm{d}x+C_1,$$

即

$$y=C\mathrm{e}^{-\int P(x)\mathrm{d}x}\quad (C=\pm \mathrm{e}^{C_1}\text{ 为任意不为 0 的常数}).$$

显然,$y=0$ 为方程(5.2.4)的解,故该微分方程的通解为

$$y=C\mathrm{e}^{-\int P(x)\mathrm{d}x}\quad (C\text{ 为任意常数}). \tag{5.2.5}$$

(2) 当 $Q(x)\neq 0$ 时,方程(5.2.3)称为**一阶非齐次线性微分方程**.

一阶非齐次线性微分方程可用常数变易法求解,常数变易法是指将式(5.2.5)中的常数 C 换成未知函数 $C(x)$,并设方程(5.2.3)有如下形式的解:

$$y=C(x)\mathrm{e}^{-\int P(x)\mathrm{d}x}. \tag{5.2.6}$$

为确定 $C(x)$ 的表达式,将式(5.2.6)及其导数代入方程(5.2.3),得

$$C'(x)\mathrm{e}^{-\int P(x)\mathrm{d}x}-P(x)C(x)\mathrm{e}^{-\int P(x)\mathrm{d}x}+P(x)C(x)\mathrm{e}^{-\int P(x)\mathrm{d}x}=Q(x),$$

化简得

$$C'(x)\mathrm{e}^{-\int P(x)\mathrm{d}x}=Q(x),$$

即

$$C'(x)=Q(x)\mathrm{e}^{\int P(x)\mathrm{d}x}.$$

对上式两边同时积分,得

$$C(x)=\int Q(x)\mathrm{e}^{\int P(x)\mathrm{d}x}\mathrm{d}x+C\quad (C\text{ 为任意常数}).$$

将上式代入 $y=C(x)\mathrm{e}^{-\int P(x)\mathrm{d}x}$ 中,得方程(5.2.3)的通解为

$$y=\mathrm{e}^{-\int P(x)\mathrm{d}x}\left[\int Q(x)\mathrm{e}^{\int P(x)\mathrm{d}x}\mathrm{d}x+C\right]\quad (C\text{ 为任意常数}). \tag{5.2.7}$$

例 5.2.4　求微分方程 $\frac{\mathrm{d}y}{\mathrm{d}x}+xy=0$ 的通解.

解　该方程为一阶齐次线性微分方程,其中 $P(x)=x$,将其代入通解公式 $y=C\mathrm{e}^{-\int P(x)\mathrm{d}x}$,得

$$y=C\mathrm{e}^{-\int P(x)\mathrm{d}x}=C\mathrm{e}^{-\int x\mathrm{d}x}=C\mathrm{e}^{-\frac{x^2}{2}}.$$

故原微分方程的通解为 $y=C\mathrm{e}^{-\frac{x^2}{2}}$($C$ 为任意常数).

例 5.2.5 求微分方程$\dfrac{\mathrm{d}y}{\mathrm{d}x}=-y+1$ 的通解.

解 原微分方程可化为$\dfrac{\mathrm{d}y}{\mathrm{d}x}+y=1$，该方程为一阶非齐次线性微分方程，其中 $P(x)=1$,$Q(x)=1$,将其代入通解公式 $y=\mathrm{e}^{-\int P(x)\mathrm{d}x}\left[\int Q(x)\mathrm{e}^{\int P(x)\mathrm{d}x}\mathrm{d}x+C\right]$,得

$$y=\mathrm{e}^{-\int 1\mathrm{d}x}\left(\int \mathrm{e}^{\int 1\mathrm{d}x}\mathrm{d}x+C\right)=\mathrm{e}^{-x}\left(\int \mathrm{e}^{x}\mathrm{d}x+C\right)=\mathrm{e}^{-x}(\mathrm{e}^{x}+C)=1+C\mathrm{e}^{-x}.$$

故原微分方程的通解为 $y=1+C\mathrm{e}^{-x}$(C 为任意常数).

例 5.2.6 求微分方程 $y'-2xy=\mathrm{e}^{x^2}$ 的通解.

解 该方程为一阶非齐次线性微分方程,其中 $P(x)=-2x$,$Q(x)=\mathrm{e}^{x^2}$,将其代入通解公式 $y=\mathrm{e}^{-\int P(x)\mathrm{d}x}\left[\int Q(x)\mathrm{e}^{\int P(x)\mathrm{d}x}\mathrm{d}x+C\right]$,得

$$y=\mathrm{e}^{\int 2x\mathrm{d}x}\left(\int \mathrm{e}^{x^2}\cdot\mathrm{e}^{-\int 2x\mathrm{d}x}\mathrm{d}x+C\right)=\mathrm{e}^{x^2}\left(\int \mathrm{d}x+C\right)=\mathrm{e}^{x^2}(x+C).$$

故原微分方程的通解为 $y=\mathrm{e}^{x^2}(x+C)$(C 为任意常数).

习题 5.2

1. 求下列微分方程的通解或满足初始条件的特解:

(1) $\dfrac{\mathrm{d}y}{\mathrm{d}x}=y$;

(2) $\mathrm{d}y-(2+x^2)\mathrm{d}x=0$;

(3) $y\dfrac{\mathrm{d}y}{\mathrm{d}x}-(\mathrm{e}^x+x)=0$;

(4) $\dfrac{1}{x}\mathrm{d}y-y^2\mathrm{d}x=0, y(1)=1$;

(5) $y'=3^{x-y}$;

(6) $(1+2\sin y)\mathrm{d}y-3x\mathrm{d}x=0$;

(7) $3\mathrm{d}x+(1+2y)\mathrm{d}y=0$;

(8) $\dfrac{1}{y}\mathrm{d}y-\dfrac{1}{x^3}\mathrm{d}x=0, y(1)=1$;

(9) $\dfrac{1+x^2}{x}\mathrm{d}x-\mathrm{e}^y\mathrm{d}y=0$;

(10) $\dfrac{1-x^2}{1+x}=y^2\dfrac{\mathrm{d}y}{\mathrm{d}x}$.

2. 求下列微分方程的通解或满足初始条件的特解:

(1) $y'+y=\mathrm{e}^{-x}, y(0)=1$;

(2) $y'=-y+5, y(0)=0$;

(3) $\dfrac{\mathrm{d}y}{\mathrm{d}x}-3x^2y=\mathrm{e}^{x^3}$;

(4) $y'-\dfrac{y}{x}=x\ (x>0)$;

(5) $y'+\dfrac{1}{x}y=\dfrac{\sin x}{x}\ (x>0)$;

(6) $y'+y\sin x=\mathrm{e}^{\cos x}$.

§5.3　二阶常系数齐次线性微分方程

二阶常系数齐次线性微分方程在常微分方程理论中占有重要地位,在工程技术、力学和物理学中都有十分广泛的应用.本节首先给出二阶常系数齐次线性微分方程的定义,再以定理的形式给出二阶常系数齐次线性微分方程通解的表现形式.

一、二阶线性微分方程

形如

$$y''+p(x)y'+q(x)y=f(x) \tag{5.3.1}$$

的微分方程称为**二阶线性微分方程**,其中 $p(x),q(x),f(x)$ 是某一区间 I 上的连续函数.

(1) 当 $f(x)\equiv 0$ 时,方程(5.3.1)变为

$$y''+p(x)y'+q(x)y=0, \tag{5.3.2}$$

称方程(5.3.2)为**二阶齐次线性微分方程**.

(2) 当 $f(x)\not\equiv 0$ 时,方程(5.3.1)称为**二阶非齐次线性微分方程**.

方程(5.3.2)称为二阶非齐次线性微分方程(5.3.1)对应的二阶齐次线性微分方程.

二、二阶常系数齐次线性微分方程

形如

$$y''+py'+qy=0 \tag{5.3.3}$$

的微分方程称为**二阶常系数齐次线性微分方程**,其中 p,q 是常数.

例如,微分方程 $y''+y'-2y=0$, $y''-4y'+5y=0$ 都是二阶常系数齐次线性微分方程.

对于二阶常系数齐次线性微分方程,有下述两个定理.

定理 5.3.1　**函数 $y=e^{\lambda x}$ 是方程(5.3.3)的解的充要条件为 λ 是一元二次方程**

$$\lambda^2+p\lambda+q=0 \tag{5.3.4}$$

的根,其中方程(5.3.4)称为方程(5.3.3)的特征方程,解出的根 λ 称为特征根.

求二阶常系数齐次线性微分方程 $y''+py'+qy=0$ 的通解,关键是求出对应特征方程的特征根,根据特征根的类型,得到二阶常系数齐次线性微分方程的通解如下.

定理 5.3.2　**给定微分方程 $y''+py'+qy=0$,对应的特征方程为 $\lambda^2+p\lambda+q=0$.**

(1) 当特征方程存在两个互异的实根 $\lambda_1,\lambda_2(\lambda_1\neq\lambda_2)$ 时,该微分方程的通解为

$$y=C_1e^{\lambda_1 x}+C_2e^{\lambda_2 x}\quad (C_1,C_2\ \text{为任意常数}).$$

(2) 当特征方程存在两个相等的实根 $\lambda_1=\lambda_2=\lambda$ 时,该微分方程的通解为

$$y=(C_1+C_2x)e^{\lambda x}\quad (C_1, C_2 \text{ 为任意常数}).$$

(3) **当特征方程存在一对共轭复根 $\lambda_{1,2}=\alpha\pm i\beta$ 时,该微分方程的通解为**

$$y=e^{\alpha x}(C_1\cos\beta x+C_2\sin\beta x)\quad (C_1, C_2 \text{ 为任意常数}).$$

例 5.3.1　求微分方程 $y''+3y'-4y=0$ 的通解.

解　原微分方程对应的特征方程为

$$\lambda^2+3\lambda-4=0,$$

利用求根公式

$$\lambda_{1,2}=\frac{-b\pm\sqrt{b^2-4ac}}{2a}=\frac{-3\pm\sqrt{3^2-4\times1\times(-4)}}{2\times1}=\frac{-3\pm5}{2},$$

解得其特征根为

$$\lambda_1=1,\quad \lambda_2=-4\quad (\text{两个互异的实根}).$$

故原微分方程的通解为

$$y=C_1e^{\lambda_1 x}+C_2e^{\lambda_2 x}=C_1e^x+C_2e^{-4x}\quad (C_1, C_2 \text{ 为任意常数}).$$

例 5.3.2　求微分方程 $y''+2y'+y=0$ 的通解.

解　原微分方程对应的特征方程为

$$\lambda^2+2\lambda+1=0,$$

利用求根公式

$$\lambda_{1,2}=\frac{-b\pm\sqrt{b^2-4ac}}{2a}=\frac{-2\pm\sqrt{2^2-4\times1\times1}}{2\times1}=-1,$$

解得其特征根为

$$\lambda_1=\lambda_2=\lambda=-1\quad (\text{两个相等的实根}).$$

故原微分方程的通解为

$$y=(C_1+C_2x)e^{\lambda x}=(C_1+C_2x)e^{-x}\quad (C_1, C_2 \text{ 为任意常数}).$$

例 5.3.3　求微分方程 $y''+2y'+2y=0$ 的通解.

解　原微分方程对应的特征方程为

$$\lambda^2+2\lambda+2=0,$$

利用求根公式

$$\lambda_{1,2}=\frac{-b\pm\sqrt{b^2-4ac}}{2a}=\frac{-2\pm\sqrt{2^2-4\times1\times2}}{2\times1}=\frac{-2\pm2i}{2},$$

解得其特征根为

$$\lambda_{1,2}=\alpha\pm i\beta=-1\pm i\quad (\text{一对共轭复根}).$$

故原微分方程的通解为

$$y=e^{\alpha x}(C_1\cos\beta x+C_2\sin\beta x)=e^{-x}(C_1\cos x+C_2\sin x)\quad (C_1, C_2 \text{ 为任意常数}).$$

通过上述例题,可归纳出求二阶常系数齐次线性微分方程 $y''+py'+qy=0$ 通解的步骤如下:

(1) 写出该微分方程对应的特征方程 $\lambda^2+p\lambda+q=0$;

(2) 求出特征方程的两个根 λ_1, λ_2;

(3) 根据特征根的不同情形,根据表 5.3.1 写出该微分方程的通解.

表 5.3.1

特征方程 $\lambda^2+p\lambda+q=0$ 的两个根 λ_1,λ_2	微分方程 $y''+py'+qy=0$ 的通解
两个互异的实根 $\lambda_1\neq\lambda_2$	$y=C_1e^{\lambda_1x}+C_2e^{\lambda_2x}$
两个相等的实根 $\lambda_1=\lambda_2=\lambda$	$y=(C_1+C_2x)e^{\lambda x}$
一对共轭复根 $\lambda_{1,2}=\alpha\pm i\beta$	$y=e^{\alpha x}(C_1\cos\beta x+C_2\sin\beta x)$

习题 5.3

1. 求下列微分方程的通解或满足初始条件的特解:

(1) $y''+2y'-3y=0$;　(2) $y''+y'-6y=0$;

(3) $y''+3y'-10y=0$;　(4) $y''+6y'+9y=0$;

(5) $y''+2y'+5y=0$;　(6) $\dfrac{d^2s}{dt^2}+2\dfrac{ds}{dt}+s=0$;

(7) $y''+4y'+4y=0,y(0)=2,y'(0)=-4$;　(8) $y''-4y'+13y=0$.

§5.4　微分方程应用案例

微分方程的应用十分广泛,可以解决许多与导数有关的问题.本节主要介绍微分方程在实际问题中的建模及求解.

例 5.4.1　某钢铁厂生产一批钢材 x 单位,边际成本函数为 $C'(x)=2x+1$[边际成本函数等于总成本函数的导数,它表示当销量为 x 单位时,再多销售一单位产品,则总成本增加 $C'(x)$ 单位],且 $C(0)=5$,求该钢铁厂的总成本函数 $C(x)$.

解　由已知条件得

$$C'(x)=2x+1, \tag{5.4.1}$$

对上式两边同时积分,得

$$C(x)=\int(2x+1)dx=x^2+x+C\quad(C\text{ 为任意常数}). \tag{5.4.2}$$

将初始条件 $C(0)=5$ 代入式(5.4.2),得 $C=5$.故该钢铁厂的总成本函数为

$$C(x)=x^2+x+5.$$

例 5.4.2 光合作用是形成作物产量的基础,研究和掌握作物的光合作用过程对提高光能利用率与促进作物增产具有实际意义. 在植株的生长初期,由于植株群体的叶面积尚小,不会发生叶子相互遮阴现象,因此群体光合作用与叶面积成正比. 已知植株生长初期的干物重(干物重是指作物生长结束时的生物产量)与时间的关系满足微分方程$\frac{\mathrm{d}W}{\mathrm{d}t}=KPW$,其中$W$为干物重,$K$为参数,$t$为时间,$P$为单位叶面积的净光合强度,求植株生长初期的干物重$W$.

解 由题意可知,干物重与时间的关系满足微分方程

$$\frac{\mathrm{d}W}{\mathrm{d}t}=KPW, \tag{5.4.3}$$

其中K,P为常数. 该方程为可分离变量的微分方程,分离变量,得

$$\frac{\mathrm{d}W}{W}=KP\,\mathrm{d}t, \tag{5.4.4}$$

对上式两边同时积分,得

$$\int\frac{\mathrm{d}W}{W}=\int KP\,\mathrm{d}t, \tag{5.4.5}$$

即$\ln|W|=KPt+C$(C为任意常数). 该式子称为植株生长的复利定理,许多植物的早期生长都符合这一规律.

例 5.4.3 面对传染病,理性看待病毒,加快查明病毒源头及感染、传播等机理是战胜传染病的关键. 根据传染病的传播机理,建立数学模型,可以准确预知疾病的发展走向,正确地做出判断. 在传染病模型中,如果假设:(1) 在疾病传染期内所考察地区的人口总数N不变;(2) 总人群分为易感者(健康)和感染者(病人),在时刻t的数量分别为$S(t)$和$I(t)$;(3) 单位时间内一个病人能感染的人数与当时健康的人数成正比,比例系数为k(传染系数),则能得到最简单的传染病模型,该模型满足关系式$\frac{\mathrm{d}I}{\mathrm{d}t}=kI(t)S(t)=kI(N-I)$. 试用该模型求解感染者的数量$I(t)$.

解 由题意可知,感染者的数量$I(t)$满足微分方程

$$\frac{\mathrm{d}I}{\mathrm{d}t}=kI(N-I), \tag{5.4.6}$$

其中K,N为常数. 该方程为可分离变量的微分方程,分离变量,得

$$\frac{\mathrm{d}I}{I(N-I)}=k\,\mathrm{d}t, \tag{5.4.7}$$

对上式两边同时积分,得

$$\int\frac{\mathrm{d}I}{I(N-I)}=\frac{1}{N}\int\left(\frac{1}{I}+\frac{1}{N-I}\right)\mathrm{d}I=\int k\,\mathrm{d}t, \tag{5.4.8}$$

即$\ln\frac{I}{N-I}=kNt+C$(C为任意常数).

习题 5.4

1. 一公司某年招聘新员工100名，预计从该年开始，第t年招聘员工人数的增长速度为t的2倍，问：10年后该公司应招聘的员工人数为多少？

2. 某工厂12月份生产一种商品x单位，已知固定成本为55单位，即$C(0)=55$，边际成本函数为$C'(x)=25+30x-9x^2$，求该工厂的总成本函数$C(x)$.

§5.5　数学实验：利用MATLAB求解微分方程

微分方程的类型繁多，求解很讲究技巧，结合MATLAB数学软件，我们可以快速地得到微分方程的通解. 本节主要介绍MATLAB在求解微分方程中的应用.

一、命令介绍

在MATLAB中，必须用大写的字母D表示微分方程中未知函数的导数，具体的表示方式如表5.5.1所示.

表 5.5.1

命令	功能
`Dy`	表示y'
`D2y`	表示y''
`Dny`	表示$y^{(n)}$
`Dy(0) = k`	表示$y'(0)=k$
`D2y(0) = k`	表示$y''(0)=k$
`Dny(0) = k`	表示$y^{(n)}(0)=k$

例如，`D3y+D2y+x=0`表示微分方程$y'''+y''+x=0$.

用MATLAB求微分方程的解是由dsolve(　)命令实现的，其调用格式和实现的功能如表5.5.2所示.

表 5.5.2

命令	功能
r=dsolve('ep','cond','var')	求微分方程的通解或特解，其中 ep 表示微分方程；cond 表示微分方程的初始条件，若不给出初始条件，则默认求微分方程的通解；var 表示求解变量，若不指定求解变量，则为默认自变量
r=dsolve('ep1','ep2',…,'epN','cond1','cond2',…,'condN','var1','var2',…,'varN')	求微分方程组 ep1,ep2,…,ep$N$ 在初始条件 cond1,cond2,…,cond$N$ 下的特解，若不给出初始条件，则默认求微分方程的通解. var1，var2,…,var$N$ 表示求解变量，若不指定求解变量，则为默认自变量

二、应用举例

例 5.5.1 求微分方程 $\tan x\dfrac{\mathrm{d}y}{\mathrm{d}x}-y=1$ 的通解.

解 在命令行窗口输入代码如下：

```
syms x
y=dsolve('tan(x)*Dy-y=1','x')
```

运行结果如下：

```
y=
C1*sin(x)-1
```

因此，通解为 $y=C_1\sin x-1$.

例 5.5.2 求微分方程 $xyy'=x^2+y^2$ 的通解及满足初始条件 $y(1)=2$ 的特解.

解 在命令行窗口输入代码如下：

```
syms x
y=dsolve('x*y*Dy=x^2+y^2','x')
```

运行结果如下：

```
y=
2^(1/2)*x*(C1+log(x))^(1/2)
-2^(1/2)*x*(C1+log(x))^(1/2)
```

继续在命令行窗口输入代码如下：

```
syms x
y=dsolve('x*y*Dy=x^2+y^2','y(1)=2','x')
```

运行结果如下：

```
y=
2^(1/2)*x*(log(x)+2)^(1/2)
```

因此，通解为 $y=\pm\sqrt{2}x\sqrt{C_1+\ln x}$，特解为 $y=\sqrt{2}x\sqrt{\ln x+2}$.

例 5.5.3 求微分方程$(1+x^2)y''=2xy'$ 的通解.

解 在命令行窗口输入代码如下：

```
syms x
y=dsolve('(1+x^2)*D2y=2*x*Dy','x')
```

运行结果如下：

```
y=
C1+(C2*x*(x^2+3))/3
```

因此，通解为 $y=C_1+\dfrac{C_2x(x^2+3)}{3}$.

习题 5.5

1. 利用 MATLAB 求下列微分方程的通解或满足初始条件的特解：

(1) $\dfrac{dy}{dx}-\dfrac{2y}{x+1}=(x+1)^3$；

(2) $y'=2^{x+y}$；

(3) $\dfrac{dy}{dx}+3y=8, y(0)=2$；

(4) $y'=4x^2-y$；

(5) $y''=e^{3x}+\sin x$；

(6) $y''=y'+x$；

(7) $y''+4y=10\sin 2x$；

(8) $y''-3y'+2y=2e^x\cos x$；

(9) $y'''=e^x+x$；

(10) $y'y''-x=0, y(1)=2, y'(1)=1$.

总习题 5

一、选择题

1. 下列选项中是线性微分方程的是(　　).

A. $y'=x^2-y$

B. $y''+2y'+3y^2=0$

C. $y'+e^yx=0$

D. $y''+2(y')^2+3y=1$

2. 微分方程 $y\,dx-(1+x^2)dy=0$ 是(　　)微分方程.

A. 一阶齐次线性

B. 一阶非齐次线性

C. 可分离变量的

D. 其他类型的

3. 下列选项中是三阶微分方程的是(　　).

A. $x^2y''+x(y')^3+y=1$

B. $2(y')^2+yy'=0$

C. $\cos y'''+x^2y=\sin x$

D. $(x+1)y^2-2y=5$

4. 微分方程 $x\,dy-dx=0$ 满足初始条件 $y\Big|_{x=e}=0$ 的特解是(　　).

A. $y=\ln x$

B. $y=\ln x-1$

C. $y=\ln|x|-1$

D. $y=\ln|x|+1$

二、计算题

1. 求下列微分方程的通解或满足初始条件的特解：

(1) $y'=3^xe^x$；

(2) $\dfrac{dy}{dx}=x^2\sqrt{x}$；

(3) $\frac{1}{x}\mathrm{d}x + y\mathrm{d}y = 0$；

(4) $\mathrm{e}^x\mathrm{d}x - (1-2y)\mathrm{d}y = 0$；

(5) $y' = \frac{9-x^2}{3+x}$；

(6) $3\mathrm{d}y = \frac{1-x^2}{x}\mathrm{d}x, y(\mathrm{e}) = 0$；

(7) $y' + 2xy = \mathrm{e}^{-x^2}$；

(8) $xy' + y = 3x \quad (x > 0)$；

(9) $y' = -y + 2$；

(10) $y' - y = \mathrm{e}^x \quad (x > 0)$；

(11) $y'' - 3y' + 2y = 0$；

(12) $y'' - 4y' - 5y = 0$；

(13) $y'' - 4y' + 4y = 0$；

(14) $y'' + 4y' + 5y = 0$.

三、应用题

1. 一制药厂生产某种药品 x 单位，边际收益函数为 $R'(x) = 3 - 0.2x$，且 $R(0) = 0$，求该制药厂的总收益函数 $R(x)$.

2. 已知一企业生产某种产品的边际成本是产量 x 的函数 $C'(x) = 0.4x + 3$，且 $C(0) = 80$，求该企业的总成本函数 $C(x)$.

习题参考答案

习题 1.1

1. (1) {红色,黄色}； (2) {珠穆朗玛峰}； (3) $\{1,2,3,4,5,6\}$； (4) $\{x \mid x > -2, x \in \mathbf{R}\}$.
2. $A \cap B = \{2,3,5\}$, $A \cap C = \{1,3,4,5,6\}$, $A \cap (B \cup C) = \{1,2,3,4,5,6\}$,
   $A \cup (B \cap C) = \{1,2,3,4,5,6,7\}$.
3. $A \cup (\complement_U B) = \{1,3,5,6\}$, $(\complement_U A) \cap (\complement_U B) = \{6\}$.
4. $A \cap B \cap C = \varnothing$,
   $A \cup B = \{x \mid x$ 是加入数学爱好者协会或加入计算机协会的学生$\}$,
   $A \cap C = \{x \mid x$ 是既加入数学爱好者协会又加入篮球协会的学生$\}$.
5. $b = 6$ 或 $b = -6$.
6. (1) $\left\{x \,\middle|\, x > \dfrac{1}{3}\text{ 或 } x < -1\right\}$；
   (2) $\{x \mid -2 < x < 3\}$.
7. $-x-1$.

习题 1.2

1. (1) $\left\{x \,\middle|\, x \neq -\dfrac{1}{2}\right\}$； (2) $\{x \mid x \geqslant -2\}$； (3) $\{x \mid -3 \leqslant x \leqslant 1\}$；
   (4) $\{x \mid x \geqslant 0\text{ 且 } x \neq 4\}$； (5) $\mathbf{R}$； (6) $\{x \mid x \leqslant 3\text{ 且 } x \neq 2\}$.
2. (1) $f(2) = 22$, $f(-2) = -22$, $f(2) + f(-2) = 0$；
   (2) $f(a) = 2a^3 + 3a$, $f(-a) = -2a^3 - 3a$, $f(a) + f(-a) = 0$.
3. $f(-1) = -4$.
4. $x = \dfrac{4v}{\pi d^2}t$，定义域为$\left\{t \,\middle|\, 0 \leqslant t \leqslant \dfrac{h\pi d^2}{4v}\right\}$，值域为$\{x \mid 0 \leqslant x \leqslant h\}$.
5. $y = \begin{cases} 0.3t, & t \in [0,560], \\ 168, & t \in (560,1\,440]. \end{cases}$
6. $y = \begin{cases} 10, & 0 < x \leqslant 2, \\ 10+2x & x > 2, \end{cases}$ 图形略.
7. (1) 偶函数； (2) 奇函数； (3) 偶函数； (4) 偶函数.
8. $f(x) = \begin{cases} x^3 - 3x^2 + 2, & x < 0, \\ 0, & x = 0, \\ x^3 + 3x^2 - 2, & x > 0. \end{cases}$

习题 1.3

1. (1) $x=9$； (2) $x=-72$； (3) $x_1=-3, x_2=1$； (4) $x_1=-1, x_2=-5$；

   (5) $x_1=1, x_2=3$； (6) $x_1=1-\sqrt{2}, x_2=1+\sqrt{2}$； (7) $x=3$； (8) $x_1=-\dfrac{3}{7}, x_2=1$；

   (9) 无解； (10) $x=1$； (11) $x_1=1, x_2=-4$； (12) $x_1=-\dfrac{2}{3}, x_2=4$.

2. (1) $\{x \mid x<1\}$； (2) $\{x \mid x \geqslant 24\}$； (3) $\{x \mid x<0$ 或 $x>2\}$； (4) $\{x \mid x<-3$ 或 $x>1\}$；

   (5) $\mathbf{R}$； (6) $\left\{x \,\middle|\, x \neq \dfrac{1}{2}\right\}$； (7) $\{x \mid x<-2$ 或 $x>5\}$； (8) $\left\{x \,\middle|\, -1 \leqslant x \leqslant \dfrac{10}{3}\right\}$； (9) $\mathbf{R}$；

   (10) $\{x \mid 0<x<8\}$； (11) $\left\{x \,\middle|\, \dfrac{3}{2}<x<\dfrac{10}{3}\right\}$； (12) $\left\{x \,\middle|\, -\dfrac{5}{4} \leqslant x<3\right\}$.

3. $m<-3-2\sqrt{2}$ 或 $m>-3+2\sqrt{2}$.

4. 当 $a<-2$ 时，$a<x<-2$；当 $a=-2$ 时，无解；当 $a>-2$ 时，$-2<x<a$.

习题 1.4

1. (1) $a^{\frac{11}{6}}$； (2) $\dfrac{55}{4}$； (3) $\dfrac{19}{6}$； (4) $-6ab^{\frac{1}{6}}$； (5) $24b$； (6) $\dfrac{125}{64}a^{-3}b^{6}$.

2. (1) 9； (2) $\dfrac{1}{10}$； (3) 64； (4) 27； (5) $\dfrac{\sqrt{2}}{2}$； (6) $\sqrt{3}-1$.

3. (1) $>$； (2) $>$； (3) $<$.

4. (1) $y=a(1+r)^{x}$； (2) 1 117.68 元.

5. (1) 1； (2) 0； (3) 2； (4) 7； (5) -1； (6) $\dfrac{2}{3}$； (7) 5； (8) $\dfrac{5}{2}$； (9) 1.

6. (1) $\{x \mid x<2\}$； (2) $\{x \mid x>0, x \neq 1\}$； (3) $\{x \mid x<1\}$； (4) $\{x \mid x \geqslant 3\}$； (5) $\{x \mid x \geqslant 1\}$；

   (6) $\{x \mid x<3\}$.

7. $e^{4}-1$.

8. (1) 1.5 m/s； (2) 100.

9. 164.8 年.

10. (1) $\dfrac{\pi}{4}$； (2) $\dfrac{2\pi}{5}$； (3) $\dfrac{3\pi}{4}$； (4) $-\dfrac{3\pi}{2}$.

11. (1) $-$； (2) $+$； (3) $-$； (4) $-$.

12. (1) $\cos\alpha=\dfrac{1}{2}, \tan\alpha=-\sqrt{3}$； (2) $\sin\alpha=\dfrac{12}{13}, \tan\alpha=-\dfrac{12}{5}$；

    (3) $\cos\alpha=\dfrac{4}{5}, \sin\alpha=-\dfrac{3}{5}$ 或 $\cos\alpha=-\dfrac{4}{5}, \sin\alpha=\dfrac{3}{5}$.

13. 3.

14. (1) $>$； (2) $>$； (3) $<$； (4) $<$.

习题1.5

1. (1) 不可以； (2) 可以.

2. (1) $y=\cos u, u=2x$； (2) $y=\ln u, u=2x-1$； (3) $y=\sqrt{u}, u=\tan v, v=e^x$；
(4) $y=u^3, u=1+\ln x$； (5) $y=\ln u, u=\ln x$； (6) $y=a^u, u=v^2, v=\sin x$；
(7) $y=\sqrt{u}, u=\ln v, v=x^2-2$； (8) $y=e^u, u=\tan v, v=\sqrt{x}$.

3. $f(3)=0, f(-3)=-3, f(0)=3, f(x^2)=\dfrac{|x^2-3|}{x^2+1}$.

4. $f(1)=0, f\left(\dfrac{\pi}{3}\right)=0, f\left(-\dfrac{\pi}{6}\right)=\dfrac{1}{2}, f(\pi)=0$.

习题1.6

1. 53.5 元.

2. $C=2\,500Q+1.5\times 10^6$(单位:元),$R=3\,500Q$(单位:元),$L=1\,000Q-1.5\times 10^6$(单位:元).

3. (1) $x=\begin{cases} 30t, & 0\leqslant t<\dfrac{2}{3}, \\ 20, & \dfrac{2}{3}\leqslant t\leqslant \dfrac{7}{6}, \\ 20-25\left(t-\dfrac{7}{6}\right), & \dfrac{7}{6}<t\leqslant \dfrac{59}{30}, \\ 0, & t>\dfrac{59}{30}, \end{cases}$ 图形略；

(2) $v=\begin{cases} 30, & 0\leqslant t<\dfrac{2}{3}, \\ 0, & \dfrac{2}{3}\leqslant t\leqslant \dfrac{7}{6}, \\ 25, & \dfrac{7}{6}<t\leqslant \dfrac{59}{30}, \\ 0, & t>\dfrac{59}{30}, \end{cases}$ 图形略.

4. (1) $y=a\left(\dfrac{193}{200}\right)^t$； (2) 19.5 min； (3) 不合适,因为碳-11 的衰减速度太快.

5. 2.3～7.2 h.

6. 1881 年,2003 年.

习题1.7

1. (1) $f(-2)=1.110\,2, f(1)=-1.925\,2, f(\pi)=0.026\,6$； (2) $f(-1)=-1, f(2)=161\,051$；

(3) $f(-2)=1.4613, f(3)=4.6995$； (4) $f(1)=0.4430, f(4)=0.1465$；

(5) $f(1)=1.0203, f(\pi)=1$； (6) $f(1)=1.0427, f(2)=-15.2556$.

2. 画图略.

总习题1

一、选择题

1. C. 2. A. 3. C. 4. D. 5. B. 6. C. 7. B. 8. B. 9. C. 10. D. 11. B. 12. C. 13. D. 14. D.

二、计算题

1. $a=2$.

2. (1) 1； (2) $\frac{5}{2}$.

3. (1) $\{x \mid x \leqslant 2, x \neq 1\}$； (2) $\left\{x \,\middle|\, x \neq \frac{1}{3}\right\}$.

4. 8.

5. (1) $\{x \mid x \neq -1, x \neq 1\}$； (2) 奇函数，证明略.

6. (1) $-9a$； (2) ab^{-1}； (3) $3^{\frac{7}{6}}$.

7. (1) 奇函数； (2) 单调增加函数.

8. (1) -6； (2) $\frac{1}{4}$.

9. $1-\frac{1}{4}(\lg 2)^2$.

10. (1) $\{x \mid -1 < x \leqslant 4, x \neq 1\}$； (2) $\left(\frac{5}{4}, \frac{7}{4}\right]$.

11. (1) $y=\cos u, u=2x^2+5$； (2) $y=\ln u, u=\ln v, v=t^3, t=\ln x$；

(3) $y=\tan u, u=\sqrt[3]{v}, v=\ln t, t=\sin x$.

三、应用题

1. 14元，360元.

2. 135元.

3. (1) 0 dB，20 dB，40 dB； (2) $I < 1\times 10^{-7}\ \mathrm{W/m^2}$.

4. (1) 6.70%； (2) 5年； (3) 15年.

5. (1) $y=a(1-10\%)^x (x \in \mathbf{N}^*)$； (2) 11块.

习题2.1

1. (1) $5, 11, a_n=2n-1$； (2) $1, 25, a_n=n^2$； (3) $-3, a_n=3\times(-1)^{n+1}$； (4) $\sqrt{5}, a_n=\sqrt{n}$.

2. (1) 通项公式为 $a_n=10n-20$，前 n 项和为 $S_n=5n^2-15n$；

(2) 通项公式为 $a_n = -n + 101$,前 n 项和为 $S_n = \dfrac{-n^2 + 201n}{2}$;

(3) 通项公式为 $a_n = 0.01n + 4.99$,前 n 项和为 $S_n = \dfrac{0.01n^2 + 9.99n}{2}$;

(4) 通项公式为 $a_n = -3n + 3 + \sqrt{3}$,前 n 项和为 $S_n = \dfrac{-3n^2 + (3 + 2\sqrt{3})n}{2}$.

3. (1) 通项公式为 $a_n = -3 \times 2^{n-1}$,前 n 项和为 $S_n = 3(1 - 2^n)$;

(2) 通项公式为 $a_n = (-1)^{n-1}\left(\dfrac{2}{5}\right)^n$,前 n 项和为 $S_n = \dfrac{2}{7}\left[1 - \left(-\dfrac{2}{5}\right)^n\right]$;

(3) 通项公式为 $a_n = 7 \times (-1)^{n-1}$,前 n 项和为 $S_n = \begin{cases} 7, & n \text{ 为奇数}, \\ 0, & n \text{ 为偶数}; \end{cases}$

(4) 通项公式为 $a_n = \sqrt{11} \times (\sqrt{2})^{n-1}$,前 n 项和为 $S_n = \dfrac{\sqrt{11}[1 - (\sqrt{2})^n]}{1 - \sqrt{2}}$.

4. $q = 2$.

习题 2.2

1. (1) ∞; (2) 1; (3) 0; (4) ∞; (5) 1; (6) 0; (7) $+\infty$; (8) 8.
2. $\lim\limits_{x \to 0} f(x)$ 不存在.
3. $\lim\limits_{x \to 1} f(x)$ 不存在,$\lim\limits_{x \to 2} f(x) = 2$.
4. (1) $\lim\limits_{x \to \infty} \dfrac{1}{x} = 0, \lim\limits_{x \to 0} \dfrac{1}{x} = \infty$; (2) $\lim\limits_{x \to -1} \dfrac{x+1}{x-2} = 0, \lim\limits_{x \to 2} \dfrac{x+1}{x-2} = \infty$;

   (3) $\lim\limits_{x \to 0} \tan x = 0, \lim\limits_{x \to \frac{\pi}{2}} \tan x = \infty$; (4) $\lim\limits_{x \to 0^-} 3^{\frac{1}{x}} = 0, \lim\limits_{x \to 0^+} 3^{\frac{1}{x}} = \infty$.
5. $a = 1$.
6. $a = \sqrt{3}$.

习题 2.3

1. (1) $12 - \sin 2$; (2) 3; (3) 2; (4) 0; (5) $\dfrac{1}{8}$; (6) ∞; (7) 0; (8) $\dfrac{2}{a}$; (9) $\dfrac{3}{7}$; (10) 6;

   (11) $\dfrac{8}{5}$; (12) $\dfrac{3^{20}}{5^{30}}$.
2. (1) $+\infty$; (2) 0; (3) 0; (4) $+\infty$; (5) 0; (6) $+\infty$.
3. $a = -1, b = 1$.

习题 2.4

1. (1) $\sin 1$; (2) e^2; (3) 1; (4) $3e^2$.
2. $k = 1$.

3. (1) 因为 $\lim\limits_{x\to0^+}f(x)\neq\lim\limits_{x\to0^-}f(x)$,所以函数 $f(x)$ 在点 $x=0$ 处间断；

(2) 函数 $f(x)$ 在点 $x=0$ 处连续,理由略.

4. (1) $x=1,2$ 为间断点； (2) $x=k\pi(k\in\mathbf{Z})$ 为间断点.

习题 2.5

1. $\frac{1}{3}$.

2. 150 m.

3. (1) $\frac{q_0\mathrm{e}^{kT}}{\mathrm{e}^{kT}-1}$； (2) $\frac{\ln 2}{6}$.

习题 2.6

1. (1) e； (2) $\frac{2}{3}$； (3) $\frac{3}{5}$； (4) 0； (5) $\frac{1}{8}$； (6) $\sqrt{2}$； (7) $\frac{6}{5}$； (8) 0； (9) e^3； (10) e；

(11) $\frac{1}{\mathrm{e}}$； (12) e； (13) 0； (14) $2\sqrt{2}$； (15) 0； (16) 0.

总习题 2

一、选择题

1. A. 2. D. 3. C. 4. A. 5. C. 6. C. 7. D. 8. D. 9. B. 10. B.

二、计算题

1. (1) 2； (2) 21； (3) $\frac{2}{5}$； (4) 5； (5) ∞； (6) $-3x^2$； (7) 3； (8) 3^{10}； (9) 0； (10) $\frac{1}{2}$；

(11) $\frac{1}{2}$； (12) 3； (13) 0； (14) 6； (15) $\frac{1}{2}$； (16) 0.

2. (1) $k=\frac{1}{6}$； (2) $k=0$； (3) $k=2$.

三、操作题.

1. (1) $\sqrt{2}$； (2) e^3； (3) e^{-6}； (4) e^{-2}； (5) $\frac{3}{7}$； (6) -2； (7) 1； (8) $-\frac{1}{2}$； (9) $-\frac{1}{3}$；

(10) -2.

习题 3.1

1. $-\frac{1}{9}$.

2. -6.

3. (1) $5x^4$； (2) $-\frac{2}{x^3}$； (3) $\frac{1}{x\ln 3}$； (4) $5^x\ln 5$； (5) $(2\mathrm{e})^x(\ln 2+1)$； (6) $\frac{3}{4\sqrt[4]{x}}$.

4. $f(x)$ 在点 $x=0$ 处连续,可导.

5. $f'_{-}(0)=-1, f'_{+}(0)=0, f'(0)$ 不存在.

6. $x-y+1=0$.

7. $x+4y-5=0$.

习题3.2

1. (1) $12x^3+\frac{2}{x^3}$； (2) $-2\sin x+3^x\ln 3$； (3) $\frac{5}{2}\sqrt{x^3}+\frac{1}{2\sqrt{x^3}}$； (4) $6^x\ln 6-3\cdot 2^x\ln 2$；

(5) e^x+xe^x； (6) $5^x(\cos x\ln 5-\sin x)$； (7) $-\frac{2\cos x}{\sin^2 x}$； (8) $\frac{1-\ln x}{x^2}$；

(9) $x(2\ln x+2\sin x+x\cos x+1)$； (10) $\frac{3}{1+\cos x}$.

2. (1) $3\cos 3x$； (2) $\frac{5}{2\sqrt{5x}}$； (3) $-\frac{\sin\ln x}{x}$； (4) $10(2x+1)^4$； (5) $\cos x\, e^{\sin x}$； (6) $x2^{x^2+2}\ln 2$；

(7) $\frac{1}{2\sqrt{x}(\sqrt{x}+1)}$； (8) $2\cdot 3^{2x}\ln 3$； (9) $3e^{3x+2}\cos e^{3x+2}$； (10) $\frac{2\sin 2x}{\cos^2 2x}$； (11) $2e^{2x}-\frac{2}{x^2}$；

(12) $\frac{2x\cos 2x-\sin 2x}{x^2}$； (13) $\sin 2x-4x\sin x^2$； (14) $\sin x+x\cos x-2\sin 2x$.

3. $\frac{1}{32}$.

4. 切线方程为 $x-y+2=0$,法线方程为 $x+y-\pi-2=0$.

5. (1) $-\cos x$； (2) $(\ln 2)^2 2^x$； (3) $12x$； (4) $-\frac{1}{4\sqrt{x^3}}+\frac{4}{x^3}$； (5) $-4\sin(2x+3)$； (6) $\frac{1}{x}$；

(7) $\frac{8}{(1+2x)^3}$.

6. $\frac{1}{e}$.

习题3.3

1. (1) $3x$； (2) x^2； (3) $-\sin x$； (4) $\frac{\tan 2x}{2}$.

2. -0.01.

3. $\frac{1}{2}dx$.

4. (1) $\left(4x+\frac{1}{3\sqrt[3]{x^2}}\right)dx$； (2) $-\left(2\sin x+\frac{6}{x^3}\right)dx$； (3) $-2\sin 2x\,dx$； (4) $-\frac{1}{x^2}\cos\frac{1}{x}dx$；

(5) $2e^{2x+1}dx$； (6) $\frac{3}{3x+2}dx$； (7) $2e^{2x}\cos e^{2x}dx$； (8) $\ln 2\cdot 2^{\sin x+x}(\cos x+1)dx$；

(9) $(\cos x^2-2x^2\sin x^2)dx$； (10) $\frac{2(1+x^2)}{(1-x^2)^2}dx$.

习题 3.4

1. (1) 非单调； (2) 非单调； (3) 单调增加； (4) 单调减少.

2. (1) $x=2$； (2) $x_1=\frac{1}{2}, x_2=1$.

3. (1) 函数 $y=x^{\frac{2}{3}}$ 的单调减少区间是$(-\infty,0]$,单调增加区间是$[0,+\infty)$；

   (2) 函数 $y=x+\frac{4}{x}$ 的单调减少区间是$(0,2]$,单调增加区间是$[2,+\infty)$；

   (3) 函数 $y=e^x-x$ 的单调减少区间是$(-\infty,0]$,单调增加区间是$[0,+\infty)$；

   (4) 函数 $y=x^2-8x+16$ 的单调减少区间是$(-\infty,4]$,单调增加区间是$[4,+\infty)$；

   (5) 函数 $y=2x^3-9x^2+12x+1$ 的单调增加区间是$(-\infty,1]$和$[2,+\infty)$,单调减少区间是$[1,2]$；

   (6) 函数 $y=x^3-3x^2-9x+5$ 的单调增加区间是$(-\infty,-1]$和$[3,+\infty)$,单调减少区间是$[-1,3]$.

习题 3.5

1. (1) 极小值 $y(2)=1$,没有极大值； (2) 极小值 $y(0)=1$,没有极大值；

   (3) 极大值 $y(-1)=3$,极小值 $y(1)=-1$； (4) 极大值 $y(-2)=9$,极小值 $y\left(\frac{4}{3}\right)=-\frac{257}{27}$；

   (5) 极小值 $y(1)=3$,没有极大值； (6) 极大值 $y\left(\frac{\pi}{3}\right)=\frac{\sqrt{3}}{2}-\frac{\pi}{6}$,极小值 $y\left(\frac{5\pi}{3}\right)=-\frac{\sqrt{3}}{2}-\frac{5\pi}{6}$.

2. (1) 最大值 $y(-1)=6$,最小值 $y(2)=-3$； (2) 最大值 $y(-2)=17$,最小值 $y(1)=-10$；

   (3) 最大值 $y(2\pi)=2\pi+2$,最小值 $y\left(\frac{5\pi}{6}\right)=\frac{5\pi}{6}-\sqrt{3}$； (4) 最大值 $y(2)=15$,最小值 $y(1)=-2$.

3. 1 500 件.

4. 矩形的长为 $4\sqrt{2}$ cm,宽为 $2\sqrt{2}$ cm.

5. 线框的长为 15 m,宽为 7.5 m.

习题 3.6

1. 9 万件.

2. $y=\frac{4}{9}x$,$\left(\frac{2}{3},\frac{8}{27}\right)$.

3. $Q=84$.

4. 每月生产 200 t 该种产品，最大利润为 3 150 000 元.
5. 供水站建在距点 D 30 km 处才能使水管费用最省.
6. 汽车应以 80 km/h 的速度行驶，全程运输成本的最小值为 $\frac{2\,000}{3}$ 元.

习题 3.7

1. (1) -2* sin(2* x+3), 16* cos(2* x+3);

   (2) (6* x)/(3* x^2+1), -(108* (9* x^4-18* x^2+1))/(3* x^2+1)^4;

   (3) (7* (x^(3/2))^(1/2))/(8* (x* (x^(3/2))^(1/2))^(1/2)),
   -(1071* x^3)/(4096* (x* (x^(3/2))^(1/2))^(7/2));

   (4) -1/5^(x^3/3)* x^2* log(5), 1/5^(x^3/3)* x^2* log(5)^2* (log(5)^2* x^6-12* log(5)* x^3+20);

   (5) -x^4* (cot(x^5/5)^2+1),
   -8* x* (cot(x^5/5)^2+1)* (18* x^10* cot(x^5/5)^2-3* x^15* cot(x^5/5)^3
   -24* x^5* cot(x^5/5)-2* x^15* cot(x^5/5)+ 6* x^10+3);

   (6) 2* exp(2* x+1)* cos(exp(2* x+1)),
   16* sin(exp(2* x+1))* exp(8* x+4)-112* sin(exp(2* x+1))* exp(4* x+2)
   +16* exp(2* x+1)* cos(exp(2* x+1))-96* exp(2* x+1)* exp(4* x+2)* cos(exp(2* x+1));

   (7) 1/(x* log(log(x))* log(x)),
   -(12* log(log(x))+11* log(log(x))^2* log(x)^2+11* log(log(x))^3* log(x)^2
   +6* log(log(x))^3* log(x)^3+12* log(log(x))* log(x)+11* log(log(x))^2
   +6* log(log(x))^3+18* log(log(x))^2* log(x)
   +12* log(log(x))^3* log(x)+6)/(x^4* log(log(x))^4* log(x)^4);

   (8) ((x/(x+1))^x* (log(x/(x+1))+x* log(x/(x+1))+1))/(x+1),
   ((x/(x+1))^x* (5* x+6* x^2* log(x/(x+1))^2+12* x^3* log(x/(x+1))^2
   +4* x^3* log(x/(x+1))^3+6* x^4* log(x/(x+1))^2+x^3* log(x/(x+1))^4
   +8* x^4* log(x/(x+1))^3+3* x^4* log(x/(x+1))^4+4* x^5* log(x/(x+1))^3
   +3* x^5* log(x/(x+1))^4+x^6* log(x/(x+1))^4-4* x* log(x/(x+1))
   +4* x^3* log(x/(x+1))+x^2+2))/(x^3* (x+1)^3);

   (9) -(2* cos(x))/(cos(x)^2+3),
   -(2* sin(x)* (168* sin(x)^2+72* sin(x)^4+sin(x)^6-160))/(sin(x)^2-4)^4;

   (10) (x^(x+1)+x^(x+1)* log(x)+a* x^a+a^x* x* log(a))/x,
   (6* x^(x+3)* log(x)^2+6* x^(x+4)* log(x)^2+4* x^(x+4)* log(x)^3
   +x^(x+4)* log(x)^4+11* a^2* x^a-6* a^3* x^a+a^4* x^a+2* x^(x+1)-x^(x+2)
   +6* x^(x+3)+x^(x+4)-4* x^(x+2)* log(x)+12* x^(x+3)* log(x)+4* x^(x+4)* log(x)
   -6* a* x^a+a^x* x^4* log(a)^4)/x^4.

2. (1) 极小值 $y(2)=-1$，无极大值(见图 1)；

   (2) 极小值 $y(3)=-25$，极大值 $y(-1)=7$(见图 2)；

(3) 极小值 $y\left(\frac{5}{2}\right)=-\frac{409}{4}$,极大值 $y(-2)=80$(见图 3);

(4) 极大值 $y(0)=-4$,无极小值(见图 4);

(5) 极小值 $y(-\sqrt{2})=-\frac{\sqrt{2}}{2}$,极大值 $y(\sqrt{2})=\frac{\sqrt{2}}{2}$(见图 5);

(6) 极小值 $y(0)=0$,极大值 $y(-2)=-4$(见图 6).

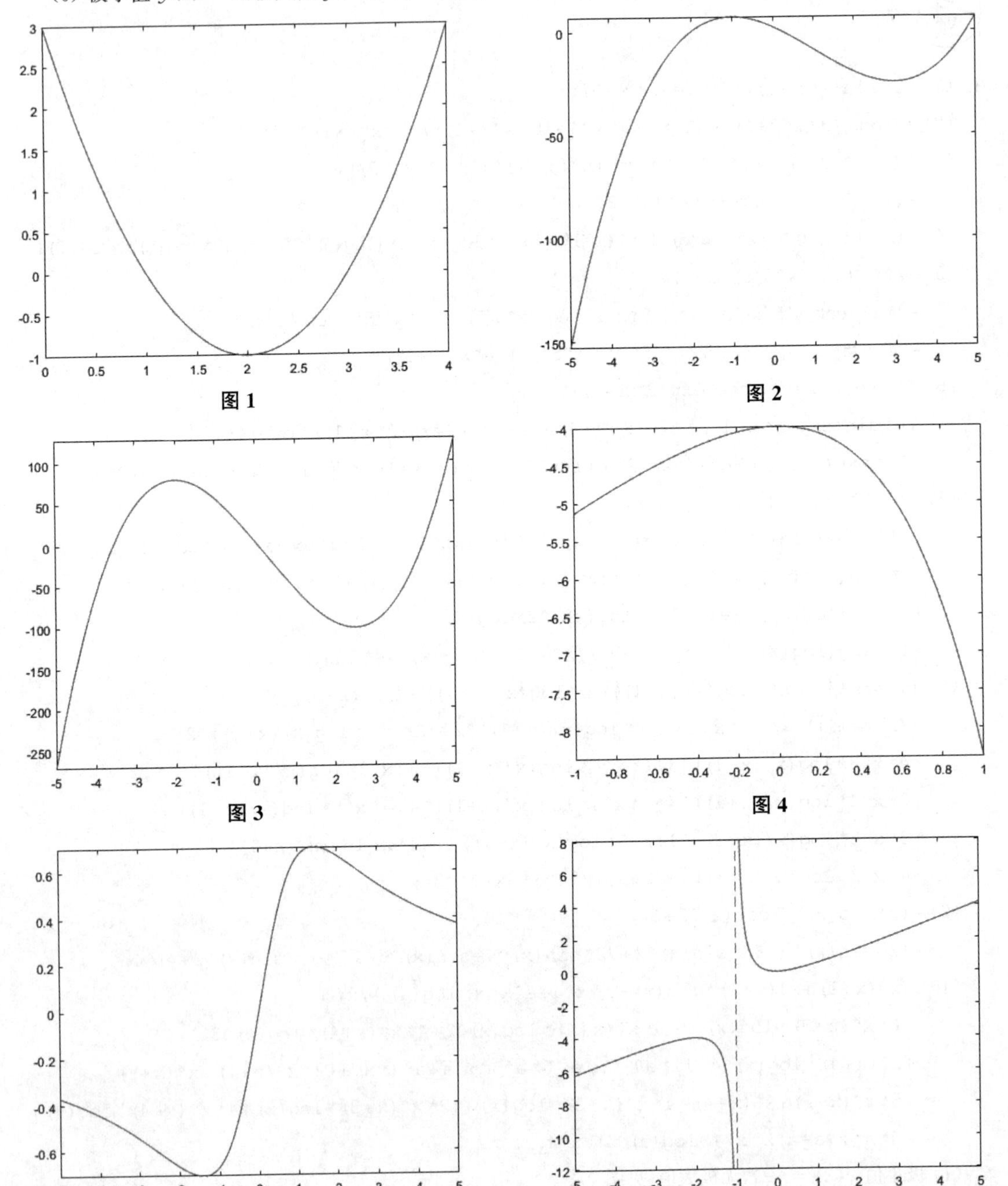

图 1

图 2

图 3

图 4

图 5

图 6

总习题3

一、选择题

1. C. 2. D. 3. A. 4. D. 5. C. 6. B.

二、计算题

1. (1) $21x^6+12x^2+1$； (2) $\dfrac{2}{x}+2^x\ln 2$； (3) $5\sqrt{x^3}+\dfrac{1}{2\sqrt{x}}-\dfrac{1}{2\sqrt{x^3}}$； (4) ax^{a-1}；

   (5) $-x\sin x+\cos x+1$； (6) $e^x\left(\dfrac{1}{x}-\dfrac{1}{x^2}\right)$； (7) $\dfrac{1}{x-1}$； (8) $2x\sec^2 x^2$； (9) $-\dfrac{e^{\sqrt{x}}\sin e^{\sqrt{x}}}{2\sqrt{x}}$；

   (10) $-\dfrac{2\cos 2x}{\sin^2 2x}$； (11) $\cos(e^{\sqrt{x}}+x)\dfrac{e^{\sqrt{x}}+2\sqrt{x}}{2\sqrt{x}}$； (12) $5\ln 2x+\dfrac{5x+3}{x}$.

2. (1) $42x^5+6$； (2) $\dfrac{12}{x^4}+\cos x$； (3) $-\dfrac{4}{(2x+5)^2}$； (4) $9e^{3x}-\sin x$； (5) $\dfrac{1}{x}$；

   (6) $\dfrac{\cos^2 x+2\sin^2 x}{\cos^3 x}$.

3. (1) $\dfrac{1}{\sqrt{x}}dx$； (2) $3\cos x\,dx$； (3) $(6^x\ln 6+5\cdot 2^x\ln 2)dx$； (4) $-\left(\dfrac{2}{3\sqrt[3]{x^5}}+\dfrac{1}{x^2}\right)dx$；

   (5) $xe^{\frac{x^2}{2}}dx$； (6) $3\sec^2 3x\,dx$； (7) $\ln 2\cdot\cos x\cdot 2^{\sin x+1}dx$； (8) $\dfrac{1}{5\sqrt[5]{(3x+1)^4}}dx$；

   (9) $-\dfrac{1}{2}\tan\dfrac{x}{2}dx$； (10) $(2x\cos x^2-3\sin 3x)dx$； (11) $e^x(1+x)^2dx$；

   (12) $\dfrac{2(\cos x+x\sin x)}{\cos^2 x}dx$.

4. (1) 单调增加区间是$(-\infty,-1]$,单调减少区间是$[-1,+\infty)$,极大值$y(-1)=7$,无极小值；

   (2) 单调增加区间是$(-\infty,-1]$和$[0,+\infty)$,单调减少区间是$[-1,0]$,极大值$y(-1)=\dfrac{1}{3}$,极小值$y(0)=0$；

   (3) 单调增加区间是$\left[0,\dfrac{\pi}{6}\right]$和$\left[\dfrac{5\pi}{6},2\pi\right]$,单调减少区间是$\left[\dfrac{\pi}{6},\dfrac{5\pi}{6}\right]$,极大值$y\left(\dfrac{\pi}{6}\right)=\dfrac{\sqrt{3}}{2}+\dfrac{\pi}{12}$,极小值$y\left(\dfrac{5\pi}{6}\right)=-\dfrac{\sqrt{3}}{2}+\dfrac{5\pi}{12}$；

   (4) 单调增加区间是$(-\infty,0]$,单调减少区间是$[0,+\infty)$,极大值$y(0)=-1$,无极小值；

   (5) 单调减少区间是$(-\infty,0]$,单调增加区间是$[0,+\infty)$,极小值$y(0)=1$,无极大值；

   (6) 单调增加区间是$(-\infty,-2]$和$\left[\dfrac{5}{2},+\infty\right)$,单调减少区间是$\left[-2,\dfrac{5}{2}\right]$,极大值$y(-2)=78$,极小值$y\left(\dfrac{5}{2}\right)=-\dfrac{417}{4}$.

三、应用题

1. $a=4,b=-4$.
2. $f'_-(0)=2,f'_+(0)=1,f'(0)$不存在.

3. 切线方程为 $x-y-\frac{\pi}{6}+\frac{\sqrt{3}}{2}=0$,法线方程为 $x+y-\frac{\pi}{6}-\frac{\sqrt{3}}{2}=0$.

4. 应生产 1 000 t 该产品.

5. $\frac{25}{4}\ \mathrm{cm}^2$.

6. 每件商品的售价定为 345 元时,该商店每个月利润最大,最大利润为 130 050 元.

习题 4.1

1. $1+\frac{2}{x}$ 是 $-\frac{2}{x^2}$ 的一个原函数,$\ln(2-x^3)$ 是 $\frac{-3x^2}{2-x^3}$ 的一个原函数,$(1-x^2)^3$ 是 $-6x(1-x^2)^2$ 的一个原函数,$\sin x^4$ 是 $4x^3\cos x^4$ 的一个原函数.

2. (1) x^7+C; (2) $\frac{5^x}{\ln 5}+\frac{x^6}{6}+C$; (3) $x+\cos x+\sin x+C$; (4) $-\frac{6}{x}-\frac{5}{3}x^3+C$;

   (5) $\frac{x^5}{5}-\frac{2}{3}x^3+x+C$; (6) $\frac{x^3}{3}+\frac{x^2}{2}-2\ln|x|+\frac{2}{x}+C$; (7) $x-\mathrm{e}^x+C$; (8) $\frac{x^2}{2}-x+C$.

3. (1) $\ln x^4$; (2) $\cot(x^2+x)\mathrm{d}x$; (3) $\sin(1-x^3)+C$; (4) $2^{\sin x}+C$.

4. $F(x)=x^3+x+1$.

5. $y=x^3+2$.

习题 4.2

1. (1) 积分区间,被积函数,积分变量;

   (2) 曲线 $y=f(x)$ 与直线 $x=a,x=b$ 及 x 轴所围成的曲边梯形的面积.

2. 略.

3. (1) $\int_1^2 x\,\mathrm{d}x\leqslant\int_1^2 x^3\,\mathrm{d}x$; (2) $\int_0^1 \mathrm{e}^x\,\mathrm{d}x\leqslant\int_0^1 \mathrm{e}^{2x}\,\mathrm{d}x$; (3) $\int_0^1\sqrt{x}\,\mathrm{d}x\geqslant\int_0^1 x\,\mathrm{d}x$;

   (4) $\int_0^{\pi}\sin x\,\mathrm{d}x\geqslant\int_0^{\pi}\sin^2 x\,\mathrm{d}x$.

4. (1) $2\leqslant\int_0^2(x+1)\mathrm{d}x\leqslant 6$; (2) $0\leqslant\int_0^{\pi}\sin x\,\mathrm{d}x\leqslant\pi$.

习题 4.3

1. (1) 1; (2) 2; (3) 0; (4) $\frac{3}{8}$; (5) $\frac{1}{3}$; (6) $-\frac{1}{2}$; (7) 2; (8) 1; (9) $1-\frac{\pi}{2}$; (10) $\frac{7}{3}$;

   (11) $\mathrm{e}^2-\mathrm{e}-\ln 2$; (12) $\frac{5}{2}$; (13) $-\frac{4}{3}$; (14) $-\frac{5}{12}$; (15) $\frac{\mathrm{e}^{\pi}-1}{2}$; (16) $1-\ln 2$.

习题 4.4

1. (1) 收敛于$\frac{1}{3}$； (2) 收敛于-1； (3) 发散； (4) 收敛于$\frac{1}{\mathrm{e}}$.

2. $\frac{1}{\ln 2}$.

3. 1.

习题 4.5

1. $\frac{8}{3}$.

2. $\frac{1}{6}$.

3. $\frac{8}{3}$.

4. $\frac{16}{3}$.

5. $\mathrm{e}+\frac{1}{\mathrm{e}}-2$.

6. $\frac{4}{3}$.

7. 4.

习题 4.6

1. 5 222 880 元.
2. 500 m.
3. 243 m.
4. 460.

习题 4.7

1. (1) $\sqrt{2x}-\ln|1+\sqrt{2x}|+C$； (2) $\frac{1}{2}\mathrm{e}^x(\sin x-\cos x)+C$；

(3) $\sqrt{2x-3}-\ln|1+\sqrt{2x-3}|+C$； (4) $(x+1)-4\sqrt{x+1}+4\ln|\sqrt{x+1}+1|+C$；

(5) $\ln(x+\sqrt{x^2+1})+C$； (6) $\mathrm{e}^{-x}(x^2+2x+2)+C$； (7) $x\sin x+\cos x+C$；

(8) $\frac{x^3}{3}\ln x-\frac{x^3}{9}+C$； (9) $\mathrm{e}^x(x^2-2x+2)+C$； (10) $\mathrm{e}^x\ln x+C$； (11) $\frac{(3x-4)^5}{15}+C$；

(12) $-\frac{2}{5}\sqrt{2-5x}+C$； (13) $-\frac{2}{27}(4-3x^3)^{\frac{3}{2}}+C$； (14) $\frac{1}{4}\cos(5-x^4)+C$； (15) $-\mathrm{e}^{\frac{1}{x}}+C$；

(16) $\arcsin e^x + C$；(17) $x - 2\arctan\frac{x}{2} + C$；(18) $\sqrt{x^2-1} + C$；

(19) $\ln|x-1+\sqrt{x^2-2x+2}| + C$；(20) $\ln|3x+1+\sqrt{9x^2+6x+2}| + C$.

2. (1) 0；(2) $\frac{1}{4}$；(3) $\frac{4}{3}$；(4) $\frac{\pi}{6}-\frac{\sqrt{3}}{8}$；(5) 0；(6) $2(\sqrt{3}-1)$；(7) $1-e^{-\frac{1}{2}}$；(8) $\frac{\pi}{2}$；

(9) $\sqrt{2}-\frac{2\sqrt{3}}{3}$；(10) $1-\frac{\pi}{4}$；(11) $\frac{1}{6}$；(12) $1-2\ln 2$.

3. (1) $\frac{1}{6}$；(2) $\frac{32}{3}$；(3) $\frac{4}{3}$；(4) $\frac{7}{6}$；(5) $\sqrt{2}-1$.

一、选择题

1. C. 2. D. 3. D. 4. D. 5. C. 6. A. 7. A. 8. C. 9. B. 10. B.

二、填空题

1. $e^{\cos x} + C$. 2. $\frac{1}{x\ln 3}$. 3. $e^{3x} + C$. 4. $\frac{5^x}{\ln 5}+\frac{x^6}{6}+C$. 5. $x^2+\sin x + C$. 6. $8^{\cos x}+C$.

7. $\ln(5x^9+1)dx$. 8. e^2-1. 9. 1. 10. 1. 11. $\frac{3}{2}$. 12. $\frac{2}{3}$. 13. $\frac{1}{4}$.

三、计算题

1. (1) $\frac{3^x}{\ln 3}-2\sin x + C$；(2) $x^3+5\csc x + C$；(3) $4\sqrt{x}-\frac{1}{5}x^{\frac{5}{2}}+C$；(4) $\tan x - \sec x + C$；

(5) $-\frac{1}{9x}+C$；(6) $2\tan x - \ln|x| + C$；(7) $x+2\ln|x|+\frac{3}{x}+C$；(8) $e^x-2\cos x - 4x + C$；

(9) $\frac{2}{3}$；(10) 6；(11) $\ln 2$；(12) e；(13) $\frac{2}{3}\pi^3$；(14) $\frac{e^4-5}{4}$；(15) $\frac{1}{2}$；(16) 1.

2. $F(x)=x^3-x+3$.

四、应用题

1. (1) $\frac{4\sqrt{2}}{3}$；(2) $e-1$；(3) $\frac{3}{2}-\ln 2$；(4) $\frac{4}{3}$；(5) $\frac{4}{3}$；(6) $1-\frac{\pi}{4}$.

2. $y=x^4-x^3+x+4$.

五、操作题

1. (1) $-\frac{1}{\sqrt{2x-1}}+C$；(2) $2(e^{\sqrt{x}}+\sin\sqrt{x})+C$；(3) $\frac{1}{4}\cos(5-x^4)+C$；(4) $1-\frac{2}{e}$；

(5) $\frac{1}{4}(e^2+1)$；(6) $4(2\ln 2-1)$；(7) 0；(8) $\frac{\pi}{4}$；(9) $\frac{1}{5}(e^{\pi}-2)$.

2. $2\pi+\frac{4}{3}$.

3. $e+\frac{1}{e}-2$.

4. $\ln 2$.

习题5.1

1. (1) 二阶,是； (2) 一阶,是； (3) 四阶,否； (4) 二阶,否.
2. (1) 是； (2) 是； (3) 不是； (4) 是.
3. $y=e^{x^2}$.
4. $y=x^3+3x^2-4$.

习题5.2

1. (1) $y=Ce^x$； (2) $y=2x+\frac{x^3}{3}+C$； (3) $\frac{y^2}{2}=e^x+\frac{x^2}{2}+C$； (4) $-\frac{1}{y}=\frac{x^2}{2}-\frac{3}{2}$；
   (5) $3^y=3^x+C$； (6) $y-2\cos y=\frac{3}{2}x^2+C$； (7) $y+y^2=-3x+C$；
   (8) $\ln|y|=-\frac{1}{2}x^{-2}+\frac{1}{2}$； (9) $e^y=\ln|x|+\frac{1}{2}x^2+C$； (10) $\frac{y^3}{3}=x-\frac{x^2}{2}+C$.
2. (1) $y=e^{-x}(x+1)$； (2) $y=e^{-x}(5e^x-5)$； (3) $y=(x+C)e^{x^3}$； (4) $y=x^2+Cx$；
   (5) $y=\frac{1}{x}(-\cos x+C)$； (6) $y=e^{\cos x}(x+C)$.

习题5.3

1. (1) $y=C_1e^{-3x}+C_2e^x$； (2) $y=C_1e^{-3x}+C_2e^{2x}$； (3) $y=C_1e^{-5x}+C_2e^{2x}$；
   (4) $y=(C_1+C_2x)e^{-3x}$； (5) $y=e^{-x}(C_1\cos 2x+C_2\sin 2x)$； (6) $s=(C_1+C_2t)e^{-t}$；
   (7) $y=2e^{-2x}$； (8) $y=e^{2x}(C_1\cos 3x+C_2\sin 3x)$.

习题5.4

1. 200 名.
2. $C(x)=25x+15x^2-3x^3+55$.

习题5.5

1. (1) y =

```
C1*(x+1)^2+(x*(x+1)^2*(x+2))/2;
```

   (2) y =

```
-log(C1-2^x)/log(2);
```

   (3) y =

```
8/3-(2*exp(-3*x))/3;
```

(4) y=

```
4*x^2-8*x+C1*exp(-x)+8;
```

(5) y=

```
C2+exp(3*x)/9-sin(x)+C1*x;
```

(6) y=

```
C1-x+C2*exp(x)-x^2/2-1;
```

(7) y=

```
C1*cos(2*x)-(5*sin(6*x))/16-cos(2*x)*((5*x)/2-(5*sin(4*x))/8)
-(5*sin(2*x))/16-C2*sin(2*x);
```

(8) y=

```
C1*exp(x)-2*exp(x)*sin(x)-exp(x)*(cos(x)-sin(x))+C2*exp(2*x);
```

(9) y=

```
C3+exp(x)+C2*x+(C1*x^2)/2+x^4/24;
```

(10) y=

```
x^2/2+3/2.
```

一、选择题

1. A.　2. C.　3. C.　4. C.

二、计算题

1. (1) $y=\frac{(3\mathrm{e})^x}{\ln 3\mathrm{e}}+C$；(2) $y=\frac{2}{7}x^{\frac{7}{2}}+C$；(3) $\frac{y^2}{2}=-\ln|x|+C$；(4) $C+\mathrm{e}^x=y-y^2$；

(5) $y=3x-\frac{x^2}{2}+C$；(6) $3y=\ln|x|-\frac{x^2}{2}+\frac{\mathrm{e}^2}{2}-1$；(7) $y=\mathrm{e}^{-x^2}(x+C)$；

(8) $y=\frac{3}{2}x+\frac{C}{x}$；(9) $y=2+C\mathrm{e}^{-x}$；(10) $y=\mathrm{e}^x(x+C)$；(11) $y=C_1\mathrm{e}^x+C_2\mathrm{e}^{2x}$；

(12) $y=C_1\mathrm{e}^{5x}+C_2\mathrm{e}^{-x}$；(13) $y=(C_1+C_2x)\mathrm{e}^{2x}$；(14) $y=(C_1\cos x+C_2\sin x)\mathrm{e}^{-2x}$.

三、应用题

1. $R(x)=3x-0.1x^2$.
2. $C(x)=0.2x^2+3x+80$.

附录一 初等数学常用公式

一、初等代数公式

1. 一元二次方程 $ax^2+bx+c=0(a\neq 0)$,根的判别式 $\Delta=b^2-4ac$.

当 $\Delta>0$ 时,方程有两个互异的实根;

当 $\Delta=0$ 时,方程有两个相等的实根;

当 $\Delta<0$ 时,方程有一对共轭复根.

求根公式为 $x_{1,2}=\dfrac{-b\pm\sqrt{b^2-4ac}}{2a}$.

2. 指数的运算性质.

(1) $a^0=1\ (a\neq 0)$;

(2) $a^{-n}=\dfrac{1}{a^n}\ \ (a\neq 0)$;

(3) $a^m a^n=a^{m+n}$;

(4) $\dfrac{a^m}{a^n}=a^{m-n}\ \ (a\neq 0)$;

(5) $(a^m)^n=a^{mn}$;

(6) $(ab)^m=a^m b^m$;

(7) $\left(\dfrac{a}{b}\right)^m=\dfrac{a^m}{b^m}\ \ (b\neq 0)$;

(8) $\sqrt[n]{a^n}=a$ (n 为奇数);

(9) $\sqrt[n]{a^n}=|a|=\begin{cases}a, & a\geqslant 0,\\ -a, & a<0\end{cases}$ (n 为偶数);

(10) $\sqrt[n]{a^m}=a^{\frac{m}{n}}\ \ (a\geqslant 0)$.

3. 对数的运算性质($a>0,a\neq 1,M>0,N>0$).

(1) 若 $a^x=N$,则 $x=\log_a N$;

(2) $\log_a a=1,\log_a 1=0$;

(3) $\log_a(MN)=\log_a M+\log_a N$;

(4) $\log_a \dfrac{M}{N}=\log_a M-\log_a N$;

(5) $\log_a M^n=n\log_a M$;

(6) $\log_N M=\dfrac{\log_a M}{\log_a N}$;

(7) $a^{\log_a x}=x,\mathrm{e}^{\ln x}=x$.

4. 常用二项展开及分解公式.

(1) $(a+b)^2=a^2+2ab+b^2$;

(2) $(a-b)^2=a^2-2ab+b^2$;

(3) $(a+b)^3=a^3+3a^2b+3ab^2+b^3$;

(4) $(a-b)^3=a^3-3a^2b+3ab^2-b^3$;

(5) $a^2-b^2=(a+b)(a-b)$;

(6) $a^3-b^3=(a-b)(a^2+ab+b^2)$;

(7) $a^3+b^3=(a+b)(a^2-ab+b^2)$;

(8) $a^n-b^n=(a-b)(a^{n-1}+a^{n-2}b+a^{n-3}b^2+\cdots+b^{n-1})$ (n 为正整数);

(9) $(a+b)^n=\mathrm{C}_n^0a^n+\mathrm{C}_n^1a^{n-1}b+\mathrm{C}_n^2a^{n-2}b^2+\cdots+\mathrm{C}_n^ka^{n-k}b^k+\cdots+\mathrm{C}_n^nb^n$ (n 为正整数),

其中组合系数 $\mathrm{C}_n^k=\dfrac{n(n-1)(n-2)\cdots(n-k+1)}{k!}$,$\mathrm{C}_n^0=1,\mathrm{C}_n^n=1$.

5. 常用不等式及其运算性质.

对于任意实数 a,b,均有

(1) $|x| \geqslant 0$;

(2) $-|x| \leqslant x \leqslant |x|$;

(3) $|x| > a\ (a > 0) \Leftrightarrow x > a$ 或 $x < -a$;

(4) $|x| < b\ (b > 0) \Leftrightarrow -b < x < b$;

(5) $|a| - |b| \leqslant |a+b| \leqslant |a| + |b|$;

(6) $a^2 + b^2 \geqslant 2ab$;

(7) $a + b \geqslant 2\sqrt{ab}\quad (a > 0, b > 0)$.

6. 一元二次函数解析式的三种形式.

(1) 一般式 $f(x) = ax^2 + bx + c\quad (a \neq 0)$;

(2) 顶点式 $f(x) = a(x-h)^2 + k\quad (a \neq 0)$;

(3) 零点式 $f(x) = a(x - x_1)(x - x_2)\quad (a \neq 0)$.

7. 常用数列公式.

(1) 等差数列:$a_1, a_1 + d, a_1 + 2d, \cdots, a_1 + (n-1)d, \cdots$,其第一项为 a_1,公差为 d.通项公式为

$$a_n = a_1 + (n-1)d = dn + a_1 - d,$$

前 n 项和为

$$S_n = \frac{n(a_1 + a_n)}{2} = na_1 + \frac{n(n-1)d}{2}.$$

等差数列有下列性质.

① 等差中项:$2a_n = a_{n-1} + a_{n+1}$;

② 若 $m + n = p + q$,则 $a_m + a_n = a_p + a_q$.

(2) 等比数列:$a_1, a_1q, a_1q^2, \cdots, a_1q^{n-1}, \cdots$,其第一项为 a_1,公比为 q.通项公式为

$$a_n = a_1q^{n-1},$$

前 n 项和为

$$S_n = \begin{cases} \dfrac{a_1(1-q^n)}{1-q} = \dfrac{a_1 - a_nq}{1-q}, & q \neq 1, \\ na_1, & q = 1. \end{cases}$$

等比数列有下列性质.

① 等比中项:$a_n^2 = a_{n-1}a_{n+1}$;

② 若 $m + n = p + q$,则 $a_ma_n = a_pa_q$.

(3) 一些常见数列的前 n 项和.

① $1 + 2 + 3 + \cdots + n = \dfrac{1}{2}n(n+1)$;

② $2 + 4 + 6 + \cdots + 2n = n(n+1)$;

③ $1 + 3 + 5 + \cdots + (2n-1) = n^2$;

④ $1^2 + 2^2 + 3^2 + \cdots + n^2 = \dfrac{1}{6}n(n+1)(2n+1)$;

⑤ $1^2 + 3^2 + 5^2 + \cdots + (2n-1)^2 = \dfrac{1}{3}n(4n^2-1)$;

⑥ $1\times 2 + 2\times 3 + 3\times 4 + \cdots + n\times(n+1) = \dfrac{1}{3}n(n+1)(n+2)$;

⑦ $\dfrac{1}{1\times 2} + \dfrac{1}{2\times 3} + \dfrac{1}{3\times 4} + \cdots + \dfrac{1}{n\times(n+1)} = 1 - \dfrac{1}{n+1}$.

8. 阶乘.

$$n! = n(n-1)(n-2)\cdot\cdots\cdot 2\cdot 1.$$

二、基本三角公式

1. 基本公式.

(1) $\sin^2 x + \cos^2 x = 1$;

(2) $\tan x = \dfrac{\sin x}{\cos x}$;

(3) $1 + \tan^2 x = \sec^2 x$;

(4) $1 + \cot^2 x = \csc^2 x$.

2. 诱导公式.

(1) $\sin(\alpha + 2k\pi) = \sin\alpha$，$\cos(\alpha + 2k\pi) = \cos\alpha$，$\tan(\alpha + 2k\pi) = \tan\alpha$ $(k \in \mathbf{Z})$;

(2) $\sin(\pi + \alpha) = -\sin\alpha$，$\cos(\pi + \alpha) = -\cos\alpha$，$\tan(\pi + \alpha) = \tan\alpha$;

(3) $\sin(-\alpha) = -\sin\alpha$，$\cos(-\alpha) = \cos\alpha$，$\tan(-\alpha) = -\tan\alpha$;

(4) $\sin(\pi - \alpha) = \sin\alpha$，$\cos(\pi - \alpha) = -\cos\alpha$，$\tan(\pi - \alpha) = -\tan\alpha$;

(5) $\sin\left(\dfrac{\pi}{2} - \alpha\right) = \cos\alpha$，$\cos\left(\dfrac{\pi}{2} - \alpha\right) = \sin\alpha$;

(6) $\sin\left(\dfrac{\pi}{2} + \alpha\right) = \cos\alpha$，$\cos\left(\dfrac{\pi}{2} + \alpha\right) = -\sin\alpha$.

3. 倍角公式.

(1) $\sin 2x = 2\sin x\cos x$;

(2) $\cos 2x = \cos^2 x - \sin^2 x = 1 - 2\sin^2 x = 2\cos^2 x - 1$;

(3) $\tan 2x = \dfrac{2\tan x}{1 - \tan^2 x}$;

(4) $\cos^2 x = \dfrac{1 + \cos 2x}{2}, \sin^2 x = \dfrac{1 - \cos 2x}{2}$.

4. 半角公式.

(1) $\sin^2 \dfrac{x}{2} = \dfrac{1 - \cos x}{2}$;　(2) $\cos^2 \dfrac{x}{2} = \dfrac{1 + \cos x}{2}$;　(3) $\tan \dfrac{x}{2} = \dfrac{1 - \cos x}{\sin x}$.

5. 和角与差角公式.

(1) $\sin(x \pm y) = \sin x\cos y \pm \cos x\sin y$;

(2) $\cos(x \pm y) = \cos x\cos y \mp \sin x\sin y$;

(3) $\tan(x \pm y) = \dfrac{\tan x \pm \tan y}{1 \mp \tan x\tan y}$.

6. 和差化积公式.

(1) $\sin x + \sin y = 2\sin\dfrac{x+y}{2}\cos\dfrac{x-y}{2}$;

(2) $\sin x - \sin y = 2\cos\dfrac{x+y}{2}\sin\dfrac{x-y}{2}$;

(3) $\cos x + \cos y = 2\cos\dfrac{x+y}{2}\cos\dfrac{x-y}{2}$;

(4) $\cos x - \cos y = -2\sin\dfrac{x+y}{2}\sin\dfrac{x-y}{2}$.

7. 积化和差公式.

(1) $\sin x\cos y = \dfrac{1}{2}[\sin(x+y) + \sin(x-y)]$;

(2) $\cos x\sin y = \dfrac{1}{2}[\sin(x+y) - \sin(x-y)]$;

(3) $\cos x\cos y = \dfrac{1}{2}[\cos(x+y) + \cos(x-y)]$;

(4) $\sin x\sin y = -\dfrac{1}{2}[\cos(x+y) - \cos(x-y)]$.

附录二 一些常用的简单函数的图形及性质

函数	图形	定义域及值域	主要性质
一元一次函数 $y=kx+b$ $(k\neq 0)$	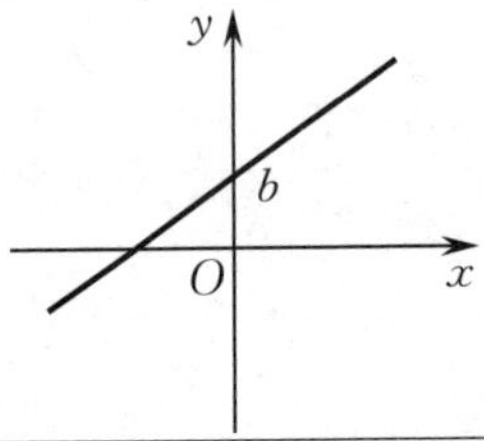	$x\in(-\infty,+\infty)$, $y\in(-\infty,+\infty)$	若 $k>0$,则函数在 $(-\infty,+\infty)$ 上单调增加;若 $k<0$,则函数在 $(-\infty,+\infty)$ 上单调减少
一元二次函数 $y=a(x-h)^2+k$ $=ax^2+bx+c$ $(a\neq 0)$	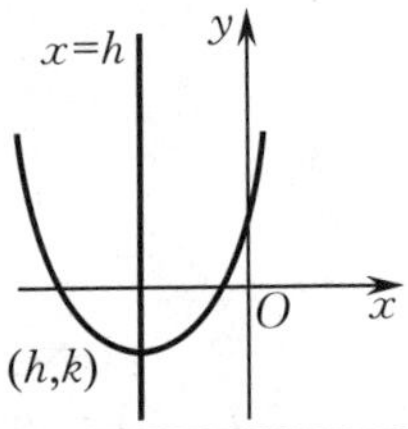	$x\in(-\infty,+\infty)$, $y\in[k,+\infty)$	若 $a>0$,则函数开口向上;若 $a<0$,则函数开口向下. 函数关于直线 $x=h$ 对称
常数函数 $y=C$ (C 为常数)	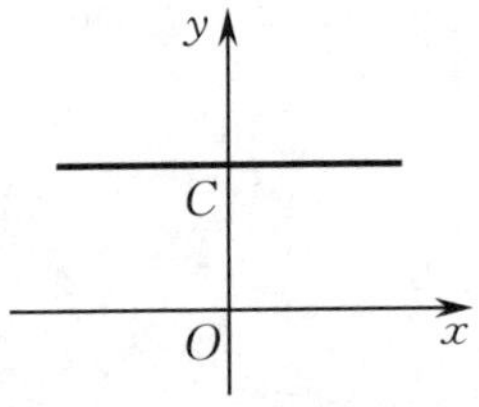	$x\in(-\infty,+\infty)$, $y\in\{C\}$	函数的图形平行于 x 轴
指数函数 $y=a^x$ (a 为常数且 $a>0,a\neq 1$)	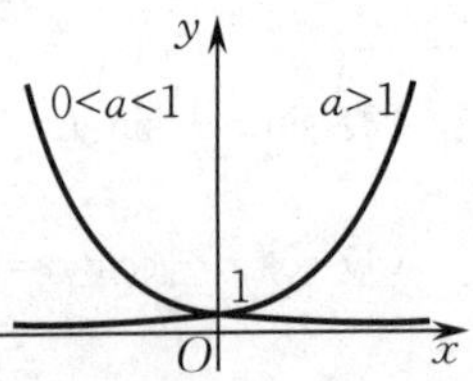	$x\in(-\infty,+\infty)$, $y\in(0,+\infty)$	若 $a>1$,则函数在 $(-\infty,+\infty)$ 上单调增加;若 $0<a<1$,则函数在 $(-\infty,+\infty)$ 上单调减少. 函数恒过点 $(0,1)$
对数函数 $y=\log_a x$ (a 为常数且 $a>0,a\neq 1$)	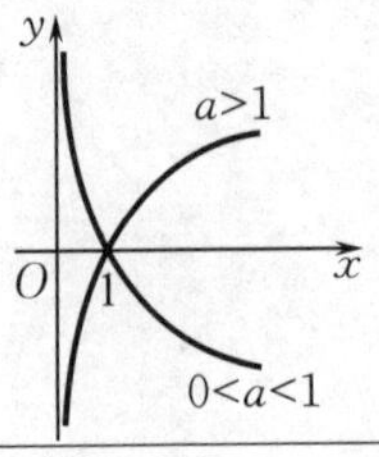	$x\in(0,+\infty)$, $y\in(-\infty,+\infty)$	若 $a>1$,则函数在 $(0,+\infty)$ 上单调增加;若 $0<a<1$,则函数在 $(0,+\infty)$ 上单调减少. 函数恒过点 $(1,0)$

续表

函数	图形	定义域及值域	主要性质
幂函数 $y=x^{\alpha}$ （α 为实数）	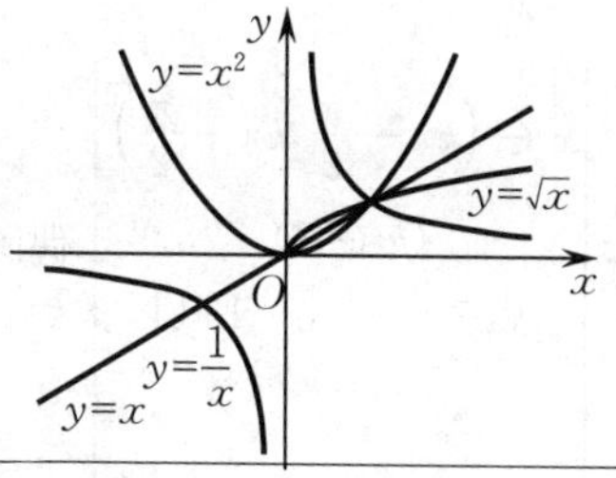	定义域及值域随 α 的不同而不同	若 $\alpha>0$，则函数在 $(0,+\infty)$ 上单调增加；若 $\alpha<0$，则函数在 $(0,+\infty)$ 上单调减少
正弦函数 $y=\sin x$	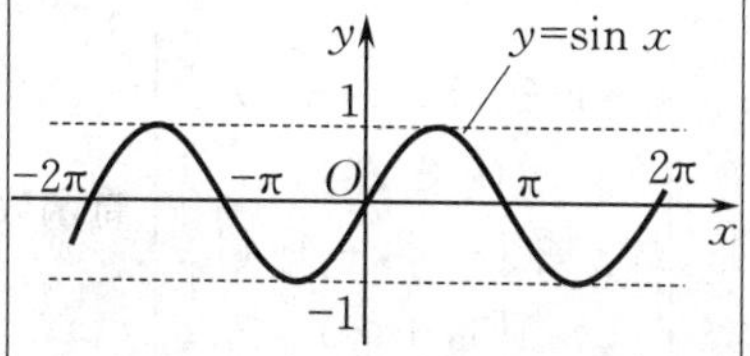	$x\in(-\infty,+\infty)$， $y\in[-1,1]$	在 $\left[-\frac{\pi}{2}+2k\pi,\frac{\pi}{2}+2k\pi\right]$ $(k\in\mathbf{Z})$ 上单调增加；在 $\left[\frac{\pi}{2}+2k\pi,\frac{3\pi}{2}+2k\pi\right]$ $(k\in\mathbf{Z})$ 上单调减少. 奇函数，周期为 2π
余弦函数 $y=\cos x$	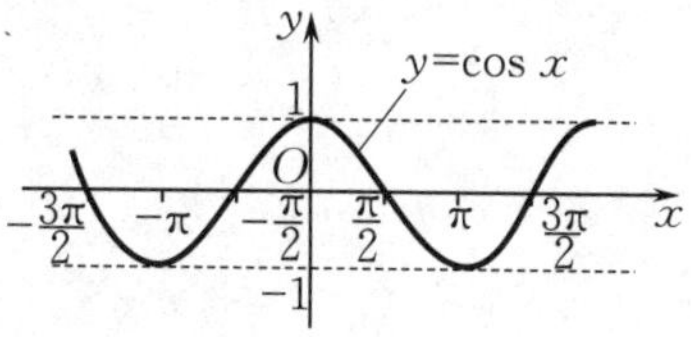	$x\in(-\infty,+\infty)$， $y\in[-1,1]$	在 $[\pi+2k\pi,2\pi+2k\pi]$ $(k\in\mathbf{Z})$ 上单调增加；在 $[2k\pi,\pi+2k\pi]$ $(k\in\mathbf{Z})$ 上单调减少. 偶函数，周期为 2π
正切函数 $y=\tan x$	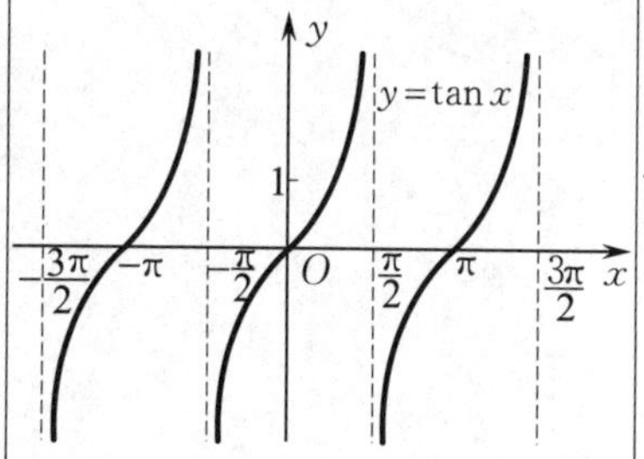	$x\in\left(k\pi-\frac{\pi}{2},k\pi+\frac{\pi}{2}\right)$ $(k\in\mathbf{Z})$， $y\in(-\infty,+\infty)$	在 $\left(-\frac{\pi}{2}+k\pi,\frac{\pi}{2}+k\pi\right)$ $(k\in\mathbf{Z})$ 上单调增加. 奇函数，周期为 π
余切函数 $y=\cot x$	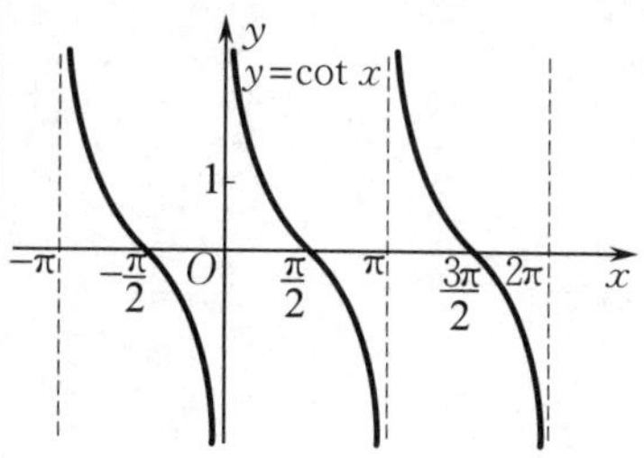	$x\in(k\pi,k\pi+\pi)$ $(k\in\mathbf{Z})$， $y\in(-\infty,+\infty)$	在 $(k\pi,\pi+k\pi)$ $(k\in\mathbf{Z})$ 上单调减少. 奇函数，周期为 π

续表

函数	图形	定义域及值域	主要性质
正割函数 $y=\sec x$	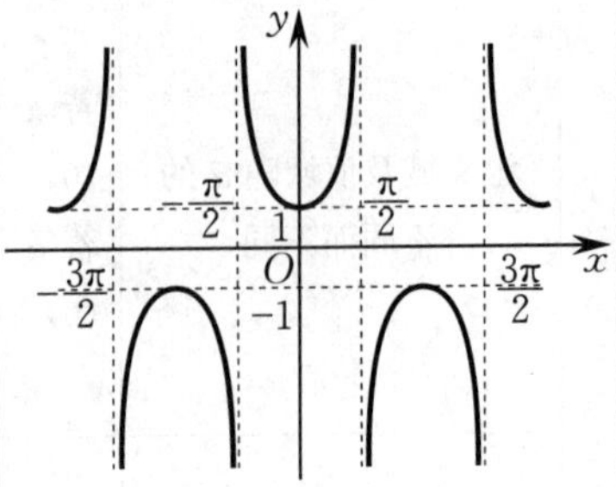 y x O 1 -1 $-\frac{\pi}{2}$ $\frac{\pi}{2}$ $-\frac{3\pi}{2}$ $\frac{3\pi}{2}$	$x\in\left(k\pi-\frac{\pi}{2},k\pi+\frac{\pi}{2}\right)$ $(k\in\mathbf{Z})$， $y\in(-\infty,-1]\cup[1,+\infty)$	偶函数，周期为 2π
余割函数 $y=\csc x$	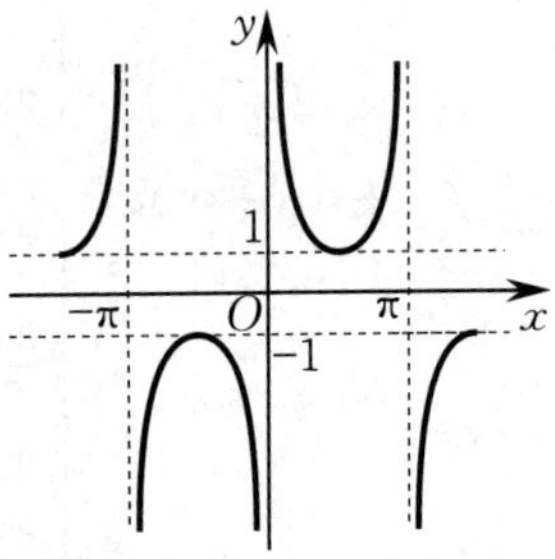 y x O 1 -1 $-\pi$ π	$x\in(k\pi,k\pi+\pi)$ $(k\in\mathbf{Z})$， $y\in(-\infty,-1]\cup[1,+\infty)$	奇函数，周期为 2π

参考文献

[1] 范培华,章学诚,刘西垣. 微积分[M]. 北京:中国商业出版社,2006.
[2] 王高雄,周之铭,朱思铭,等. 常微分方程[M]. 4 版. 北京:高等教育出版社,2020.
[3] 同济大学数学系. 高等数学:上册[M]. 7 版. 北京:高等教育出版社,2014.
[4] 赵树嫄. 经济应用数学基础(一):微积分[M]. 3 版. 北京:中国人民大学出版社,2007.
[5] 龚德恩,范培华. 经济应用数学基础:1 微积分[M]. 北京:高等教育出版社,2008.
[6] 吴传生. 经济数学:微积分[M]. 2 版. 北京:高等教育出版社,2009.
[7] 朱来义. 微积分[M]. 3 版. 北京:高等教育出版社, 2009.
[8] 华东师范大学数学系. 数学分析:上册[M]. 4 版. 北京:高等教育出版社,2010.
[9] 华东师范大学数学系. 数学分析:下册[M]. 4 版. 北京:高等教育出版社,2010.
[10] 罗蕴玲,安建业,程伟,等. 高等数学及其应用[M]. 北京:高等教育出版社,2010.
[11] 吴赣昌. 高等数学:理工类:上册[M]. 4 版. 北京:中国人民大学出版社,2011.
[12] 王中兴. 微积分[M]. 北京:科学出版社,2012.
[13] 黄永彪,杨社平. 微积分基础[M]. 北京:北京理工大学出版社,2012.
[14] 赵立军,吴奇峰,宋杰. 高等数学:基础版[M]. 北京:北京大学出版社,2019.
[15] 王中兴,刘新和,黄敢基. 高等数学:上册[M]. 北京:北京大学出版社,2019.
[16] 刘新和,王中兴,黄敢基. 高等数学:下册[M]. 北京:北京大学出版社,2019.
[17] 卓金武. MATLAB 高等数学分析:上册[M]. 北京:清华大学出版社,2020.
[18] 卓金武. MATLAB 高等数学分析:下册[M]. 北京:清华大学出版社,2021.

图书在版编目(CIP)数据

高等数学初步/吴正飞，唐红霞，许克信主编. —北京：北京大学出版社，2024.2
ISBN 978-7-301-34846-8

Ⅰ. ①高… Ⅱ. ①吴… ②唐… ③许… Ⅲ. ①高等数学—教材 Ⅳ. ①O13

中国国家版本馆 CIP 数据核字(2024)第 038095 号

书　　名	高等数学初步 GAODENG SHUXUE CHUBU
著作责任者	吴正飞　唐红霞　许克信　主编
责任编辑	王剑飞
标准书号	ISBN 978-7-301-34846-8
出版发行	北京大学出版社
地　　址	北京市海淀区成府路 205 号　100871
网　　址	http://www.pup.cn
电子邮箱	zpup@pup.cn
新浪微博	@北京大学出版社
电　　话	邮购部 010-62752015　发行部 010-62750672　编辑部 010-62765014
印 刷 者	长沙雅佳印刷有限公司
经 销 者	新华书店
	787 毫米×1092 毫米　16 开本　12.5 印张　303 千字 2024 年 2 月第 1 版　2024 年 2 月第 1 次印刷
定　　价	55.00 元
